国家科学技术学术著作出版基金资助出版

冶金固废资源利用新技术丛书

熔融高炉渣在线制备
无机纤维理论与实践

张玉柱　　王新东　　路国忠　　著

北　京

冶 金 工 业 出 版 社

2022

内 容 提 要

本书基于国家科技支撑计划"钢铁企业废渣/余热利用技术研发及应用示范"的研究成果，对作者团队近年来在高炉渣利用领域取得的成果进行了总结，系统阐述熔融高炉渣在线制备无机纤维过程中的调质理论、成纤机理，介绍了作者团队围绕熔融高炉熔渣调质成纤进行的实践和在高炉渣纤维棉和纤维渣球应用领域进行的拓展探索。本书理论与实践相结合，探索高炉渣高附加值利用新途径，对钢铁企业节能降耗与绿色发展具有示范效应。

本书可供钢铁企业的科研、生产、管理人员以及冶金工程专业的广大师生阅读参考。

图书在版编目(CIP)数据

熔融高炉渣在线制备无机纤维理论与实践／张玉柱，王新东，路国忠著 . —北京：冶金工业出版社，2022.1

国家科学技术学术著作出版基金

ISBN 978-7-5024-9031-7

Ⅰ.①熔…　Ⅱ.①张…　②王…　③路…　Ⅲ.①熔融—高炉渣—余热利用—无机纤维—制备　Ⅳ.①TS102.4

中国版本图书馆 CIP 数据核字(2022)第 014418 号

熔融高炉渣在线制备无机纤维理论与实践

出版发行	冶金工业出版社		电　话	(010)64027926
地　址	北京市东城区嵩祝院北巷 39 号		邮　编	100009
网　址	www.mip1953.com		电子信箱	service@mip1953.com

责任编辑　刘小峰　刘思岐　美术编辑　彭子赫　版式设计　郑小利
责任校对　李　娜　责任印制　李玉山
北京捷迅佳彩印刷有限公司印刷
2022 年 1 月第 1 版，2022 年 1 月第 1 次印刷
710mm×1000mm　1/16；15.5 印张；300 千字；234 页
定价 120.00 元

投稿电话　(010)64027932　投稿信箱　tougao@cnmip.com.cn
营销中心电话　(010)64044283
冶金工业出版社天猫旗舰店　yjgycbs.tmall.com
(本书如有印装质量问题，本社营销中心负责退换)

张玉柱

教授，博士生导师，河北省高端人才、省管专家，燕赵学者，享受国务院政府特殊津贴，冶金工程国家级教学团队负责人，省部共建钢铁行业节能减排关键技术协同创新中心主任，河北省巨人计划创新团队领军人才。曾任华北理工大学党委书记、国务院学位委员会冶金学科评议组成员、国家材料与冶金教学指导委员会副主任委员、中国金属学会理事、河北省金属学会副理事长、河北省冶金行业协会副会长、《钢铁》和《钢铁研究学报》（中英文版）编委，河北省第十二届人大常委。

长期从事钢铁冶金领域的教学科研和行政管理工作。主持完成国家科技支撑计划、国家重点专项、"973"专项、国家自然科学基金等纵向项目30余项。获国家科技进步奖二等奖1项，省长特别奖1项，省科技进步奖一等奖3项，二等奖4项，省教学成果奖一等奖3项。出版著作8部，发表学术论文300余篇，授权专利40余项。

王新东

教授级高级工程师，河钢集团首席技术官、副总经理，华北理工大学兼职教授，河北省高端人才、省管优秀专家，享受国务院政府特殊津贴，河北省金属学会理事长、《河北冶金》杂志主编。

长期从事钢铁流程工艺设计、工程管理、技术研发和绿色制造工作。主持完成多项国家重点研发项目和重点工程，其中国家科技支撑计划课题2项、"十三五"国家重点研发计划课题2项、国家重点工程和示范工程建设6项，主持实施和搭建30余个产学研用深度融合的开放式全球研发平台，推动河钢实现结构调整、转型升级和高质量发展。获省部级以上科技奖励19项，其中国家科技进步奖二等奖2项、省部级科技进步奖一等奖11项。全国第四届杰出工程师奖、河北省科学技术突出贡献奖获得者。出版专业著作5部，发表学术论文60余篇，授权专利22项。

路国忠

教授级高级工程师，北京建筑材料科学研究总院首席专家，北京建筑材料检验研究院研发中心主任，北京市被动式低能耗建筑工程技术中心主任，国家阻燃材料工程技术研究中心材料技术委员会委员，全国建材行业劳动模范，北京市优秀青年工程师标兵。

长期从事绿色建材、建筑节能、超低能耗建筑、装配式建筑等领域新材料研发与应用技术研究。主持或参与完成多项国家级及省部级重点研发项目，包括国家科技支撑计划课题2项、省部级项目6项，参与起草行业标准、地方标准及团体标准等各类标准9项。获北京市科技奖3项、省部级奖10余项，在中文核心期刊发表学术论文40余篇，授权专利18项。

前　　言

本书系作者团队在冶金熔融高炉渣在线调质成纤领域十余年研究工作的成果总结。

研究立项之初，钢铁工业节能减排的任务日趋繁重，而炼铁工序是整个钢铁制造流程的耗能大户，占比高达65%以上。分析炼铁工序余能利用状况可以看出，烧结烟气、高炉煤气、炉顶余压、铁水热装等余热余压均得到有效的回收利用，只有水冲渣环节，既浪费水资源，热量回收困难，又造成环境污染，难以有效治理，且水渣廉价、用途单一。因此，高炉渣的显热回收及高附加值资源化就成为炼铁工序节能减排的主要研究方向。据测算，1400℃的高炉渣显热为1675MJ/t渣，折合60kg标煤，占整个炼铁工序能耗的5.6%。如何回收利用这部分热量同时提高高炉渣的附加值，众多冶金工作者从不同方向展开了多方面的研究。本研究团队在充分调研的基础上，确定了对熔融高炉渣在线调质制备纤维棉进行攻关的技术路线，这样既能充分地利用高炉渣显热，又能提高炉渣产品的附加值，既能节约冲渣水资源，又能避免其带来的环境污染，还可以部分替代以玄武岩为原料的岩棉，减少自然资源的开采。

基于此，在"十二五"国家科技支撑计划的支持下，河钢集团与华北理工大学就"钢铁企业废渣/余热利用技术研发及应用示范（2012BAE09B00）"开展联合攻关。项目负责人河钢集团于勇董事长、王新东首席技术官对项目的进展及示范工程建设自始至终都给予了高度的关注。项目的基础研究部分由张玉柱教授领衔的华北理工大学团队承担。

针对研究过程中提炼出的科学问题，科研团队又先后开展了国家自然科学基金项目"矿相重构液态高炉渣直接纤维化及其黏结成型机理研究（51274270）""高炉渣直接纤维化过程的析晶行为及影响机制（51474090）""石灰石的微观结构对造渣过程的影响机理（51174075）""熔分赤泥生产无机纤维的基础研究（51874138）""高炉熔渣调质过程中的均质化行为研究（51504080）"，国家"973"专项"气淬冶金渣活性与微观结构控制的基础研究（2008CB617602）"，国家重点研发计划课题"高炉熔渣余热高效回收与生产玻璃微珠关键技术与中试（2016YFB0601403）"及河北省重点攻关项目"液态高炉渣调质与矿相重构过程机理研究（14963808D）"等工作。针对熔融高炉渣在线调质成纤过程中的基础科学问题和关键技术瓶颈进行了大量的理论与实验研究，在数以千计的实验室实验和数以百计的中试实验及诸多数值模拟理论分析的基础上，建立了熔融高炉渣在线调质制备无机纤维的理论体系，诸如调质熔渣理化性能变化规律、调质熔渣的热量补偿机制、调质熔渣的均质化理论、调质熔渣的成纤机理等，攻克了相关技术难题，最终形成了熔融高炉渣在线调质制备无机纤维的成套工艺与装备，并建成了年产2万吨高炉渣无机纤维的生产示范线。

为了更好地开拓市场，团队还对高炉渣纤维棉的应用进行了多方面的拓展研究，如高炉渣纤维制备保温板/管制品研究、高炉渣纤维制备纤维增强混凝土研究、高炉渣纤维改性制备光催化材料研究、纤维渣球制备光催化材料研究等。北京建筑材料科学研究总院的路国忠正高级工程师与团队一起共同完成了企业标准的制定工作。

项目研究过程中取得诸多成果，科研团队先后培养博士研究生6名、硕士研究生19名，发表论文百余篇，授权专利17项，部分内容获河北省科技进步奖二等奖，制定企业标准1项。

近年来，与本项研究并行或类似的研究还有很多，都取得了长足的进展，有些甚至进入了产业化阶段，大有千帆竞发之势。编写本书的目的在于引起同行学者及钢铁企业的关注，共同修正完善本成果理论与实践中的缺陷及不成熟的环节，以期得到更广泛的推广应用，特别是在当前强调"碳达峰、碳中和"的大背景下，相信这套技术与装备将具有更强大的生命力。

本书自2018年初开始筹划，历时三年有余，在完善编写体系的过程中继续开展科研工作。2020年经张建良、沈峰满、朱庆山三位教授的推荐，本书获得国家科学技术学术著作出版基金资助，令编写团队备受鼓舞，并以更高的角度来审视稿件内容，力求更为全面、准确地反映科研团队十余年的研究成果。本书对熔融高炉渣在线调质直接纤维化过程涉及的问题进行了全面的阐释。全书共9章，第1章为绪论；

第2~4章为熔融高炉渣调质成纤理论，包括熔融高炉渣调质理论、调质熔融高炉渣均质化及热补偿机制、调质熔融高炉渣离心成纤理论；第5章为调质熔融高炉渣制备无机纤维实践，重点介绍了熔融高炉渣调质成纤的实验室、中试及示范工程实践；第6~9章为科研团队在高炉渣纤维棉和纤维渣球应用领域进行的拓展探索。

科研团队的主要成员包括：邢宏伟教授、胡长庆教授、李俊国教授、龙跃教授、石焱教授、杨爱民教授、李杰教授、杨广庆副教授、赵凯副教授、田铁磊副教授、李智慧博士、张遵乾博士、任倩倩博士、刘超博士、康月博士、杜培培博士、刘连继正高级工程师、韩志杰正高级工程师等。先后有六篇博士论文和多篇硕士论文从不同角度进行了深入的专题研究，论文作者分别是杨爱民、张遵乾、李杰、李智慧、任倩倩、田铁磊、刘超、杜培培、张良进、蔡爽、玄海潮、孙彩娇、韩妩媚、谷少鹏、赵波、张建松等。这些论文的相关内容均收录在本书当中。

本书的出版离不开科技部、国家自然科学基金委对相关项目的支持，离不开河钢集团、北京建筑材料科学研究总院等众多同仁的努力与付出，离不开著作编写过程中各位业内专家不遗余力的支持，在此一并感谢。由于项目研究的时间跨度长、工作量大、环节多，相关人员难免挂一漏万，在本书即将付梓之际，一并向署名及没署名的贡献者们表示衷心的感谢。

张玉柱

2021 年 8 月于唐山

目　　录

1 绪 论

钢铁工业是我国国民经济的重要基础产业和工业部门的主导产业，随着城市基础设施、公用设施、道路交通、居民住宅等各方面建设快速发展，钢铁需求量呈现不断增长的趋势。作为能源密集型产业，钢铁工业能耗约占全国总能耗的10%~15%[1]，尽管国家近几年不断出台政策限制钢铁产能，但其能耗、水污染、大气污染和固废排放量在工业部门中仍占很大比重[2]。"十三五"期间，中国粗钢产量累计达46.17亿吨，占新中国成立以来粗钢总产量的32.5%[3]。2019年，我国大宗工业固体废弃物产生量约为36.98亿吨，与2018年相比增长7.2%，其中冶金渣产量为6.64亿吨，比2018年增长7.27%。2019年钢铁行业总能耗为6.5亿吨标准煤，约占全国总能耗的12.3%[4]，钢铁行业的节能减排是工业部门约束性指标的重要支撑。针对钢铁行业发展引起的环境问题，《钢铁工业调整升级规划（2016—2020年）》[5]对吨钢综合能耗、吨钢二氧化硫排放、吨钢化学需氧量以及固废处置率提出了明确的要求；此外，《粗钢生产主要工序单位产品能源消耗限额》[6]、《钢铁工业水污染排放系列标准》[7]、《钢铁烧结、球团工业大气污染物排放标准》[8]等一系列标准的制定进一步细化了对钢铁污染物排放要求。国家在"十四五"规划纲要中提出绿色发展，未来5年我国国内生产总值用水量、能耗、二氧化碳排放量将分别下降16%、13.5%、18%[9]。特别是2020年9月，习近平总书记向世界宣布了中国的"碳中和"目标，指出我国二氧化碳排放力争于2030年前达到峰值、努力争取2060年前实现碳中和的总体要求。因此，节能减排与绿色发展是钢铁行业发展目标，符合绿色制造、循环经济的生态工业发展要求。

高炉炼铁工序的能耗约占钢铁工业总能耗的60%，是钢铁工业的耗能大户，其节能减排潜力巨大[10]。高炉渣是炼铁工序中排放出的一种固体废弃物，约占铁水产量的30%以上，其显热约为50kgce/t渣。对熔融高炉渣主要采用水淬处理，不仅消耗大量的水资源，而且产生的 H_2S、SO_2 等有害气体会对环境产生巨大的负面影响，熔渣显热未得到有效的利用，且高炉渣资源化利用的附加值也非常低[11~14]。深入研究高炉渣新的综合利用途径，不仅可减少固体废弃物的排放，而且可减少资源开采，具有明显的经济效益和社会效益。

近年来，越来越多的企业认识到高炉渣是一种良好的"二次资源"，而集熔融高炉渣显热利用与产品高附加值于一体的在线生产高炉渣纤维工艺引起冶金工作者的关注。该工艺所需热量的80%可来自熔渣的显热，能耗约为冲天炉工艺的30%，产品成本只有冲天炉矿棉制品的60%～80%，具有较强的市场竞争力[15~17]。同时，冲天炉工艺由于能耗高、污染大，已是国家明令严格限制和淘汰的矿棉生产技术[18]。熔融高炉渣在线直接成纤工艺目前尚未实现规模工业化生产和应用，匆匆上马也大多以失败告终，对其中存在的科学和工艺细节的衔接问题没有深入研究，特别是在熔渣成纤机理等方面。为此，针对高炉热态熔渣在线成纤过程中的关键科学问题进行理论与实验研究，用于指导现场成纤工艺，并为高炉渣高附加值产品的开发应用提供理论支撑。

1.1 高炉渣概述

高炉渣是高炉炼铁的副产品，吨铁产渣量约为300～350kg[19]。高炉渣是在高炉炼铁过程中，由矿石中的脉石、燃料中的灰分和熔剂（一般是石灰石）中的非挥发组分形成的固体废物，主要含有钙、硅、铝、镁、铁的氧化物和少量硫化物[20]。

1.1.1 高炉渣化学组成

高炉渣主要化学成分为 SiO_2、Al_2O_3、CaO 和 MgO 四种氧化物。用特殊矿石冶炼时，根据矿石种类的不同，炉渣中可能还含有 CaF_2、TiO_2、BaO、MnO 等氧化物[18]。另外，高炉渣含有少量未被还原的 FeO 和脱硫产生的硫化物。

从化学成分看，高炉渣属于硅酸盐类材料，与天然矿石类似。表 1-1 所示为高炉渣与天然矿石化学成分对比[21]。因为处理技术、操作制度、炼铁工艺、原料成分的不同，导致高炉渣的化学成分及矿物组成波动较大，所以在利用高炉渣时，需对其成分进行分析，为高炉渣高附加值利用奠定基础。

表 1-1 高炉渣与天然矿石成分对比 （质量分数,%）

名称	CaO	SiO_2	Al_2O_3	MgO	MnO	FeO	S
普通渣	38~49	26~42	6~17	1~13	0.1~1	0.07~0.89	0.2~1.5
高钛渣	23~46	20~35	9~15	2~10	<1		<1
锰铁渣	28~47	21~37	11~24	2~8	5~23	0.05~0.31	0.3~3
含氟渣	35~45	22~29	6~8	3~7.8	0.1~0.8	0.07~0.08	7~8
花岗岩	2.15	69.92	14.78	0.97	0.13	1.67	
玄武岩	8.91	48.78	15.85	6.05	0.29	6.34	

1.1.2 高炉渣矿物组成

高炉渣中的氧化物以各种硅酸盐矿物形式存在，矿物组成不仅与化学组成的差异有关，而且冷却条件的改变也会导致不同的矿物组成[22]。

碱性高炉渣含 Al_2O_3 和 CaO 较多，常见的有钙铝黄长石和钙镁黄长石组成的复杂固溶体、硅酸二钙、橄榄石、硅钙石、硅灰石和尖晶石。

酸性高炉渣含 SiO_2 较多，但由于其冷却的速度不同，形成的矿物也不一样：快速冷却时全部凝结成玻璃体；在缓慢冷却时（特别是弱酸性的高炉渣）往往出现结晶的矿物相，如黄长石、假硅灰石、辉石和斜长石等矿物组成。

高钛高炉渣的矿物成分中含有钛；锰铁炉渣中存在锰橄榄石矿物；镜铁炉渣中存在着蔷薇辉石矿物；高铝炉渣中存在大量的铝酸铝钙、三铝酸五钙、二铝酸钙等矿物[23]。

课题组前期研究表明[24]，不同冷却方式得到的高炉渣矿物组成不同：炉冷时，高炉渣中未出现玻璃相，矿物组成主要以铝黄长石、镁黄长石为主，含有少量的铁橄榄石；空冷时，高炉渣中含有 15%~18% 的玻璃相、析出 80%~85% 的矿物，矿物主要包括铝黄长石、镁黄长石、铝镁黄长石和少量的铁橄榄石；水冷时，高炉渣中的玻璃相主要以弥散方式分布在机体组织中，其含量较空冷时提高 5% 左右，矿物主要包括铝黄长石、镁黄长石和少量的铁橄榄石。同时，随着冷却强度的提高，高炉渣的析晶量有降低的趋势，玻璃相有增加的趋势。玻璃相的存在直接影响熔融高炉渣纤维化过程，玻璃相越多成纤效果越好。因此，冷却强度越大，熔融高炉渣成纤效果越好，纤维化过程应采取极冷方式。

1.1.3 高炉渣理化特性

高炉渣的理化性质与化学组成密切相关，如熔化性、黏度、稳定性、表面张力等[25]，这些性质均对高炉渣纤维生产过程中熔渣的物理化学反应产生一定的影响。

1.1.3.1 高炉渣熔化性

熔化性能表示炉渣熔化的难易程度，通常用熔化性温度和熔化温度来表示[26]。炉渣可自由流动的温度叫熔化性温度，炉渣加热时晶体完全消失、变成均匀液相时的温度叫熔化温度，这个温度区间叫熔化温度区间。一般而言，碱度较低的炉渣熔化性温度较低，但其熔化温度区间较宽；反之，碱度较高的炉渣熔化性温度较高，温度区间较窄。若炉渣在较高温度下才能熔化，称为难熔炉渣；相反，则称为易熔炉渣。

1.1.3.2 熔渣稳定性

炉渣稳定性是指炉渣的化学成分或外界温度波动对炉渣物理性能影响的程度[27]。熔渣的稳定性直接影响到炉况的稳定，若使用稳定性差的炉渣容易引起炉况波动，给成纤操作带来困难。炉渣的稳定性可以从多元炉渣的等熔化曲线图中查得。

1.1.3.3 熔渣流动性

熔融高炉渣制备无机纤维生产的顺利进行与熔渣的黏度密切相关，直接关系到炉渣流动性、成纤工艺的顺行、纤维质量、炉衬侵蚀程度等方面[28]。影响炉渣黏度的因素主要有炉渣温度和炉渣成分。

1.1.4 熔融高炉渣结构

熔渣结构理论有分子结构假说和离子结构理论两种[29]。其中，分子结构假说理论将熔渣看成理想溶液，各种物质分子构成了基本结构单元，这对于表示化学反应的计算关系和熔渣中各组分对反应平衡移动易于理解，但并不意味着冶金熔渣中的各种物质是以分子的形式存在。

熔渣的化学成分较复杂，决定其熔化性、稳定性以及黏度等理化特性的根本原因是炉渣内部结构以及矿物的组成。离子理论认为构成熔渣的基本质点不是中性的分子，而是带电的离子[30]。

(1) 熔渣由阴阳离子构成，两者所带的总电荷相等，故熔渣总体不带电。

(2) 熔渣中每个离子周围为异号离子。

(3) 渣中的阴阳离子有如下几种：1）阳离子：Ca^{2+}、Mn^{2+}、Fe^{2+}、Mg^{2+}等；2）简单阴离子：O^{2-}、S^{2-}、F^-等；3）复杂阴离子：SiO_4^{4-}、PO_4^{3-}、AlO_3^{3-}以及由这些离子聚合而成的复合阴离子团。高炉渣中各离子半径及其电荷数，见表1-2。

表1-2 离子半径及其电荷数

离子	Si^{4+}	Al^{3+}	Mg^{2+}	Fe^{2+}	Mn^{2+}	Ca^{2+}	O^{2-}	S^{2-}
半径/nm	0.039	0.057	0.078	0.083	0.091	0.106	0.132	0.174

由表1-2可知，Si^{4+}半径最小而电荷较多，Si^{4+}与O^{2-}结合力最大，易组成硅氧复合负离子：$Si^{4+}+4O^{2-}=SiO_4^{4-}$，高炉渣属于硅酸盐熔体，易形成$SiO_4^{4-}$复合离子。$SiO_4^{4-}$复合离子体积大，四面体中Si—O之间的距离为$0.132+0.039=0.191nm$[31]，$Mg^{2+}$、$Fe^{2+}$、$Mn^{2+}$、$Ca^{2+}$等体积较小的金属离子有序地排列在其四面体周围，导致其离子结构较复杂。

1.2 高炉渣资源利用途径与现状

1.2.1 建筑材料

1.2.1.1 高炉渣制备水泥

由于高炉渣与水泥的化学成分相似，经过水淬处理后高炉渣可用作水泥混合材料[10,32]，替代水泥原料中的石灰石和黏土，以节约水泥熟料的用量、减少原料的用量和煅烧分解时所用的能量，降低窑的热负荷。目前，高炉渣制备水泥是一项成熟的技术，我国用来制备水泥的高炉渣占炉渣总产量的 80% 左右，与普通水泥相比，具有更优的使用价值，水化热低、密实性高、抗腐蚀性好等优点[33,34]。高炉渣制备水泥不仅高效利用了高炉渣资源，而且对高炉渣的循环利用产生巨大的作用，减轻了水泥行业的污染。目前科研学者对高炉渣制备水泥工艺的研究普遍应用于大型建筑的研发与改造中[35~37]，取得了较好的应用效果。

1.2.1.2 高炉渣制备混凝土

高炉渣研磨至一定细度后制成微粉，可用作混凝土的掺合料[38]。20 世纪 50 年代末期，南非技术人员用矿渣磨粉，并掺料于水泥中，制成早期的性能良好的混凝土。到 90 年代，我国开展了高炉渣制备混凝土的研发，取得了一定的技术成果。高炉渣微粉制备混凝土，不仅可取代等量的水泥，创造良好的经济效益，而且能够改善混凝土的内部结构、耐久性、抗腐蚀性及后期强度等指标[39]。

1.2.1.3 高炉渣制备筑路材料

高炉渣经粉碎后可以用于筑路工程[40,41]，作为铁路、公路、机场的道渣，铺设地基，也可以用于生产沥青铺路等。用作铁路道渣可以减轻振动，吸收噪声，并且具有防滑性好、耐磨性高的优点。此外，高炉渣具有一定强度，弹性大，既可以提高地基的承载力，具有较好的稳定性，又可以提高地基的凝固速度，从而缩短地基工期，降低成本。

针对高炉渣疏松多孔的结构，可将颜料渗透到高炉渣的微孔中，再利用有机聚合物防止颜料渗出，成功开发出彩色砂料，这种砂料被用来铺路，形成了多彩路面，既美化了城市环境，又节约了建设成本[42]。针对城市的"热岛效应"[43]，日本一方面采用了屋顶绿化，另一方面研发了一种用于路面保水的材料来代替一些铺路材料，降低路面温度、缓解热岛效应。JFE 以高炉渣粉为主要原料制备出具有 $2\mu m$ 孔径的多孔结构的硬化体，吸水率高达 65%。在道路铺建过程中，采用这种多孔结构的保水材料替换部分沥青，可有效抑制道路表面温度的上升。

1.2.1.4 高炉渣制备新型墙体砖

我国传统的房屋建筑墙体一般采用红土烧制的红土砖，不仅浪费大量的红土资源，而且红土开采也导致我国耕地资源减少。随着城市建设的快速发展，墙体材料的建筑需求不断增大，开发一种可替代红土砖的墙体材料有着重大的现实意义[44]。

近年来，用高炉渣和粉煤灰掺合料制备的新型墙体砖技术的成功开发及应用，对红土资源浪费、耕地面积减少起到一定程度的缓解作用，同时实现了高炉渣的高效利用，满足了国内对于墙体砖的大量需求，也为高炉渣综合利用开辟了新途径。相比普通的黏土砖，利用高炉渣制备的空心砖耗能少、使用性能高、成本低，是一种良好的建筑材料。因此，高炉渣免烧砖已经成为我国重点开发的节能减排的建筑材料[45]。

1.2.2 吸附剂

高炉渣具有作为吸附材料的特点[46]：（1）高炉渣密度大，粒度大，固液易分离，利用物理沉淀容易从废水中分离，大大简化操作环节，降低成本。相比之下许多黏土类吸附材料虽然吸附性能好，但由于遇水后容易粉化，颗粒粒度小，固液分离困难，限制了工业化应用。（2）高炉渣经过 1000℃ 以上的高温处理，机械强度高、性能稳定、无毒害作用、热稳定性和安全性能好。（3）许多离子交换树脂虽然吸附容量大，速率快，但制作成本高，相比之下高炉渣能够降低废水处理成本。（4）无需破坏矿物资源和生物资源。因此，高炉渣作吸附剂不仅可以很好地解决高炉渣存放问题，并且可以变废为宝，以废治废，其经济效益、社会效益和环保效益显著[47~49]。

1.2.2.1 烟气脱硫

钢铁企业的烧结烟气是主要的二氧化硫污染源之一，烟气脱硫常用工艺为湿法脱硫、半干法脱硫和干法脱硫[50]。其中，湿法烟气脱硫可采用石灰石、消石灰、活性炭去除烟气中的 SO_2，去除率为 70%~95%，但目前存在着耗水量大、易形成小区域酸雨、投资和运营成本大等缺点，所以研究新的脱硫材料势在必行[51~56]。高炉渣作为吸附剂，吸收烟气中 SO_2 工艺属于湿法脱硫，如图 1-1 所示。

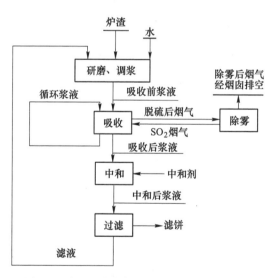

图 1-1　炉渣吸收烟气中硫的工艺流程示意图

工业试验证实[57]，高炉水淬渣是一种很好的二氧化硫吸收剂，同时高炉渣脱硫产物是良好的土壤调理剂。宁波太极环保设备有限公司[58]利用炉渣脱硫产物改良盐碱地大田试验，脱硫产物作为土壤调理剂去改良盐碱地效果明显。

1.2.2.2 水中氨氮吸附

含钛高炉渣是钒钛磁铁矿经磨矿、选矿形成铁精矿后与燃料和熔剂混合再经烧结、冶炼生成的高炉渣[59]，主要成分有 TiO_2、Fe、SiO_2、MgO、Al_2O_3、CaO、V_2O_5、MnO，渣的表面为多孔结构，具有良好的吸附净化性能。季凌晨等[60]研究了含钛高炉渣对水中氨氮的吸附特性，利用含钛高炉渣具有较大比表面积和微孔结构的特性，作为水中氨氮的吸附材料，属于化学吸附，吸附速率受表面吸附和颗粒内扩散控制。

1.2.2.3 甲醛吸附剂

TiO_2 具有良好光催化降解作用，而含钛高炉渣中 TiO_2 的含量可达20%以上。孔德彧等[47]研究得出，含钛高炉渣经过盐酸酸浸等处理后，可使渣中 TiO_2 得到富集，吸附剂比表面积增大，具备多孔结构，能够彻底分解甲醛，避免二次污染。

1.2.3 污水处理

高炉渣主要由 SiO_2、CaO、MgO、Al_2O_3 等成分构成，其中 SiO_2 在溶液中以晶体结构 $(SiO_4)^{4-}$ 的状态存在，这种特殊的多孔晶体结构能够促进离子间的交换和吸附作用，CaO 易溶于水中，以 Ca^{2+} 的形式存在，其在碱性条件下可以形成没有固定形态的 $CaCO_3$，将重金属离子吸附在 $CaCO_3$ 上面，因此高炉渣往往被用于去除污水中的重金属离子[61]。

近年来，许多学者就高炉渣用于污水处理做了一定研究。刘金亮[62]研究了高炉渣吸附剂对重金属离子吸附性能，表明高炉渣的投加量、浓度对 Cu^{2+}、Cd^{2+}、Zn^{2+} 吸附效果较好，去除率可到99%，同时金属离子在吸附行为上相互促进或相互抑制。Yu Y Z 等[63]使用水淬高炉渣作为生化曝气池过滤器的填充料来处理生活污水，处理结果符合《污水综合排放标准》（GB 8978—1996）一级标准，氨氮去除效果明显。Farida M. S. E. El-Dars 等[64]研究了不同粒度的水淬渣，对污水中的 Ni^{2+} 过程中的吸附动力学和反应动力学研究，发现炉渣 0.3mm 的粒度对 Ni^{2+} 有着优良的吸附潜能。M. A. Camargo Valero 等[65]在实验室和现场试验中对废水氧化池中的磷进行处理，发现高炉渣对无机磷有着较高的亲和力，有一定的吸附能力。V. K. Gupta 等[66]研究了高炉渣处理水中 Zn^{2+} 和 Cd^{2+} 的吸附动力学，探讨了其热力学参数。Hiroshi Sunahara 等[67,68]利用酸溶、碱提取的方法将高炉渣合成沸石和类水滑石后处理水中的磷，可应用于工业废水的处理。随着人们对废水处理的日益关注，高炉渣在水处理方面的应用研究有巨大的前景和研究意义。

1.2.4　玻璃原料

微晶玻璃是以高炉渣为主要原料（50%～70%），加入石英砂等辅料，熔化成 $CaO\text{-}Al_2O_3\text{-}SiO_2$ 型基础玻璃液，在加热过程中通过控制晶化制得，由微晶相和玻璃相共同组成，是一种多晶材料，主晶相为 β-硅灰石，具有热稳定性好、机械强度高、耐磨、耐化学腐蚀等优点，可作为一种新型建筑装饰材料，广泛应用于化工、电子、航空航天、国防等领域[69~71]。高炉渣用作原料，可以降低熔融温度，促进玻璃液的均化、澄清。

谢春帅等[72]以高炉渣为主要原料，添加适当的 SiO_2、Al_2O_3、MgO 等化学试剂作为辅助材料，采用熔融法制备了高炉渣基础玻璃，分析了晶核剂对高炉渣基础玻璃微观结构和黏度的影响。刘洋[73]等制备了 $CaO\text{-}MgO\text{-}Al_2O_3\text{-}SiO_2$ 系矿渣微晶玻璃，结果表明当高炉渣加入量为 45% 时，析出的主晶相为普通辉石（$CaSiO_3$）和透辉石[$CaMg(SiO_3)_2$]，制得的微晶玻璃结构均匀致密，性能良好。李要辉等[74]以高钛高炉渣为主原料制备微晶石材，研究了不同晶核剂体系对玻璃的析晶特性、组织结构和性能的影响，制得微晶石材以辉石、榍石等为主要晶相，该类型矿渣微晶石材性能优异，抗弯强度高达 90MPa。梅书霞等[75]以熔融态高炉渣为主要原料，在基础玻璃中加入氟，有利于促进微晶玻璃成核和晶体长大，通过熔体混熔的方式制备出了微晶玻璃。邓磊波等[76,77]利用液态高炉炉渣及其显热，研究了 CaF_2 对 CAMS 系矿渣微晶玻璃的特性及抗腐蚀性能，实现冶金工业与建材工业的行业交叉。

1.3　作者团队的研究思路与成果

1.3.1　研究思路

高炉渣在多领域应用中虽然解决了环境污染、土地占用等问题，具有一定的经济效益与社会效益，但高炉渣的各种应用均存在着能比限制，解决不了水冲渣耗水和热量回收问题，且高炉渣产品的应用附加值较低。利用熔融高炉渣直接纤维化生产高炉渣纤维可有效利用熔渣显热，所得矿渣棉附加值较高，具有较好的经济效益，比高炉渣传统应用具有明显优势。面对当时节能减排的双重压力，既实现高炉渣热量的回收利用，又获取高附加值的高炉渣产品；既节约大量的冲渣用水，又减轻环境的严重污染，成为科研团队关注的重点课题。加之当时沈阳皇朝万鑫酒店及央视大楼外墙体保温材料引发的火灾，受前人研究成果的启发，能否将高炉渣制成耐火度较高的保温纤维以取代易燃的有机保温材料和以破坏资源为代价的玄武岩纤维，值得深入研究。科研团队在承担"十一五"国家科技支撑计划"钢铁企业低压余热蒸汽发电和钢渣改性气淬处理技术及示范

（2008BAE67B00）"时，使用中试设备进行了几次摸索性气淬高炉渣实验，取得了较理想的实验效果，增强了信心。随即专题申报了"十二五"国家科技支撑计划"钢铁企业废渣/余热利用技术研发及应用示范（2012BAE09B00）"，并获得了批准，展开技术攻关。围绕研究中提炼出的科学问题，陆续申报并获批了国家自然科学基金面上项目"矿相重构液态高炉渣直接纤维化及其黏结成型机理研究（51274270）""高炉渣直接纤维化过程的析晶行为及影响机制（51474090）""熔分赤泥生产无机纤维的基础研究（51874138）"，国家自然科学基金青年基金项目"高炉熔渣调质过程中的均质化行为研究（51504080）"及部分省级科技支撑计划项目等纵向项目，直接研究经费近3000余万元，最终，合作企业投入近亿元建成了示范生产线。

1.3.2 技术路线

由理论分析及前人的研究成果可知，高炉渣在线直接成纤可采用两种工艺路线，一种是气淬，一种是离心甩丝。通过实验室实验研究，对两种工艺成纤效果及纤维的理化性能比较，确定了采用四辊离心甩丝工艺为主要工艺路线，同时确定了基础理论—关键技术—生产示范一条龙的总体技术路线。在基础理论方面，科研团队提炼出了四大基础科学问题：高炉渣调质理论体系的构建、调质渣在线热量补偿机制、调质熔渣的均质化理论、调制熔渣的成纤理论。

在关键技术研发方面，选择了性价比高、"以废利废"的调质剂，确定了调质剂的添加量、添加方式及添加设备；选择了热量补偿方式，确定了补偿量及补偿工艺；明确了最佳成纤温度与调质剂添加量、热补偿量及纤维性能各参数之间的关系，最终建成了年产2万吨纤维保温板成套装备生产线。

1.3.3 研究成果

科研成果"钢铁企业低压余热蒸汽发电和钢渣改性气淬处理技术及示范"相继获得国家科学技术进步奖二等奖、河北省科学技术进步奖一等奖等多项奖励，科研团队发表学术论文百余篇，获得专利授权10余项，参与制定企业标准1部，完成博士学位论文6篇、硕士学位论文10余篇，部分成果如下。

标准：《高炉渣纤维及其制品》（Q/JCJCY 0029—2016），标准全文请参见本书附录。

专利：

（1）发明专利：一种利用高炉熔渣直接喷吹制备无机纤维的方法。ZL2013 10572580.7，已授权。

（2）发明专利：一种水性环氧树脂浸润剂改性外保温用玻璃棉板及其制备方法。ZL201410683952.8，已授权。

（3）实用新型专利：烟气再循环控制系统。ZL201420475394.1，已授权。

（4）实用新型专利：环冷机上部烟罩柔性密封装置。ZL201120273513.1，已授权。

（5）实用新型专利：烧结环冷机集气罩内活动密封分区装置。ZL201520382527.5，已授权。

（6）实用新型专利：高效烧结双压余热锅炉配置补汽式汽轮机余热发电系统。ZL200820086999.6，已授权。

（7）实用新型专利：转炉余热发电系统。ZL201020230859.9，已授权。

（8）实用新型专利：烧结机机尾余热回收系统。ZL201020561301.9，已授权。

（9）实用新型专利：转炉余热发电系统。ZL201020230859.9，已授权。

（10）实用新型专利：烧结机机尾余热回收系统。ZL201020561301.9，已授权。

（11）实用新型专利：一种硬泡聚氨酯多孔棉复合保温板。ZL201420542622.2，已授权。

（12）实用新型专利：一种硬泡聚氨酯保温装饰一体板。ZL201420542687.7，已授权。

（13）发明专利：烧结环冷机余热发电循环烟气优化调节系统。ZL200910097382.3，已授权。

（14）发明专利：钢铁厂烧结环冷机台车下部与风箱间的密封结构。ZL200910097383.8，已授权。

（15）发明专利：钢铁厂烧结环冷机风室端部密封结构。ZL200910097385.7，已授权。

（16）发明专利：温控变压式蓄热器控制系统及其控制方法。ZL201010131087.8，已授权。

（17）发明专利：烧结环冷机余热利用烟气循环计算机实时控制系统及其控制方法。ZL201010208571.6，已授权。

硕士、博士学位论文：

（1）任倩倩，博士学位论文，调质高炉熔渣析晶行为的研究，2018。

（2）李智慧，博士学位论文，调质高炉熔渣直接成纤机理及实验研究，2018。

（3）田铁磊，博士学位论文，高炉渣成纤过程调质剂的熔解机理及均质化行为研究，2018。

（4）李杰，博士学位论文，成纤高炉熔渣调质与矿相控制机理研究，2015。

（5）杨爱民，博士学位论文，高炉熔渣纤维化过程中的传热规律研究，2015。

（6）张遵乾，博士学位论文，熔融高炉渣成纤技术及纤维制品研究，2015。

（7）吴金虎，硕士学位论文，高炉渣棉纤维板的制备与性能研究，2012。

（8）刘卫星，硕士学位论文，高炉渣制备矿渣棉调质研究，2013。

（9）王旭，硕士学位论文，高炉渣制备矿渣纤维过程换热计算与分析，2013。

（10）裴晶晶，硕士学位论文，冶金渣调质炉设计和实验研究，2014。

（11）林文龙，硕士学位论文，高炉渣直接纤维化熔融调质研究，2014。

（12）张建松，硕士学位论文，高炉渣纤维保温板的制备与性能优化，2015。

（13）孙瑞静，硕士学位论文，高炉渣棉吸声板的制备与性能研究，2015。

（14）周君，硕士学位论文，矿棉管道保温材料制备及性能优化，2015。

（15）刘超，硕士学位论文，$CaO-MgO-SiO_2-Al_2O_3$渣系高熔点矿相析出热力学，2015。

（16）孙彩娇，硕士学位论文，调质高炉渣物化性能及均质化动力学研究，2015。

（17）蔡爽，硕士学位论文，高炉熔渣调质过程中的均质化研究，2016。

（18）玄海潮，硕士学位论文，高炉矿渣纤维冷却机理的研究，2016。

（19）杜培培，硕士学位论文，高炉熔渣离心成纤机理及实验研究，2016。

（20）张良进，硕士学位论文，高炉熔渣喷吹成纤机理及实验研究，2016。

（21）韩妩媚，硕士学位论文，矿渣及矿渣棉副产渣球制备光催化材料的比较研究，2016。

（22）谷少鹏，硕士学位论文，高炉渣纤维表面改性研究，2016。

（23）康月，硕士学位论文，高炉渣纤维保温板的性能优化，2016。

（24）赵波，硕士学位论文，高炉渣纤维制备纤维增强混凝土掺合机理的研究，2017。

（25）韩宝臣，硕士学位论文，高炉渣棉管道保温管的制备与结构优化，2017。

参 考 文 献

[1] 范雅然．我国钢铁行业的规模经济分析［J］．经济研究导刊，2009，5（14）：173-175.

[2] 李昱．"十二五"时期我国钢铁产业转型发展前瞻［J］．武汉冶金管理干部学院学报，2010，20（3）：3-6.

[3] 王维兴．上半年重点钢铁企业炼铁技术发展评述［N］．中国冶金报，2014-10-09（006）.

[4] 黄文．钢铁工业"十二五"发展规划中期评估［J］．冶金管理，2013，26（12）：4-11.

[5] 刘树洲．抓住机遇、加快废钢铁循环利用体系建设步伐——学习国家钢铁工业"十二五"发展规划的粗浅体会［J］．中国废钢铁，2012（1）：12-18.

[6] 郦秀萍，张春霞，黄导，等．GB 21256—2013《粗钢生产主要工序单位产品能源消耗限

额》标准解读与实施建议 [J]. 中国冶金, 2016, 26 (3): 47-52.

[7] 吴声浩. 《钢铁工业污染物排放系列标准》解读 [J]. 工业安全与环保, 2013, 39 (7): 54-55.

[8] 葛元毅. 烧结球团烟气脱硫工艺探究 [J]. 资源节约与环保, 2016 (1): 23.

[9] 中华人民共和国国民经济和社会发展第十四个五年规划和 2035 年远景目标纲要. 中华人民共和国中央人民政府官网, 2021-3-13.

[10] 郝洪顺, 徐利华, 张作顺, 等. 高炉矿渣二次资源合成绿色无机材料的研究进展 [J]. 材料导报, 2010, 24 (11): 97-100.

[11] Zhao Y, Chen D F, Bi Y Y, et al. Preparation of low cost glass-ceramics from molten blast furnace slag [J]. Ceramics International, 2012, 38 (3): 2495-2500.

[12] Kumar S, Kumar R, Bandopadhyay A, et al. Mechanical activation of granulated blast furnace slag and its effect on the properties and structure of Portland slag cement [J]. Cement & Concrete Composites, 2008, 30 (8): 679-685.

[13] Samet B, Chaabouni M. Characterization of the tunisian blast-furnace slag and its application in the formulation of a cement [J]. Cement and Concrete Research, 2004, 34 (7): 1153-1159.

[14] 孙鹏, 车玉满, 郭天永, 等. 高炉渣综合利用现状与展望 [J]. 鞍钢技术, 2008 (3): 6-9.

[15] Motz H, Geiseler J. Products of steel slags an opportunity to save natural resources: Research article [J]. Waste Management, 2001, 3 (21): 285-293.

[16] 胡俊鸽, 赵小燕, 张东丽. 高炉渣资源化新技术的发展 [J]. 鞍钢技术, 2009, 44 (4): 11-15.

[17] 刘国庆. 冶炼渣的综合利用 [J]. 创新科技, 2013, 12 (5): 87-88.

[18] 肖永力, 李永谦, 刘茵, 等. 高炉渣矿棉的研究现状及发展趋势 [J]. 硅酸盐通报, 2014, 33 (7): 1689-1694.

[19] 王筱留. 钢铁冶金学 (炼铁部分) [M]. 北京: 冶金工业出版社, 2000: 107-119.

[20] 周传典. 高炉炼铁生产技术手册 [M]. 北京: 冶金工业出版社, 2002: 122.

[21] 汪慧群. 固体废物处理及资源化 [M]. 北京: 化学工业出版社, 2004: 10-20.

[22] 闫兆民. 高炉渣离心粒化系统研究开发 [D]. 青岛: 青岛理工大学, 2010, 10-20.

[23] 刘丽娜, 韩秀丽, 李志民, 等. 中钛型高炉渣矿相结构研究 [J]. 钢铁钒钛, 2013, 34 (6): 50-51.

[24] 李杰. 高炉溶渣直接成纤调质工艺基础研究 [D]. 沈阳: 东北大学, 2015.

[25] 钟建. 川威 LF 炉精炼渣的组成及冶金性能的研究 [D]. 重庆: 重庆大学, 2004.

[26] 张银鹤, 孙长余, 汪琦, 等. 高铝高炉渣的物理化学性质 [J]. 辽宁科技大学学报, 2012, 35 (5): 454-458.

[27] 杨桂生, 张报清, 马军文, 等. 某高炉炉况波动与炉渣调整控制 [J]. 云南冶金, 2017, 46 (3): 35-39.

[28] Bisio G. Energy recovery from molten slag and exploitation of recovered energy [J]. Energy, 1997, 22 (5): 501-509.

[29] 李广田, 陈敏, 杜成武. 钢铁冶金辅助材料 [M]. 北京: 化学工业出版社, 2010: 40.

[30] 郭靖, 程树森, 赵宏博. 基于结构理论的 SiO_2-CaO-MgO-Al_2O_3 熔渣黏度的预报模型 [J]. 钢铁研究学报, 2013, 25 (8): 6-11.

[31] 蒋艳红. 高炉渣吸附性能研究 [D]. 南宁: 广西大学, 2006.

[32] 孙冠东, 焦华喆, 陈新明, 等. 常见炉渣水泥复合胶凝材料性能研究综述 [J]. 硅酸盐通报, 2017, 36 (12): 4084-4089.

[33] 蔡欣悦, 李铭, 张一鑫. 矿渣水泥混凝土性能的研究 [J]. 建材与装饰, 2017 (46): 175-177.

[34] 许长红, 王露, 刘数华. 一种超低水化热水泥——硫酸盐水泥 [J]. 混凝土世界, 2017 (10): 38-42.

[35] 张贤明, 曾亚, 陈凌, 等. 高炉钛渣综合利用研究现状及展望 [J]. 环境工程, 2015, 33 (12): 100-104.

[36] 宋进平, 徐清, 蔡世桐, 等. 浅谈重矿渣在国内外的研究应用现状 [J]. 建材发展导向, 2016, 14 (24): 69-71.

[37] 吴胜利. 高钛高炉渣综合利用的研究进展 [J]. 中国资源综合利用, 2013, 31 (2): 39-43.

[38] 李林泽. 高钛型高炉渣自密实混凝土配制研究 [D]. 成都: 西华大学, 2016.

[39] 崔孝炜. 以钢铁行业固废为原料的高强高性能混凝土研究 [D]. 北京: 北京科技大学, 2017.

[40] Gulden Cagin Ulubeyli, Recep Artir. Sustainability for blast furnace slag: Use of some construction wastes [J]. Procedia-Social and Behavioral Sciences, 2015, 195: 2191-2198.

[41] Shi Dongsheng, Yoshihiro Masuda, Lee Youngran. Experimental study on mechanical properties of high-strength concrete using blast furnace slag fine aggregate [J]. Advanced Materials Research, 2011, 1228 (217).

[42] 杨朋, 张少高, 林秀军, 等. 以高炉钢渣为骨料的沥青混合料性能研究 [J]. 广东建材, 2015, 31 (7): 13-16.

[43] Osama L. Moustafa. On the Cauchy problem for some fractional order partial differential equations Chaos [J]. Solitons and Fractals, 2003, 18: 135-140.

[44] 王国新, 曹万智, 王洪镇. 高炉渣在新型墙体材料中的应用研究 [J]. 中国资源综合利用, 2009, 27 (4): 8-11.

[45] 周芝林. 利用攀钢高炉渣生产新型墙体材料的研究 [D]. 绵阳: 西南科技大学, 2004.

[46] 张春霞, 齐渊洪, 严定鎏. 中国炼铁系统的节能与环境保护 [J]. 钢铁, 2006, 41 (11): 1-5.

[47] 孔德彧, 管昊, 张倩, 等. 含钛高炉渣制备甲醛吸附剂的研究 [J]. 钢铁钒钛, 2012, 33 (1): 40-43.

[48] 王哲, 刘金亮, 陈莉荣, 等. 高炉渣对 Cd^{2+} 的吸附性能 [J]. 化工环保, 2015, 35 (2): 187-191.

[49] 曾丹林, 刘胜兰, 龚晚君, 等. 高炉尘泥渣综合利用研究现状 [J]. 湿法冶金, 2014 (2): 94-96.

[50] 史汉祥, 刘常胜, 史跃展, 等. 钢渣、高炉渣用于烟气脱硫 [C]. 中国金属学会、中国

金属学会炼铁分会，2010 年全国炼铁生产技术会议暨炼铁学术年会文集（下），2009.

[51] Liu C F, Shih S M. Kinetic analysis of iron blast furnace slag/hydrated lime sorbents with SO₂ at low temperatures [J]. Journal of the Chinese Institute of Chemical Engineers, 2006, 37 (2): 139-147.

[52] Gong G, Ye S, Tian Y, et al. Characterization of blast furnace slag-Ca(OH)₂ sorbents for flue gas desulfurization [J]. Industrial & Engineering Chemistry Research, 2008, 47 (20): 7897-7902.

[53] Liu C F, Shih S M. Iron blast furnace slag/hydrated lime sorbents for flue gas desulfurization [J]. Environmental Science & Technology, 2004, 38 (16): 4451-4456.

[54] Liu C F, Shih S M. Kinetics of the reaction of iron blast furnace slag/hydrated lime sorbents with SO₂ at low temperatures: Effects of the presence of CO₂, O₂ and NOₓ [J]. Industrial & Engineering Chemistry Research, 2009, 48 (18): 8335-8340.

[55] Liu C F, Shih S M, Yang J H. Reactivities of NaOH enhanced iron blast furnace slag/hydrated lime sorbents toward SO₂ at low temperatures: Effects of the presence of CO₂, O₂, and NOₓ [J]. Industrial & Engineering Chemistry Research, 2009, 49 (2): 515-519.

[56] Brodnax L F, Rochelle G T. Preparation of calcium silicate absorbent from iron blast furnace slag [J]. Journal of the Air & Waste Management Association, 2000, 50 (9): 1655-1662.

[57] 史汉祥，高鹏飞，李述祖. 以高炉水淬渣为吸收剂处理烧结烟气工业实践 [C]. 中国金属学会. 2005 中国钢铁年会论文集（第 2 卷），2005.

[58] 史汉祥. 变废渣为治理污染的有效武器 [N]. 中国冶金报，2009-10-15（B02）.

[59] 李大纲. 高炉渣中有价组分选择性析出与解离 [D]. 沈阳：东北大学，2005.

[60] 季凌晨，刘荣，王国祥，等. 含钛高炉渣对水中氨氮的吸附特性 [J]. 化学通报，2017，80（6）：579-584.

[61] 高宏宇. 利用水淬高炉渣制备吸附剂及其在环境污染控制中的应用 [D]. 北京：中国地质大学，2017.

[62] 刘金亮. 高炉渣吸附剂对重金属离子吸附性能的研究 [D]. 包头：内蒙古科技大学，2015.

[63] Yu Y Z, Han W W, Bi Y S, et al. Research on removal efficiency of contamination in domestic sewage by water quenched slag filter medium biological aerated filter [J]. Journal of Beijing University of Technology, 2011, 37 (9): 1435-1440.

[64] Farida M S E El-Dars, Marwa A G Elngar, S Th Abdel-Rahim, et al. Kinetic of nickel (Ⅱ) removal from aqueous solution using different particle size of water-cooled blast furnace slag [J]. Desalination & Water Treatment, 2015, 54 (3): 769-778.

[65] Camargo M A Valero, Johnson M, Mather T, et al. Enhanced phosphorus removal in a waste stabilization pond system with blast furnace slag filters [J]. Desalination and Water Treatment, 2009, 4 (1-3): 122-127.

[66] Gupta V K, Arshi Rastogi, Dwivedi M K, et al. Process elopment for the removal of zinc and cadmium from wastewater using slag-a blast furnace waste material [J]. Separation Science, 1997, 32 (17): 2883-2912.

[67] Hiroshi Sunahara, Xie Weimin, Mitsu Kayama. Phosphate removal by column packed blast furnace slag-I. Fundamental research by synthetic wastewater [J]. Environmental Technology Letters, 1987, 8 (1-12): 589-598.

[68] Xie Weimin, Zhang Xiaochun, Tesuo Kitaide, et al. Phosphate removal by column packed blast furnace slag-Ⅱ. Practical application of secondary effluent [J]. Environmental Technology Letters, 1987, 8 (1-12): 599-608.

[69] 吴丰年. 利用高炉矿渣等工业废弃物制备耐碱玻璃纤维的研究 [D]. 济南: 济南大学, 2016.

[70] 史培阳, 张影, 张大勇, 等. 矿渣微晶玻璃的析晶行为与性能 [J]. 中国有色金属学报, 2007, 17 (2): 341-347.

[71] 贵永亮, 谢春帅, 宋春燕, 等. 高炉渣微晶玻璃研究进展与展望 [J]. 中国陶瓷, 2016 (3): 1-5.

[72] 谢春帅, 贵永亮, 王亚文, 等. TiO_2 和 CaF_2 对高炉渣基础玻璃微观结构和高温黏度的影响 [J]. 陶瓷学报, 2016, 37 (5): 516-520.

[73] 刘洋. 高炉渣微晶玻璃的制备及其性能研究 [D]. 长沙: 湖南大学, 2006.

[74] 李要辉, 杨志远, 王晋珍, 等. 高钛高炉渣制备微晶石材的体系设计及制备研究 [J]. 钢铁钒钛, 2016, 37 (1): 72-78.

[75] 梅书霞, 裴可鹏, 何峰, 等. 熔融高炉渣微晶玻璃的结构与性能研究 [J]. 人工晶体学报, 2017, 46 (4): 698-704.

[76] 邓磊波, 张雪峰, 李保卫, 等. CaF_2 对 CAMS 系矿渣微晶玻璃析晶特性及抗腐蚀性能的影响 [J]. 材料导报, 2016, 30 (18): 128-133.

[77] 张雪峰, 刘雪波, 贾晓林, 等. CaF_2 对复合矿渣微晶玻璃结构与力学性能的影响 [J]. 硅酸盐通报, 2014, 33 (10): 2578-2582.

2 熔融高炉渣调质理论

熔融高炉渣制备无机纤维过程中，高炉渣成分是首要考虑的问题之一，它涉及产品性能、质量。目前，国内高炉渣组分、性能与高品质高炉渣纤维对原料的要求还存在差距。本章就熔融高炉渣组分重构所涉及的诸多理论问题给出了解析，同时结合熔融高炉渣组分重构实践，制定了熔融高炉渣制备无机纤维的调质方案。

2.1 高炉渣纤维组成的设计与确定

高炉渣主要成分为 SiO_2、CaO、Al_2O_3、MgO，参照高炉渣 SiO_2-Al_2O_3-CaO 三元渣系中高炉渣和矿渣棉状态图（见图 2-1），矿渣棉的化学成分范围为：SiO_2 36%~68%，Al_2O_3 5%~28%，CaO 23%~48%，可见高炉渣通过成分调整可实现其成分体系向矿渣棉区域的转变。

以熔融高炉渣为主料生产高炉渣纤维，对原料熔体体系有一定的要求[1]：

（1）熔融高炉渣体系化学组成应均匀一致。

（2）含有的酸性氧化物和碱性氧化物比例应适于成纤，且当其流动液态时有较大的黏度范围且远离析晶温度。

（3）高温黏度应尽量小，原料体系原则上应价格低廉，易于获得，绿色环保。

（4）熔融高炉渣在纤维形成的温度范围内应该具有较低的黏度-温度降落梯度，且须使其达到应有的黏度，高炉渣纤维成型时所要求的熔体体系黏度为 1~3Pa·s。

表 2-1 给出的是我国唐山地区某钢铁厂高炉渣化学组成。

图 2-2、图 2-3 分别为此高炉渣的 X 射线图谱和黏度-温度曲线。

可以看出，熔融高炉渣析晶温度为 1350℃，而当温度降低至 1350℃后，黏度随温度降低迅速增大，黏度曲线出现明显拐点，适宜成纤黏度范围内温度跨度仅为 34℃。因此，只有对高炉渣进行调质，方可扩大熔融高炉渣成纤温度的调控区间，即通过熔融高炉渣成分与矿相的重构实现熔融高炉渣制备高品质纤维。

优质高炉渣纤维应具备外观细长光滑、化学稳定性好等特性，而这些性能往

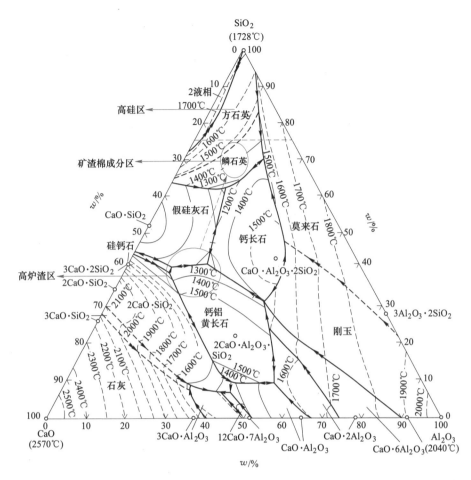

图 2-1 SiO₂-Al₂O₃-CaO 三元渣系中高炉渣和矿渣棉的状态图

表 2-1 高炉渣化学成分 （质量分数,%）

原料	化学成分							
	SiO₂	CaO	MgO	Al₂O₃	Fe₂O₃	TiO₂	K₂O	Na₂O
高炉渣	33.53	36.25	8.64	15.82	1.57	1.38	0.54	0.32

往可通过酸度系数 M_k、黏度系数 M_η 或酸基比 K/O、氢离子指数 pH 来衡量。因此，一般可以用以上四个经验指标来考核熔融高炉渣调质的合理性。

（1）酸度系数 M_k。酸度系数 M_k 是指配方成分中所含主要酸性氧化物和碱性氧化物的质量比，即：

$$M_k = \frac{W_{SiO_2} + W_{Al_2O_3}}{W_{CaO} + W_{MgO}} \tag{2-1}$$

M_k 是衡量高炉渣纤维化学耐久性的一个特定参数，一般 M_k 应控制在 1.2~

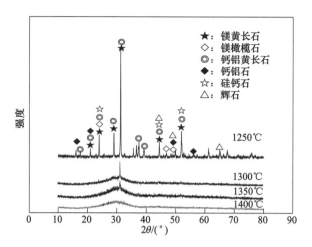

图 2-2 不同冷却温度高炉渣的 X 射线衍射图谱

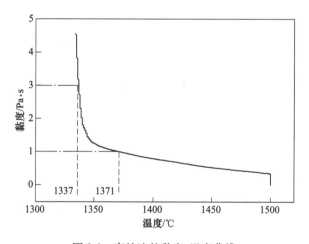

图 2-3 高炉渣的黏度-温度曲线

1.6 范围内。当 M_k 过高时，制成的高炉渣纤维较长，化学稳定性得到改善，使用温度提高，但纤维较粗。

（2）黏度系数 M_η。黏度系数 M_η 是配方成分中增大熔体黏度的氧化物和降低熔体黏度的氧化物阳离子原子数之比，即：

$$M_\eta = \frac{M_{SiO_2} + 2M_{Al_2O_3}}{2M_{Fe_2O_3} + M_{FeO} + M_{CaO} + M_{MgO} + M_{K_2O} + M_{Na_2O}} \quad (2-2)$$

黏度系数 M_η 是衡量熔融高炉渣流动性能及其纤维制备难易程度的一个主要参数。M_η 值越大，熔体黏度越大，流动性越差，纤维越不易制细；反之，M_η 值越小，越容易制得较细纤维。

（3）酸基比 K/O。酸基比 K/O 在本质上与 M_η 相近，只是 M_η 计算中完全用分子数，而 K/O 的计算中按等分子换算成 SiO_2 和 CaO，并且考虑了 Al_2O_3 含量不同时的不同影响，可较清楚地说明 Al_2O_3 含量不同时的不同作用。以 Al_2O_3 含量大于 8% 为例，此时 Al_2O_3 起酸性氧化物作用，K/O 越大，高炉渣纤维化学稳定性越好。

$$K/O = \frac{SiO_2 + 0.88Al_2O_3}{CaO + 1.4MgO + 0.7Fe_2O_3 + 0.78FeO + 0.6K_2O + 0.9Na_2O} \tag{2-3}$$

（4）氢离子指数 pH。氢离子指数 pH 是衡量高炉渣纤维化学稳定性（抗大气、抗水）较准确的指标，可以通过成分求出：

$$pH = -0.0602W_{SiO_2} - 0.120W_{Al_2O_3} + 0.232W_{CaO} + \\ 0.120W_{MgO} + 0.144W_{Fe_2O_3} + 0.2170W_{Na_2O} \tag{2-4}$$

研究表明，pH 越高，高炉渣纤维抗水性越差。综合大量资料显示，pH<4 纤维最稳定，pH<5 纤维稳定，pH<6 纤维中等稳定，pH<7 纤维不太稳定，pH>7 纤维最不稳定。

大量关于熔融高炉渣及高炉渣纤维的科学研究，特别是性质与依从关系的研究，为熔融高炉渣调质提供了重要的理论基础，但理论研究只能定性地指出熔融高炉渣调质的方向，定量组分的确定还须进行大量反复的试验调整。

此外，成纤过程对熔融高炉渣某些性能有特定要求，比如析晶性能、黏度等。析晶导致断纤，纤维稳定性降低，因此应尽可能降低熔融高炉渣析晶倾向。黏度是熔融高炉渣的一个重要表征量，它贯穿于纤维成型的各个阶段。因此，为了便于生产，一般通过调质熔融高炉渣析晶性能与黏度分析结合调质合理性考核指标共同判定调质组分的合理性。

2.2　调质剂的选择

目前可作为调质剂的矿物分为两类，一类是天然富硅矿物；另一类是典型富硅工业固废。无论选用何种调质剂，均应注意以下几个原则：

（1）调质剂化学组成需符合要求，而且稳定；

（2）易于加工处理；

（3）成本低，可大量供应；

（4）对人体健康及环境无害。

2.2.1　典型富硅矿物

2.2.1.1　玄武岩

玄武岩是喷发出来的火山岩浆冷凝后形成的岩石，是一种坚硬而致密的天然硅酸盐岩石，其化学成分主要为 SiO_2、Al_2O_3、Fe_2O_3、FeO、MgO、CaO、Na_2O、K_2O、TiO_2、MnO_2 等，其中 SiO_2 的含量在 45% 以上，且分布广泛，是优质的高硅调质剂。

值得注意的是，由于玄武岩的开采导致我国山体环境受损严重，我国目前已明令禁止开山炸石，因此，选用玄武岩作为调质剂原料来源受限，同时成本大幅度提高。

2.2.1.2 硅砂

硅砂即石英砂，其主要成分是石英，SiO_2 在 99% ~ 99.8%。硅砂作为调质剂，来源广，成本低，但熔化耗能较高。

2.2.2 典型富硅工业固体废弃物

2.2.2.1 铁尾矿

铁尾矿是选矿后的废弃物，是工业固体废弃物的主要组成部分，其化学成分除 SiO_2 外，还普遍含有 Fe_2O_3、CaO、MgO、Al_2O_3 和少量 Na_2O、K_2O，均为高炉渣纤维组成氧化物。选用铁尾矿为调质剂不仅减轻了我国尾矿堆存带来的风险，同时为其资源化利用提供了新途径，但尾矿粒度不均，增加了二次处理成本。

2.2.2.2 粉煤灰

粉煤灰是热电厂采用燃煤生产电力过程中排放的一种黏土类火山灰质材料，它是一定细度的煤粉在锅炉中燃烧（1300~1500℃）后，由除尘器收集到的粉状物质。粉煤灰主要物相是 SiO_2 玻璃体，占 50%~80%，化学成分主要包括 SiO_2、Al_2O_3、Fe_2O_3、CaO、MgO、Na_2O、K_2O、TiO_2 等，其使用情况与铁尾矿相同，但颗粒粒径集中在 0.001~0.1mm 之间，作为调质剂添加过程困难。

2.3 熔融高炉渣调质实践

根据以上理论分析，本着"以废利废"原则，调质剂选用铁尾矿与粉煤灰，对熔融高炉渣进行调质试验，并对调质熔融高炉渣析晶性能和黏度进行了分析。

2.3.1 铁尾矿

铁尾矿以唐山迁西地区某矿区为例，表 2-2 给出了铁尾矿的化学组成，高炉渣成分见表 2-1。

表 2-2　铁尾矿化学成分　　　　　　　　（质量分数，%）

原料	化 学 成 分							
	SiO_2	CaO	MgO	Al_2O_3	Fe_2O_3	TiO_2	K_2O	Na_2O
铁尾矿	67.78	2.50	2.58	13.50	6.56	0.28	3.90	2.21

2.3.1.1 调质熔融高炉渣析晶性能[2]

如前所述，调质熔融高炉渣成纤温度应高于其析晶温度，首先采用 FactSage 热力学软件，以 $CaO\text{-}MgO\text{-}SiO_2\text{-}Al_2O_3$ 四元渣系为研究对象，对铁尾矿调质熔融高炉渣冷却过程中的析晶行为进行了研究，初步分析了其析晶温度，并对其析晶行为进行了阐述，模拟结果如图 2-4 所示。

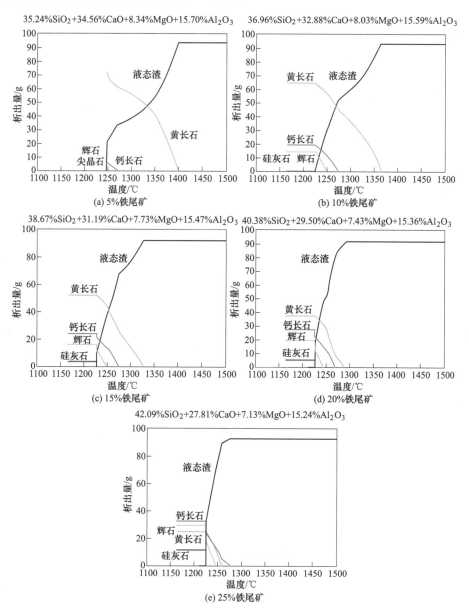

图 2-4 铁尾矿调质高炉渣析晶 FactSage 模拟结果

当铁尾矿添加量为5%时，随着熔渣体系温度的降低，熔渣液相量逐渐减少。当温度降至1398.14℃时，黄长石相（Melilite）开始析出。当温度降至1268.56℃时，钙长石相（Anorthite）开始析出，此时，黄长石相的析出量可达60.65g。随着温度的继续降低，当温度降至1247.78℃时，可观察到辉石类矿物（Clinopyroxene）的析出，此时，黄长石相的析出量由60.65g增加至67.43g，而钙长石的析出量为5.10g。当温度降至1245.96℃时，尖晶石类矿物（Spinel）开始析出，然后恒温直至液态渣消失，此时，矿物的析出量达到最大值，黄长石、钙长石、尖晶石和辉石相的最大析出量分别为72.28g、8.49g、0.39g和12.69g。

当铁尾矿添加量为10%时，黄长石相会在1364.52℃开始析出。当温度降至1272.87℃时，钙长石相开始析出，此时，黄长石相的析出量为42.65g。随着温度的继续降低，当温度降至1248.20℃时，可观察到辉石类矿物的析出，此时，黄长石相的析出量由42.65g增加至56.04g，而钙长石的析出量则增长到9.73g。当温度降至1225.45℃时，会有硅灰石类矿物（Wollastonite）析出，此时，黄长石、钙长石和辉石相的析出量分别为63.62g、17.12g和11.88g。当温度冷却至1162.45℃时，液态渣消失，此时，矿物的析出量达到最大值，黄长石、钙长石、硅灰石和辉石的最大析出量分别为63.62g、17.37g、0.28g和12.19g，此温度下黄长石的析出量与冷却至1225.45℃时相同，因此，黄长石相的析出量在熔渣冷却至1225.45℃时即可达到最大值。

当铁尾矿添加量为15%，温度降至1327.52℃时，黄长石相会开始析出，钙长石相的开始析出温度为1272.40℃，此时，黄长石相的析出量可达25.05g。随着温度的继续降低，当温度降至1246.63℃时，可观察到辉石类矿物的析出，此时，黄长石相的析出量由25.05g增加至43.71g，而钙长石的析出量增长至13.19g。当温度降至1225.45℃时，硅灰石类矿物开始析出，该温度与铁尾矿添加量为10%时的温度相同，因此，铁尾矿添加的增加对硅灰石相的开始析晶温度影响较小，此时，黄长石、钙长石和辉石相析出量分别为51.45g、20.76g和12.11g。当温度冷却至1162.45℃时，液态渣消失，黄长石、钙长石、硅灰石和辉石的最大析出量分别为51.45g、23.36g、2.96g和15.26g。

当铁尾矿添加量为20%，熔渣冷却至1288.37℃时，黄长石相开始析出。当温度降至1268.53℃时，钙长石相开始析出，此时，黄长石相的析出量为8.62g。随着温度的继续降低，当温度降至1244.91℃时，辉石类矿物开始析出，此时，黄长石相的析出量由8.62g增加至29.33g，而钙长石的析出量达到14.13g。当温度降至1225.45℃时，硅灰石类矿物开始析出，此时，黄长石、钙长石和辉石相的析出量分别为38.09g、22.75g和13.69g。液态渣会在1162.45℃时消失，此时，矿物的析出量达到最大值，黄长石、钙长石、硅灰石和辉石的最大析出量分别为 38.09g、28.12g、6.15g 和 20.24g，与熔渣冷却至 1225.45℃ 时相比，黄长石相的析出量没有发生变化。

当铁尾矿添加量为 25%，温度降至 1273.49℃ 时，钙长石相会首先析出，而当温度降至 1256.80℃ 时，黄长石相才会开始析出，此时，钙长石相的析出量为 3.65g。随着温度的降低，当温度降至 1243.79℃ 时，辉石类矿物开始析出，此时，钙长石相的析出量由 3.65g 增加至 11.36g，黄长石相的析出量增加至 11.95g。当温度降至 1225.45℃ 时，硅灰石类矿物开始析出，此时，黄长石、钙长石和辉石相的析出量分别为 22.97g、22.22g 和 17.21g。当温度冷却至 1162.45℃ 时，液态渣消失，黄长石、钙长石、硅灰石和辉石的最大析出量分别为 22.97g、31.06g、10.13g 和 27.99g。

图 2-5 给出了铁尾矿添加量、矿相开始析晶温度、矿相析出量以及调质熔融高炉渣开始析晶温度四者的关系。

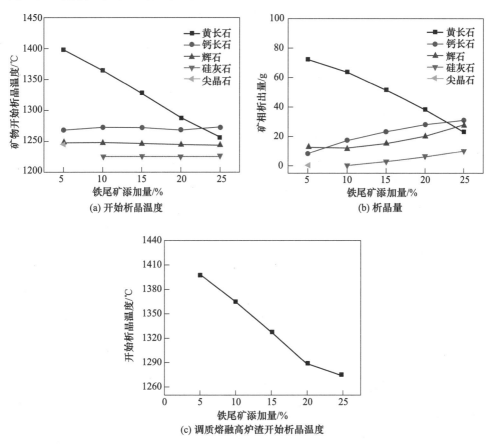

图 2-5　铁尾矿添加量与开始析晶温度、矿相析出量
以及调质熔融高炉渣开始析晶温度的变化趋势图

随着铁尾矿添加量的增加，调质熔融高炉渣在冷却过程中，黄长石的开始析晶温度会降低，当铁尾矿的添加量由 5% 升至 25% 时，黄长石的开始析晶温度会由 1398.14℃ 不断降至 1256.80℃；铁尾矿添加对辉石、钙长石和硅灰石的开始析晶温度影响较小，随着铁尾矿添加量的升高，硅灰石的开始析晶温度不变，为 1225.45℃；当铁尾矿的添加量为 5% 时，尖晶石的开始析出温度为 1245.96℃，随着铁尾矿添加量的增加，调质高炉渣中将不会有尖晶石相的析出。

随着铁尾矿添加量的增加，黄长石的析出量会有明显的降低，当铁尾矿的添加量由 5% 升至 25% 时，黄长石矿物的析出量会由 72.28g 不断降至 22.97g，铁尾矿的添加对黄长石相的析出产生了抑制作用；钙长石和硅灰石的析出量会随着铁尾矿添加量的增加而增加，当铁尾矿的添加量由 5% 增加至 25% 时，钙长石的析出量会由 8.49g 增加至 31.06g，硅灰石的析出量会由 0.28g 增加至 10.13g；辉石的析出量会随着铁尾矿添加量的增加呈现先减少后增加的趋势，当铁尾矿的添加量为 10% 时，辉石的析出量最低为 12.19g。

随着铁尾矿添加量的增加，调质熔融高炉渣的开始析晶温度会不断降低，当铁尾矿的添加量由 5% 升至 25% 时，调质熔融高炉渣的开始析晶温度会由 1398.14℃ 不断降至 1273.49℃。当铁尾矿的添加量为 5%~20% 时，调质熔融高炉渣的开始析晶温度由黄长石相的析出控制，而当铁尾矿的添加量达到 25% 时，调质熔融高炉渣的开始析晶温度控制相会由黄长石相转变为钙长石相。

为验证 FactSage 模拟的准确性，进一步研究铁尾矿调质熔融高炉渣的析晶行为，采用 X 射线衍射仪与场发射扫描电镜对试样的矿相组成以及显微形貌进行了分析，铁尾矿添加量为 5%、10%、15%、20%、25% 条件下，调质熔融高炉渣不同温度点试样 X 射线衍射图谱如图 2-6 所示。

当铁尾矿含量为 5%，冷却温度高于 1250℃ 时，调质高炉渣主要为玻璃相；当温度冷却至 1250℃ 时，样品中有少量晶体析出，其析出的主要矿相为钙铝黄长石和镁黄长石。通过 PDF 卡片查阅的标准峰值线与 XRD 分析测定的钙铝黄长石和镁黄长石相的峰值线相比，二者存在一定的偏差，说明钙铝黄长石和镁黄长石相在冷却过程中形成了黄长石型固溶体，而黄长石型固溶体的析出决定着调质高炉渣的开始析晶温度，该结果与 FactSage 模拟结果相一致。当温度冷却至 1100℃ 时，调质高炉渣中会有大量晶体析出，调质高炉渣的主要析出矿物为钙铝黄长石相、镁黄长石相、钙长石相、硅灰石和辉石相。FactSage 模拟中出现的尖晶石相在 XRD 图谱中没有发现，这可能是由于冷却过程中尖晶石的析出量太少，导致在 XRD 图谱中未能出现明显的衍射峰。

当铁尾矿含量为 10%，冷却温度为 1200℃ 时，调质高炉渣中并未有晶体析出。而当调质熔融高炉渣冷却至 1150℃ 时，样品中可观察到钙铝黄长石相、镁黄长石相、钙长石相、硅灰石和辉石相的析出。当调质高炉渣中铁尾矿含量达到

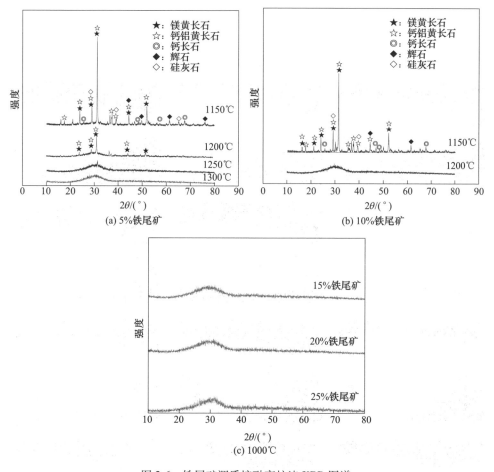

图 2-6 铁尾矿调质熔融高炉渣 XRD 图谱

15%、20%和25%，熔融高炉渣冷却至1000℃时，样品中不会有晶体析出，全部为玻璃体。由此可知，调质高炉渣的开始析晶温度会随着铁尾矿含量的增加而降低。值得注意的是，FactSage 热力学模拟得出的调质熔融高炉渣的开始析晶温度要高于 XRD 分析结果，这是因为 FactSage 模拟为纯热力学模拟，忽略了动力学对熔渣析晶的影响，而受到调质熔融高炉渣黏度高、熔渣析晶时间不充分等因素的影响，冷却析晶过程很难达到热力学平衡状态，因此，XRD 分析得到的调质高炉渣的开始析晶温度要低于 FactSage 模拟结果。

为进一步研究熔融高炉渣在冷却过程中晶相的析出规律，采用熔渣结晶性能测定装置对调质高炉渣样品进行了等温冷却实验，不同铁尾矿调质渣恒温冷却时晶体析出如图 2-7 所示。

在恒温冷却条件下，铁尾矿添加量为5%、10%、15%和20%的调质高炉渣的开始析晶温度分别为 1300℃、1250℃、1200℃和 1100℃，而铁尾矿含量为

25%的调质高炉渣在 1000℃ 仍为玻璃体，其开始析晶温度低于 1000℃。由此可知，随着铁尾矿添加量的增加，调质高炉渣的开始析晶温度逐渐降低，该结果与 FactSage 模拟和 XRD 分析结果相一致。

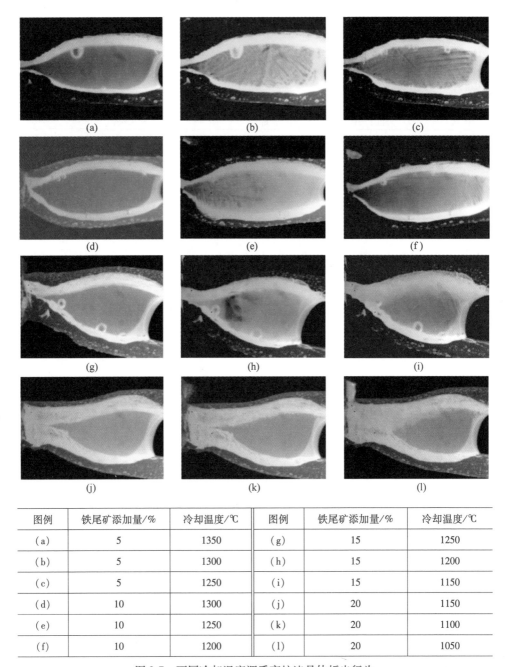

图例	铁尾矿添加量/%	冷却温度/℃	图例	铁尾矿添加量/%	冷却温度/℃
(a)	5	1350	(g)	15	1250
(b)	5	1300	(h)	15	1200
(c)	5	1250	(i)	15	1150
(d)	10	1300	(j)	20	1150
(e)	10	1250	(k)	20	1100
(f)	10	1200	(l)	20	1050

图 2-7 不同冷却温度调质高炉渣晶体析出行为

表 2-3 给出了不同研究方法得到的铁尾矿调质高炉渣的开始析晶温度，恒温冷却条件下得到的调质高炉渣的开始析晶温度比 FactSage 模拟结果低，而比 XRD 分析结果高，分析结果的不同主要是由于晶体析出需要一定的孕育时间，FactSage 模拟结果为平衡状态，而 XRD 分析所用试样在冷却过程中，冷却速率较快，晶体的孕育时间短，因此得到的调质高炉渣的开始析晶温度略低，而在等温冷却条件下，调质熔融高炉渣晶体的析出得到了一定的孕育时间，因此，等温冷却条件下得到的调质熔融高炉渣的开始析晶温度要高于 XRD 分析结果，而低于 FactSage 热力学模拟结果，考虑到实际应用过程，XRD 分析结果得到的调质熔融高炉渣的开始析晶温度更具有参考性。

表 2-3　铁尾矿调质渣开始析晶温度

铁尾矿	FactSage 模拟/℃	恒温实验/℃	XRD 分析/℃
5%	1398.14	1300	1250
10%	1364.52	1250	1150
15%	1327.52	1200	<1000
20%	1288.37	1100	<1000
25%	1273.49	<1000	<1000

2.3.1.2　调质熔融高炉渣黏度

不同铁尾矿添加量条件下，调质熔融高炉渣黏度-温度曲线如图 2-8 所示。调质熔融高炉渣黏度均随温度的降低逐渐增大，当铁尾矿添加量为 5%，温度降低至 1310℃时，调质熔渣的黏度变化梯度突然增大，熔渣黏度曲线出现明显拐点，此时熔体中有高熔点化合物生成。当铁尾矿添加量为 10%~25%时，随着温度的降低，调质熔渣黏度曲线均未出现明显拐点，黏度变化缓慢。

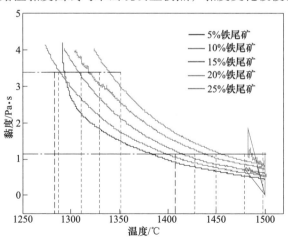

图 2-8　铁尾矿调质熔融高炉渣的黏度-温度曲线

高炉渣纤维成型所要求原料熔体黏度为 1~3Pa·s，在此黏度范围内，适宜的成纤温度区间越大，可操作性就越强，利于纤维形成。表 2-4 给出了铁尾矿为调质剂时调质熔渣适宜成纤黏度的温度区间。

表 2-4 铁尾矿调质高炉渣适宜成纤的温度区间

铁尾矿添加量	适宜成纤的温度/℃	温度区间/℃
5%	1297~1398	101
10%	1304~1413	109
15%	1320~1431	111
20%	1333~1455	122
25%	1352~1470	118

当铁尾矿添加量为 5%、10%、15%、20% 和 25% 时，调质熔融高炉渣适宜成纤温度区间分别为 1297~1398℃、1304~1413℃、1320~1431℃、1333~1455℃ 和 1352~1470℃，此成纤温度区间均在晶体温度以上。调质熔融高炉渣适宜成纤的温度区间呈现先增大后降低的趋势，当添加量达到 20% 时出现最大值，为 122℃。综合考虑，铁尾矿作为调质剂，其添加量应在 15%~25% 较适宜。

2.3.2 粉煤灰

粉煤灰以唐山地区某电厂为例，表 2-5 给出了粉煤灰的化学组成，高炉渣成分见表 2-1。

表 2-5 原料化学成分　　　　　　　　　　（质量分数，%）

原料	化 学 成 分							
	SiO_2	CaO	MgO	Al_2O_3	Fe_2O_3	TiO_2	K_2O	Na_2O
粉煤灰	51.87	3.37	0.01	33.34	3.60	0.82	0.78	0.10

2.3.2.1 调质熔融高炉渣析晶性能[3]

同样首先采用 FactSage 热力学软件，以 CaO-MgO-SiO_2-Al_2O_3 四元渣系为研究对象，对铁尾矿调质熔融高炉渣冷却过程中的析晶行为进行了研究，初步分析了其析晶温度，并对其析晶行为进行了阐述，模拟结果如图 2-9 所示。

当粉煤灰添加量为 5% 时，随着熔渣体系温度的降低，熔渣液相量逐渐减少。当温度降至 1410.11℃ 时，黄长石相开始析出。当温度降至 1272.48℃ 时，尖晶石类矿物开始析出，此时，黄长石相的析出量为 61.87g。随着温度的继续降低，当温度降至 1267.15℃ 时，可观察到钙长石相的析出，此时，黄长石相的析出量由 61.87g 增加至 62.56g，变化较小，而尖晶石类矿物的析出量为 0.09g。当温度降至 1246.03℃ 时，辉石类矿物开始析出，此时，黄长石、钙长石和尖晶石类矿

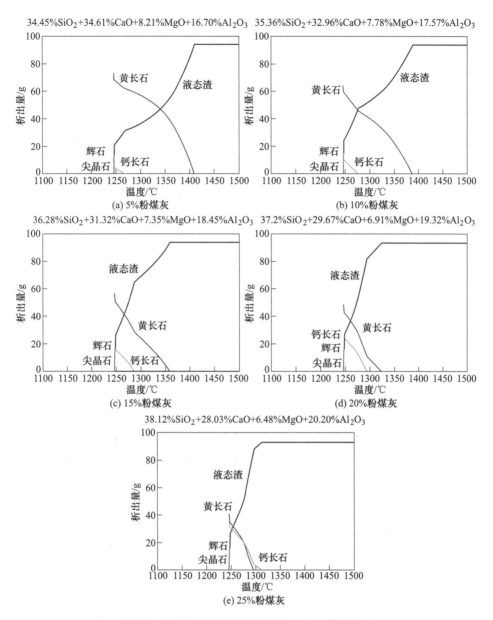

图 2-9　粉煤灰调质高炉渣析晶 FactSage 模拟结果

物的析出量分别为 68.53g、4.61g 和 0.09g。当温度冷却至 1245.96℃时，液态渣消失，此时，矿物的析出量达到最大值，黄长石、钙长石、尖晶石和辉石相的最大析出量分别为 72.84g、7.09g、0.93g 和 13.12g。

当粉煤灰添加量为 10%，黄长石相会在熔渣冷却至 1387.64℃时开始析出。当温度降至 1277.69℃时，会有钙长石相的析出，此时，黄长石相的析出量增加至 45.93g。随着温度的继续降低，当熔渣温度降至 1247.08℃时，可观察到辉石类矿物和尖晶石类矿物的析出，此时，黄长石相的析出量由 45.93g 增加至 59.34g，而钙长石的析出量增加至 10.23g。液态渣会在温度冷却至 1245.96℃消失，黄长石、钙长石、尖晶石和辉石的最大析出量分别为 64.60g、13.61g、0.69g 和 14.77g。

当粉煤灰添加量为 15%，熔渣温度降至 1358.82℃时，黄长石相开始析出。当温度降至 1285.83℃时，钙长石相开始析出，此时，黄长石相的析出量为 28.83g。随着温度的继续降低，当温度降至 1247.72℃时，辉石类矿物和尖晶石类矿物开始析出，此时，黄长石相的析出量由 28.83g 增加至 50.55g，而钙长石的析出量为 16.28g。当温度冷却至 1245.96℃时，液态渣消失，此时，黄长石、钙长石、尖晶石和辉石的析出量为最大值，分别为 56.56g、20.45g、0.51g 和 18.87g。

当粉煤灰添加量为 20%，熔渣温度降至 1324.14℃时，黄长石相开始析出，而钙长石相则会在温度降至 1293.72℃时开始析出，此时，黄长石相的析出量可达 11.37g。随着温度的继续降低，当温度降至 1247.87℃时，辉石类矿物和尖晶石类矿物开始析出，此时，黄长石相的析出量由 11.37g 增加至 42.79g，而钙长石的析出量增加至 23.67g。当温度冷却至 1245.96℃时，液态渣消失，此时，矿物的析出量达到最大值，黄长石、钙长石、尖晶石和辉石的最大析出量分别为 48.88g、27.99g、0.44g 和 15.79g。

当粉煤灰添加量为 25%，温度降至 1312.96℃时，钙长石相会首先析出，而当温度降至 1295.75℃时，黄长石相才开始析出，此时，钙长石相的析出量为 4.56g。随着温度的继续降低，当温度降至 1247.98℃时，辉石类矿物和尖晶石类矿物开始析出，此时，钙长石相的析出量由 4.56g 增加至 31.00g，而黄长石相的析出量增加至 35.04g。当温度冷却至 1245.96℃时，调质高炉渣中液态渣消失，此时，矿物析出达到最大值，黄长石、钙长石、尖晶石和辉石相的最大析出量分别为 41.22g、35.45g、0.38g 和 15.78g。

粉煤灰添加量、矿相开始析晶温度、矿相析出量以及调质熔融高炉渣开始析晶温度四者的关系分析结果如图 2-10 所示。

随着粉煤灰添加量的增加，调质高炉渣在冷却过程中，黄长石以及尖晶石的开始析晶温度会降低，当粉煤灰的添加量由 5% 升至 25% 时，黄长石的开始析晶温度会由 1410.11℃ 不断降至 1295.75℃，而尖晶石的开始析晶温度会由 1272.48℃ 降至 1247.98℃，值得注意的是，当粉煤灰的添加量高于 10% 时，粉煤灰添加量的增长对尖晶石开始析晶温度的影响较小，尖晶石相的开始析晶温度基本保持不变。钙长石的开始析晶温度会随着粉煤灰添加量的增加而升高，当粉煤灰的添加量由 5% 升至 25% 时，钙长石的开始析晶温度会由 1267.15℃ 不断升至 1312.96℃。粉煤灰的添加量对辉石相的开始析晶温度影响较小，随着粉煤灰添

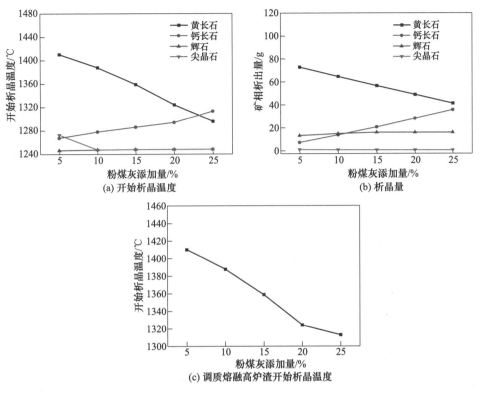

图 2-10 粉煤灰添加量与开始析晶温度、矿相析出量
以及调质熔融高炉渣开始析晶温度的变化趋势图

加量的升高，辉石相的开始析晶温度会略有升高，当粉煤灰的添加量由 5%升至 25%时，辉石相的开始析晶温度会由 1246.03℃升高至 1247.98℃，变化较小。

随着粉煤灰添加量的增加，黄长石和尖晶石的析出量会有明显的降低，当粉煤灰的添加量由 5%升至 25%时，黄长石矿物的析出量由 72.84g 降至 41.22g，尖晶石的含量会由 0.93g 降至 0.38g，粉煤灰的添加对黄长石以及尖晶石相的析出产生了抑制作用。钙长石和辉石相的析出量会随着粉煤灰添加量的增加而增加，当粉煤灰的添加量由 5%增加至 25%时，钙长石的析出量会由 7.09g 增加至 35.45g，而辉石相也会由 13.12g 升高至 15.78g，粉煤灰的加入促进了钙长石相和辉石相的析出。

随着粉煤灰添加量的增加，调质熔融高炉渣的开始析晶温度会不断降低，当粉煤灰的添加量由 5%升至 25%时，调质熔融高炉渣的开始析晶温度会由 1410.11℃不断降至 1312.96℃，由 2.3.1 节给出的高炉原渣 FactSage 模拟结果可知，高炉原渣的开始析晶温度为 1425.29℃，粉煤灰的加入降低了熔融高炉渣的开始析晶温度，这为高炉渣回收制备高炉渣纤维创造了有利条件。对比于

图 2-10（a）可知，当粉煤灰的添加量为 5%~20%时，调质熔融高炉渣的开始析晶温度会由黄长石相的析出控制，而当粉煤灰的添加量达到 25%时，调质熔融高炉渣的开始析晶温度控制相会由黄长石相转变为钙长石相。

粉煤灰添加量为 5%、10%、15%、20%、25%条件下，调质熔融高炉渣不同温度点试样 X 射线衍射图谱如图 2-11 所示。

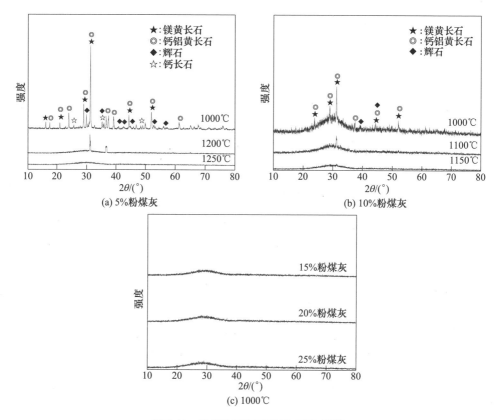

图 2-11　粉煤灰调质高炉渣 XRD 图谱

当粉煤灰含量为 5%，冷却温度高于 1200℃时，调质高炉渣主要为玻璃体结构；当温度冷却至 1200℃时，样品中有少量晶体析出，其析出的主要矿相为钙铝黄长石和镁黄长石相。通过 PDF 卡片查阅的标准峰值线与 XRD 分析测定的钙铝黄长石和镁黄长石相的峰值线相比，二者存在一定的偏差，说明钙铝黄长石和镁黄长石相在冷却过程中形成了黄长石型固溶体，而黄长石的析出决定着调质高炉渣的开始析晶温度，该结果与 FactSage 模拟结果相一致。当温度冷却至 1000℃时，样品中会有大量晶体析出，粉煤灰调质高炉渣的主要矿物组成为钙铝黄长石相、镁黄长石相、钙长石相和辉石相。FactSage 模拟中出现的尖晶石相并未在 XRD 图谱中出现，这可能是由于冷却过程中尖晶石相的析出量太少，导致在

XRD 图谱中并未出现明显的尖晶石相的衍射峰。

当粉煤灰含量为 10%，冷却温度为 1150℃时，调质高炉渣中并未有晶体析出，而当调质熔融高炉渣冷却至 1100℃时，调质高炉渣样品中会有少量晶体析出，析出的晶体主要是黄长石相，而当温度冷却至 1000℃时，样品中可观察到有大量晶体析出。当调质高炉渣中粉煤灰含量达到 15%、20% 和 25%，冷却温度高于 1000℃时，样品中不会有晶体析出，全部为玻璃体。调质高炉渣的开始析晶温度会随着粉煤灰含量的增加而降低，该结果与 FactSage 热力学模拟结果相一致，受到动力学因素的影响，FactSage 热力学模拟得出的调质熔融高炉渣的开始析晶温度要高于 XRD 分析结果。

不同粉煤灰调质渣恒温冷却时晶相析出如图 2-12 所示。在恒温冷却条件下，

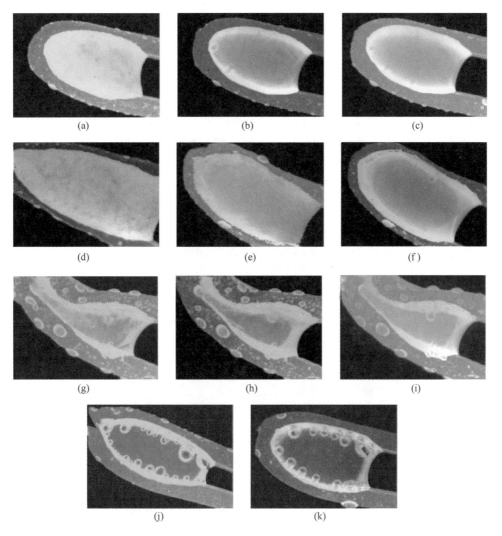

(a)　　　　　　　　(b)　　　　　　　　(c)

(d)　　　　　　　　(e)　　　　　　　　(f)

(g)　　　　　　　　(h)　　　　　　　　(i)

(j)　　　　　　　　(k)

图例	粉煤灰添加量/%	冷却温度/℃	图例	粉煤灰添加量/%	冷却温度/℃
(a)	5	1200	(g)	15	1050
(b)	5	1300	(h)	15	1100
(c)	5	1350	(i)	15	1150
(d)	10	1100	(j)	20	1000
(e)	10	1200	(k)	25	1000
(f)	10	1250			

图 2-12　不同粉煤灰调质渣的析晶温度

粉煤灰添加量为 5%、10% 和 15% 的调质高炉渣的开始析晶温度分别为 1300℃、1200℃ 和 1100℃，而粉煤灰含量为 20% 和 25% 的调质高炉渣在 1000℃ 仍为玻璃体，其开始析晶温度均低于 1000℃，该结果与 FactSage 模拟和 XRD 分析结果相一致。

表 2-6 给出了不同研究方法得到的粉煤灰调质高炉渣的开始析晶温度，由表可知，等温冷却条件下得到的调质高炉渣的开始析晶温度比 FactSage 模拟结果低，而比 XRD 分析结果高，分析结果的不同主要是由于晶体析出需要一定的孕育时间，FactSage 模拟结果为平衡状态，而 XRD 分析所用试样在冷却过程中，冷却速率较快，晶体的孕育时间短，得到的调质高炉渣的开始析晶温度略低，而在等温冷却条件下，调质熔融高炉渣晶体的析出得到了一定的孕育时间，因此，等温冷却条件下得到的调质熔融高炉渣的开始析晶温度要高于 XRD 分析结果，而低于 FactSage 热力学模拟结果，考虑到实际应用，XRD 分析得到的调质熔融高炉渣的开始析晶温度更具参考性。

表 2-6　粉煤灰调质渣开始析晶温度

粉煤灰含量	FactSage 模拟/℃	恒温实验/℃	XRD 分析/℃
5%	1410.11	1300	1200
10%	1387.64	1200	1100
15%	1358.82	1100	<1000
20%	1324.14	<1000	<1000
25%	1312.96	<1000	<1000

2.3.2.2　调质熔融高炉渣黏度

不同粉煤灰添加量条件下，调质熔融高炉渣黏度-温度曲线如图 2-13 所示。调质熔融高炉渣黏度均随温度的降低逐渐增大，当粉煤灰添加量为 5%，温度降低至 1340℃ 时，熔渣的黏度变化梯度突然增大，调质熔渣黏度曲线出现明显的拐点。当粉煤灰添加量为 10%~25% 时，随着温度的降低，调质熔渣黏度曲线未出现明显拐点。

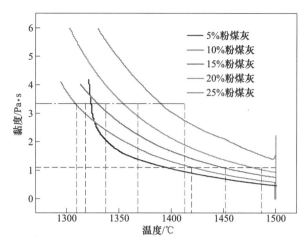

图 2-13　粉煤灰调质熔融高炉渣的黏度-温度曲线

表 2-7 给出了在高炉渣纤维成型所要求原料熔体黏度 1~3Pa·s 内，粉煤灰为调质剂时调质熔渣适宜成纤黏度的温度区间。

表 2-7　粉煤灰为调质剂时适宜成纤黏度的温度区间

粉煤灰含量	适宜成纤的温度/℃	温度区间/℃
5%	1324~1408	84
10%	1318~1432	114
15%	1335~1466	131
20%	1368~1486	118
25%	1401~1500	99

当粉煤灰添加量为 5%、10%、15%、20% 和 25% 时，调质渣适宜成纤的温度区间分别为 1324~1408℃、1318~1432℃、1335~1466℃、1368~1486℃ 和 1401~1500℃，此成纤温度区间均在晶体温度以上。随着粉煤灰含量的增加，调质高炉渣适宜成纤的温度区间逐渐变宽，由 84℃ 增加到 131℃，但当粉煤灰添加量高于 15% 时，温度区间降低。综合考虑，粉煤灰作为调质剂，其添加量应在 10%~20% 较适宜。

根据高炉渣纤维组成设计与确定理论分析结合熔融高炉渣调质实验，可得出调质剂为铁尾矿和粉煤灰最宜添加量条件下调质熔融高炉渣性能与调质合理性指标参数数据（见表 2-8）。

经调质后熔融高炉渣析晶性能和可操作温度区间明显改善，所得纤维稳定性明显提高，但熔渣整体黏度有所增大，可通过成纤工艺参数的调整改善。

表 2-8 性能与调质合理性数据对比

项 目	析晶温度/℃	最宜成纤黏度温度跨度/℃	M_k	M_η	K/O	pH
熔融高炉渣	1350	21	1.1	1.4	1.0	5.6
调质熔融高炉渣 1（铁尾矿添加量 15%~25%）	<1000	111~122	1.4~1.6	1.6~1.7	1.2~1.3	3.3~4.2
调质熔融高炉渣 2（粉煤灰添加量 10%~20%）	≤1000	114~131	1.3~1.5	1.6~1.9	1.1~1.3	3.3~4.4

整体来说，通过试验和调质熔渣性能测定虽可定量确定不同调质剂适宜添加量，但实际生产中，仍需根据工艺条件与操作环境对原料体系进行微调，以实现原料体系与成纤工艺的契合匹配。

参 考 文 献

[1] 张耀明，李巨白，姜肇中. 玻璃纤维与矿物棉全书 [M]. 北京：化学工业出版社，2001.

[2] Ren Qianqian, Zhang Yuzhu, Long Yue, et al, Crystallization behavior of blast furnace slag modified by adding iron ore tailing [J]. Journal of Iron and Steel Research, International, 2017, 24：601-607.

[3] Ren Qianqian, Zhang Yuzhu, Long Yue, et al. Crystallisation behaviour of blast furnace slag modified by adding fly ash [J]. Ceramics International, 2018, 44 (10)：11628.

3   调质熔融高炉渣均质化及热补偿机制

均质化是指整个调质熔融高炉渣体系在化学成分上达到一定的均匀性。未均质化前，熔融高炉渣与调质剂两者性质不同，会对高炉渣纤维质量产生不利影响。调质熔融高炉渣的均质化过程通常考虑两个方面的影响，一是调质剂的熔化、扩散过程；二是调质渣体系黏度的影响。本章就调质剂颗粒的熔化及扩散过程进行了数学建模，同时结合熔渣体系温度、流动性温度揭示了调质熔渣在线热量补偿规律，并通过调质熔融高炉渣均质化实践给出了高温熔体与调质剂均质化的判定方法，调质剂以铁尾矿和粉煤灰为例。

3.1   调质剂颗粒的熔化与扩散行为

数学模型（Mathematical Model）是用数学符号、数学公式、程序、图形等对实际课题本质属性的抽象而又简洁的刻画，它或能解释某些客观现象，或能预测未来的发展规律，或能为控制某一现象的发展提供某种意义下的最优策略或较好策略。熔渣高炉渣在线调质均质化是一个固体颗粒（调质剂）熔化于高温熔体并实现快速扩散形成成分均一的新熔体体系的过程，此过程涉及的因素较多，单纯的实验研究无法实现简明化物理描述，同时还具有一定的生产指导延后性。课题组经大量科学研究，结合实际情况建立了一套调质剂颗粒熔化时间与扩散系数数学模型，给出了求解过程，可有效实现调质熔融高炉渣均质化预判，这也是作者团队在冶金与数学学科研究领域的又一次创新。

3.1.1   调质剂颗粒熔化过程模型[1]

固体颗粒的熔化过程受多种因素影响，国内外许多学者和专家做了大量的研究。目前，研究的重点主要是颗粒完全浸没在熔池中的熔化过程，考虑的主要影响因素涉及颗粒半径、热传导方式、颗粒与溶液的相对速度等，这与熔融高炉渣在线调质过程（低导热系数的非金属氧化物颗粒在高温熔体中的浸没熔化）存在一定差异。在熔融高炉渣在线调质均质化过程中，必须同时考虑调质剂颗粒熔化时间与传热方式、颗粒半径、浸没深度的内在联系，基于此构建调质剂颗粒熔化时间的数学模型[2,3]。

此外，在调质剂浸没过程中，尽管颗粒外部凝固层还在生长或者没有完全熔化，但是颗粒与熔渣凝固层交界处的温度会达到颗粒的熔点而使颗粒持续熔化，并且由于内部相变的存在导致颗粒内部的热物理性能发生变化，从而影响颗粒的整个熔化过程。调质剂颗粒浸没部分的熔化是纯导热作用的结果，而外部熔化是辐射和传导传热共同作用的结果。结合传导传热和辐射传热对不同粒径的调质剂颗粒在熔融高炉渣中的熔化传热的贡献量，给出求解熔化时间与浸没深度的关系，进而可构建调质剂颗粒在熔渣浸没过程中熔化时间的数学模型。

3.1.1.1 模型的假设

（1）调质剂的上半球面为冷区域面，上半球面假设和环境不进行热交换；

（2）调质剂为密实的固体，不考虑孔隙；

（3）调质剂相对于熔体体积较小，数量较小；

（4）调质剂之间在熔化过程中无相互影响；

（5）调质剂的运动对流场无影响。

3.1.1.2 调质剂熔化过程

调质剂的球心到熔渣液面的高度为 h，调质剂的半径为 r。

（1）$h \geqslant r$ 时，熔化过程。此时下半球面主要为辐射传热，当调质剂接收的热量达到调质剂熔化所需要的热量时，即认为此时是刚好熔化的时刻。

根据恒等方程（见图 3-1），调质剂接收的热量 Q = 总辐射能 $Q_\text{总}$ - 调质剂反射的能量 $Q_\text{反}$ - 穿过调质剂的能量 $Q_\text{穿}$。

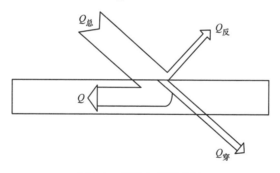

图 3-1 恒等方程示意图

辐射换热量：

$$Q = \varepsilon\sigma(T_1^4 - T_2^4)A \tag{3-1}$$
$$A = \pi r^2$$

式中，辐射常数 $\sigma = 5.67 \times 10^{-8}\,\text{W/(m}^2 \cdot \text{K}^4)$；$T_1$ 为熔渣温度；T_2 为调质剂温度。

热导率：

$$\lambda = \frac{Q\delta}{A\Delta T} \tag{3-2}$$

$$\Delta T_1 = T_1 - T_2$$

式中，δ 为被测材料的厚度；A 为被测材料的面积；ΔT 为被测材料的上下表面温度差。

熔化所需的热量：

$$Q_{需} = cm\Delta T = \frac{4}{3}\pi c\rho\Delta T r^3 \tag{3-3}$$

$$\Delta T_2 = T_1 - T_3$$

式中，T_3 为室温。

熔化所需的时间：

$$t = \frac{Q_{需}}{\lambda \frac{A}{\delta}\Delta T} \tag{3-4}$$

（2）$0<h<r$ 时，熔化过程。此时，下半球面接收的热量为两部分，一部分是传导传热、另一部分是辐射传热，如图 3-2 所示。

$$Q = Q_1 + Q_2 \tag{3-5}$$

辐射换热量：

$$Q_1 = \sigma(T_1^4 - T_2^4)A$$
$$A = \pi(r^2 - r'^2) \tag{3-6}$$
$$r^2 = r'^2 + h^2$$

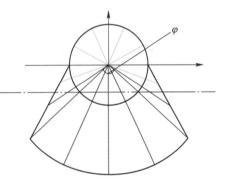

图 3-2　调质剂颗粒温度高低的示意图

传导传热量：

$$Q_2 = \lambda \frac{\Delta T_1}{\Delta x}A$$

$$A = 2\pi r^2\left(1 - \cos\frac{\varphi}{2}\right) \tag{3-7}$$

$$\frac{\varphi}{2} = \arccos\left(\frac{h}{r}\right)$$

此时的联合热导率：

$$\lambda = \frac{Q\delta}{A\Delta T_1} \tag{3-8}$$

此时，所需的时间：

$$t = \frac{Q_{需}}{\lambda \frac{A}{\delta}\Delta T_1} \tag{3-9}$$

（3）$h=0$ 时，熔化过程。此时，下半球面全为传导传热，传导传热量 Q：

$$Q = \lambda \frac{\Delta T_1}{\Delta x} A$$

$$A = 2\pi r^2 \tag{3-10}$$

热导率：

$$\lambda = \frac{Q\delta}{A \Delta T_1} \tag{3-11}$$

此时，所需的时间：

$$t = \frac{Q_需}{\lambda \frac{A}{\delta} \Delta T_1} \tag{3-12}$$

（4）$-r \le h < 0$ 时，熔化过程。此时，调质剂的下半球面和上半球的环形面为传导传热，传导传热量 Q：

$$Q = \lambda \frac{\Delta T_1}{\Delta x} A$$

$$A = 2\pi r^2 \left(1 - \cos\frac{\varphi}{2}\right) \tag{3-13}$$

$$\frac{\varphi}{2} = \arccos\left(\frac{h}{r}\right)$$

热导率：

$$\lambda = \frac{Q\delta}{A \Delta T_1} \tag{3-14}$$

此时，所需的时间：

$$t = \frac{Q_需}{\lambda \frac{A}{\delta} \Delta T_1} \tag{3-15}$$

至此可建立调质剂颗粒在不同深度下熔化时间的数学模型：

$$\begin{cases} t = \dfrac{c\rho \Delta T_2 r^3}{3\lambda \Delta T_1 (R - h)} & (h \le 0) \\[3mm] t = \dfrac{4c\rho \Delta T_2 r^3}{3\varepsilon\sigma(T_1^4 - T_2^4)h^2 + 6\lambda \Delta T_1 (r - h)} & (h > 0) \end{cases} \tag{3-16}$$

3.1.1.3 调质剂颗粒在熔渣中的熔化传热

A 铁尾矿颗粒在熔渣中的熔化传热行为

（1）初始条件：

比热容 $c_{铁尾矿}$ 取 $1.20 \times 10^3 J/(kg \cdot K)$；

密度 $\rho_{铁尾矿}$ 取 $3.0 \times 10^3 \text{kg/m}^3$；

熔融高炉渣温度 T_1 取 1673K，铁尾矿颗粒温度 T_2 取 298K；

铁尾矿黑度取 0.8。

（2）设定式（3-16）中参数半径 r，则铁尾矿颗粒在熔渣中的熔化时间 t 与球心到熔渣液面高度 h 之间的关系可以图示方式叙述（见图 3-3~图 3-5）。

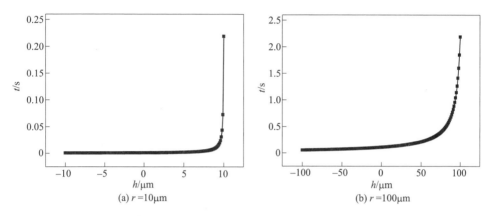

(a) $r = 10\mu\text{m}$ (b) $r = 100\mu\text{m}$

图 3-3 铁尾矿颗粒球心距熔渣液面高度与熔化时间关系曲线

由图 3-3 可知，r 为 $10\mu\text{m}$、$100\mu\text{m}$ 的铁尾矿的熔化时间 t 都是随着高度 h 的降低不断地减少，分别在 $h = 10\mu\text{m}$、$100\mu\text{m}$ 时，最长熔化时间 t 分别为 0.22s、2.19s；在 $h = -10\mu\text{m}$、$-100\mu\text{m}$ 时，即调质剂颗粒全部浸没在熔渣中的熔化时间 t 最短，均在 0.00054s 左右，说明铁尾矿的粒径为 $10 \sim 100\mu\text{m}$ 时，熔化时间 t 主要决定于传导传热，全部浸没在熔渣中的熔化时间受粒径的大小影响不大。

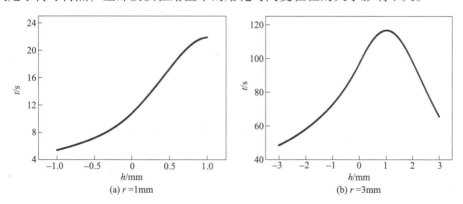

(a) $r = 1\text{mm}$ (b) $r = 3\text{mm}$

图 3-4 铁尾矿颗粒球心距熔渣液面高度与熔化时间关系曲线

由图 3-4 可知，r 为 1mm 铁尾矿的熔化时间 t 也随高度 h 降低不断减少，但变化幅度较粒径为 $10 \sim 100\mu\text{m}$ 的铁尾矿缓慢。铁尾矿与熔渣接触的整个过程中，

熔化时间 t 随传导传热在熔化传热中的比重增加而近似呈直线减少；在 $h=1$mm 时，熔化时间 t 最长，$t=21.88$s；在 $h=-1$mm 时，熔化时间 t 最短，此时 $t=5.38$s。r 为 3mm 铁尾矿的熔化时间 t 开始随 h 降低而延长，当 $h=1$mm 时，熔化时间达到最大值，然后随 h 降低，熔化时间 t 不断缩短。3mm 铁尾矿熔化时间 t 在 $h=1$mm 时最长，此时 $t=116.63$s，在 $h=-3$mm 时最短，$t=48.44$s。虽然熔化时间 t 随 r 增大而明显延长，但传导传热始终在熔化传热中占主导作用。

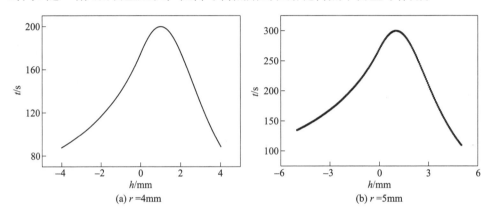

图 3-5 熔化时间与铁尾矿颗粒球心距熔渣液面高度关系曲线

由图 3-5 可知，r 为 4mm、5mm 的铁尾矿的熔化时间 t 开始随 h 降低而延长，当 $h=1$mm 时，熔化时间达到最大值，然后随 h 降低，熔化时间 t 不断缩短。r 为 4mm 铁尾矿的熔化时间 t 在 $h=1$mm 时为最长，此时 $t=200.23$s，在 $h=-4$mm、$h=4$mm 时，熔化时间相等且最短，此时 $t=86.98$s，铁尾矿的熔化时间 t 受传导传热、辐射传热 1∶1 作用。5mm 铁尾矿的熔化时间 t 在 $h=1$mm 时最长，此时 $t=299.52$s，在 $h=5$mm 时最短，$t=109.39$s，开始主要受辐射传热控制。当铁尾矿粒径 r 为 4mm 时，熔化时间 t 受传导传热与辐射传热 1∶1 联合作用；粒径继续增大，熔化时间 t 开始主要受辐射传热控制。

从上述熔化时间与铁尾矿颗粒球心距熔渣液面高度关系分析看，可以得出，当铁尾矿的半径 r 小于 4mm 时，传导传热在传热过程中占主导作用；随铁尾矿半径 r 的增大，辐射传热在传热过程中的作用不断加强；当铁尾矿的半径 r 大于 4mm 时，辐射传热在传热过程中起主导作用，但熔化时间 t 与半径 r^3 近似正相关。

通过对铁尾矿（3mm）计算值（60s）与压制成 ϕ3mm×3mm 圆柱形铁尾矿熔速的测试值（58s）进行对比，发现两者的相对误差为 3.45%，验证了铁尾矿在熔渣中熔化时间的数学模型的合理性，通过模型计算的调质剂熔化时间的趋势图可大致反映其在熔池的熔化规律。

B 粉煤灰颗粒在熔渣中的熔化传热行为

（1）初始条件：

比热容 $c_{粉煤灰}$ 取 $1.18 \times 10^3 J/(kg \cdot K)$；

密度 $\rho_{粉煤灰}$ 取 $2.5 \times 10^3 kg/m^3$；

熔融高炉渣温度 T_1 取 1673K，粉煤灰颗粒温度 T_2 取 298K；

粉煤灰黑度取 0.8。

（2）设定式（3-16）中参数半径 r，则粉煤灰颗粒在熔渣中的熔化时间 t 与球心到熔渣液面高度 h 之间的关系如图 3-6 和图 3-7 所示。

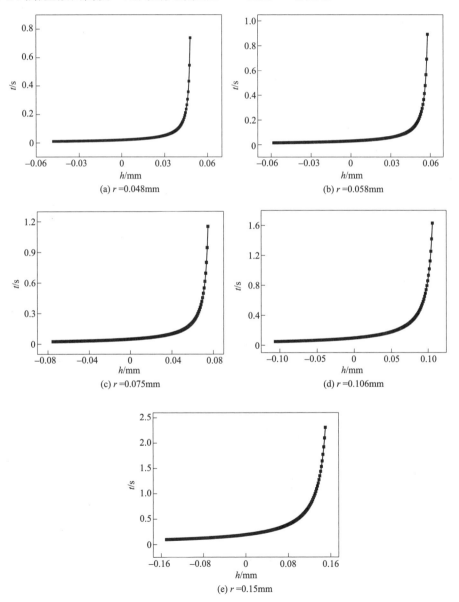

图 3-6　熔化时间与粉煤灰颗粒球心距熔渣液面高度关系曲线

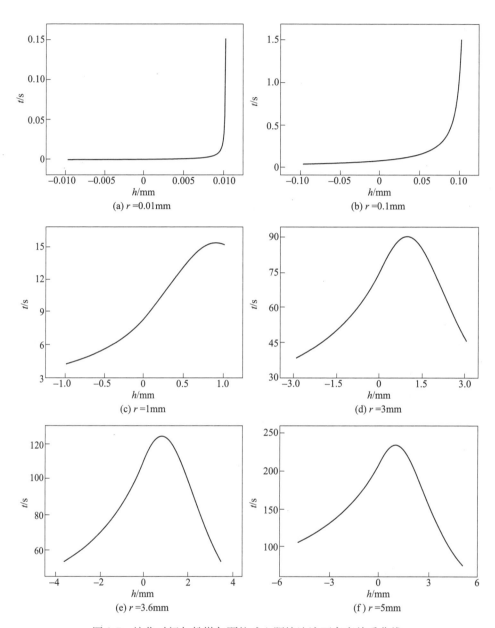

图 3-7 熔化时间与粉煤灰颗粒球心距熔渣液面高度关系曲线

　　粉煤灰半径 r 分别为 0.048mm、0.058mm、0.075mm、0.106mm、0.15mm 时，熔化时间 t 总是随着高度 h 的降低不断地减少，分别在 $h = -0.048$mm，-0.058mm、-0.075mm、-0.106mm、-0.15mm 时达到最小值，此时 t 分别为 0.0099s、0.014s、0.024s、0.048s、0.096s。

不同粒径的粉煤灰熔化时间 t 与 h 的变换规律同铁尾矿的变化规律一致，只是粉煤灰的临界粒径 r 有所区别，不再赘述。

综上可以得出，粉煤灰为调质剂时，半径 r 越小（0.15~0.048mm），传导传热在传热过程中贡献率越大，熔化时间越短。当粉煤灰的半径 r 小于 3.6mm 时，传导传热占主导作用，熔化时间相对较短；当粉煤灰的半径 r 大于 3.6mm 时，辐射传热在传热过程中起主导作用，但熔化时间 t 与半径 r^3 近似正相关。

3.1.2 调质剂颗粒扩散过程模型

利用菲克第二定律建立调质剂的扩散模型，根据一维情况下的菲克扩散第二定律与时间的关系扩展至在三维坐标下的扩散方程。由于菲克第二定律中三维空间表达式的求解比较复杂，因此将 SiO_2（调质剂主成分）在熔融高炉渣中的扩散看作球形扩散，进而建立球坐标下非稳态的三维扩散模型，同时根据 Stokes 定律并借助爱因斯坦公式，建立调质剂在熔融高炉渣中的扩散系数数学模型。

3.1.2.1 菲克扩散第一定律

一般来说，当一种其他物质的分子落入液体中时，由于分子的无规则运动，会使这种物质的浓度在液体中的分布随着时间的迁移也随之改变。当该物质的分子从液体的某一位置转移到另一位置，以改变每一液体部分的组成而促使浓度均匀的过程，称为扩散，而扩散过程的驱动力由浓度梯度提供。

假设在等温等压的环境下得到的扩散规律：

$$J = - D \frac{\mathrm{d}c}{\mathrm{d}x} \tag{3-17}$$

式中，J 为扩散通量，表示扩散的物质流过单位截面的速度，$g/(cm^2 \cdot s)$；D 为扩散系数，cm^2/s；$\frac{\mathrm{d}c}{\mathrm{d}x}$ 为扩散物质沿 x 轴方向的浓度变化；c 为体积浓度，g/cm^3。

3.1.2.2 菲克扩散第二定律

本节表示为单位时间扩散物质的流动速率，则得到流入速率为 J_1A，流出速率为 $J_2A = J_1A + \frac{\partial(JA)}{\partial x}\mathrm{d}x$，微体积元中的积存速率为：

$$J_1A - J_2A = -\frac{\partial(JA)}{\partial x}\mathrm{d}x \tag{3-18}$$

用单位时间内，扩散物质的体积浓度 c 在微体积元 $A\mathrm{d}x$ 的变化率表示积存速率，得到：

$$\frac{\partial(c \cdot A\mathrm{d}x)}{\partial t} = A\mathrm{d}x \frac{\partial c}{\partial t} \tag{3-19}$$

结合式（3-18）与式（3-19）可以得到：

$$-\frac{\partial J}{\partial x} = \frac{\partial c}{\partial t} \tag{3-20}$$

将式（3-17）代入式（3-20），得到：

$$\frac{\partial c}{\partial t} = \frac{\partial}{\partial x}\left(D\frac{\partial c}{\partial x}\right) \tag{3-21}$$

通过一维方向得到三维坐标系下的扩散浓度表达式：

$$\frac{\partial c}{\partial t} = D\left(\frac{\partial^2 c}{\partial x^2} + \frac{\partial^2 c}{\partial y^2} + \frac{\partial^2 c}{\partial z^2}\right) \tag{3-22}$$

由于菲克第二定律中三维空间表达式的求解比较复杂，因此在实际的调质过程中，将 SiO_2 在熔渣中的扩散看做球形的扩散（见图3-8）。

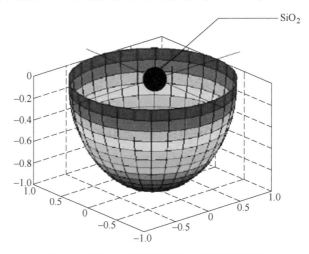

图3-8　SiO_2 在熔融高炉渣中的扩散示意图

可以看出，SiO_2 处于球心位置向熔融高炉渣中进行扩散。

根据菲克第二定律的定义：

$$\frac{\partial c_A}{\partial t} = \frac{\partial J_{A,x}}{\partial x} \tag{3-23}$$

可得：

$$\frac{\partial c_A}{\partial t} = \frac{\partial J_{A,R}}{\partial R}$$

$$\frac{\partial c_A}{\partial t} = \frac{\partial 4\pi R^2}{\partial R}\left(D \cdot \frac{\partial c_A}{\partial R}\right) \tag{3-24}$$

$$\frac{\partial c_A}{\partial t} = D\left(8\pi R\frac{\partial c_A}{\partial R} + 4\pi R^2\frac{\partial^2 c_A}{\partial R_2}\right)$$

式中，c_A 为 SiO_2 浓度；D 为 SiO_2 在高炉渣中的扩散系数；R 为扩散半径。

3.1.2.3 扩散方程求解

首先，考虑在点扩散源情况下的定解问题，对式（3-24）在$(t>0, -\infty < x < +\infty)$及$c(x,0)=\delta(x)$条件下求其基本解，即一维扩散方程柯西（Cauchy）问题的基本解。求解过程运用积分变换方法，用记号$C(\omega,t)$表示函数$c(x,t)$关于变量x的傅里叶变换。

$$C(\omega,t) = F[c(x,t)] = \int_{-\infty}^{+\infty} c(x,t)\exp(-\mathbf{i}\omega t)\mathrm{d}x \qquad (3-25)$$

由傅里叶变换的微分性质，对式（3-25）的两端进行傅里叶变换：

$$\frac{\mathrm{d}C(\omega,t)}{\mathrm{d}t} = -D\omega^2 C(\omega,t) \qquad (3-26)$$

$$\left.\frac{\mathrm{d}C(\omega,t)}{\mathrm{d}t}\right|_{t=0} = 1$$

得到式（3-26）是一阶常微分方程条件下满足其初始条件的解为：

$$C(\omega,t) = \exp(-D\omega^2 t) \qquad (3-27)$$

其次，进行傅里叶逆变换，通过查找傅里叶变换表，可得一维扩散浓度方程Cauchy问题的基本解：

$$c(x,t) = F^{-1}[C(\omega,t)] = \frac{1}{2\sqrt{D\pi t}}\exp\left(-\frac{x^2}{4Dt}\right), x \in R, t > 0 \qquad (3-28)$$

由一维扩散浓度方程求得三维扩散浓度方程 Cauchy 问题的基本解为：

$$c(x,y,z) = \left(\frac{1}{2\sqrt{D\pi t}}\right)^3 \exp\left(-\frac{x^2+y^2+z^2}{4Dt}\right), x \in R^3, t > 0 \qquad (3-29)$$

物质在实际扩散过程中，并不是单纯以点扩散源的形式向周围辐射扩散，而是基于其具有的特定初始条件和边界条件，近似满足某一类扩散模型，故实际应用中，需根据特定初始条件和边界条件，选取合适的扩散模型，再由 Fick 定律推导出相应的扩散浓度方程。

3.1.2.4 扩散系数求解

分子扩散主要受温度、粒度、扩散距、黏度等因素的影响，如图 3-9 所示。

假设物质落在液体中时，有一恒定的外力 f 作用于分子上。在常态下，作用于任何分子上的力必为一个来自液体，且阻碍分子运动的阻力。当分子运动速度不太大时，阻力与速度的一次幂成正比，写为 F/b，并使之与外力相等，即得：

$$F/b = f \quad 或 \quad F = fb \qquad (3-30)$$

即处于外力影响下分子获得的速度与外力成正比关系，而恒量 b 则称为迁移率，它与分子的大小、形状以及液体的黏度有关，其值可以借流体动力学方程来计算。

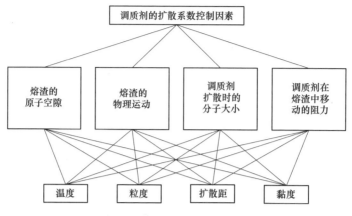

图 3-9 高炉内调质剂的扩散系数控制因素图

对于微小的球形分子，根据 Stokes 定律其阻力等于 $6\pi d\eta F$（d 为球形分子的半径）。因而迁移率为：

$$b = 1/6\pi d\eta \tag{3-31}$$

由于液体中分子的扩散系数与迁移率存在着联系，引出一个扩散流 i，它除了包含与浓度梯度有关的普通项 $-\rho D \nabla C$（设温度恒定）以外，还有与分子在外力影响下所获得的速度有关的项，即 ρCF。于是：

$$i = -\rho D \nabla C + \rho CF \tag{3-32}$$

将 $F = bf$ 代入，得：

$$i = -\rho D \nabla C + \rho Cbf \tag{3-33}$$

在热平衡状态下，扩散停止，因此 i 为零。另一方面，在外力场内，悬浮于液体中的分子的浓度平衡分布是根据统计学中的玻耳兹曼公式决定的，即：

$$C = \text{const} \cdot e^{-U}/(kT) \tag{3-34}$$

式中，U 为分子在外力场中的势能。因 $f = -\nabla U$，故浓度的平衡梯度为 $\nabla C = \dfrac{f}{kT}C$，代入式（3-34），并令 i 等于零，得：

$$D = kTb \tag{3-35}$$

这就是扩散系数与迁移率之间的关系，称为爱因斯坦关系式。将式（3-31）代入式（3-35），则得到球形分子在液体中的扩散系数为：

$$D = \frac{kT}{6\pi d\eta} \tag{3-36}$$

可以看出，球形分子在熔渣中扩散的扩散系数 D 与绝对温度 T 成正比，而与分子的半径 d 和熔渣黏度 η 成反比，根据调质熔融高炉渣温度与黏度的对应关系，绘制调质剂为铁尾矿、粉煤灰不同酸度系数下扩散系数与温度的关系曲线如图 3-10 和图 3-11 所示。

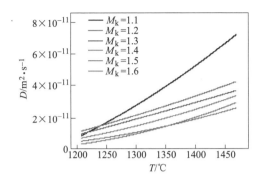

图 3-10 铁尾矿扩散系数与温度的关系

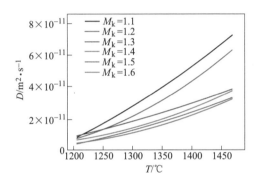

图 3-11 粉煤灰扩散系数与温度的关系

铁尾矿、粉煤灰分子在熔融高炉渣中的扩散系数，随温度的升高而增加。熔渣酸度系数的提高，分子的扩散系数有降低的趋势。根据不同酸度系数条件下实验测定的黏度 η 与温度 T 对应数据，建立铁尾矿、粉煤灰球形分子在液体中的扩散系数 D 与绝对温度 T 数学模型。不同酸度系数条件下，SiO_2 分子在熔渣中的扩散系数 D 的数学模型如下。

$$D = \frac{7.324569 \times 10^{-15} T}{2.3 \times 10^{-5} T^2 - 0.0646T + 45.782} \quad (M_k = 1.1)$$

$$D = \frac{7.324569 \times 10^{-15} T}{2.3 \times 10^{-5} T^2 - 0.0642T + 45.203} \quad (M_k = 1.2)$$

$$D = \frac{7.324569 \times 10^{-15} T}{2.4 \times 10^{-5} T^2 - 0.0674T + 47.776} \quad (M_k = 1.3)$$

$$D = \frac{7.324569 \times 10^{-15} T}{2.6 \times 10^{-5} T^2 - 0.074T + 53.403} \quad (M_k = 1.4)$$

$$D = \frac{7.324569 \times 10^{-15}T}{3.2 \times 10^{-5}T^2 - 0.0938T + 68.329} \quad (M_k = 1.5)$$

$$D = \frac{7.324569 \times 10^{-15}T}{3.9 \times 10^{-5}T^2 - 0.115T + 84.191} \quad (M_k = 1.6)$$

3.2 调质剂成渣及热量补偿[1]

熔融高炉渣在线调质过程中调质剂与熔渣接触，不断吸热，当温度达到熔化温度时开始熔化，在此过程中发生复杂的化学反应，并伴随着熔渣体系热质传输。利用热力学软件 FactSage 6.4 中 Equilib 模块，选取 FToxid 数据库，对调质过程中的传热规律进行模拟计算。熔融高炉渣的初始温度分别设定为 1400℃、1450℃、1500℃ 和 1550℃，分别以铁尾矿、粉煤灰为调质剂，对熔渣体系热量传递及变化规律进行研究。

3.2.1 铁尾矿成渣热力学与动力学

3.2.1.1 铁尾矿成渣热力学趋势

在调质过程中，固态铁尾矿颗粒（20℃）加入熔渣体系中，体系内必然发生热量转移和温度变化。为了探寻铁尾矿配比与熔渣体系热量转移量、温度变化之间的关系。温度区间为 0~1800℃，温度梯度为 10℃。根据表 3-1 中的数据，为了便于比较成分变化引起的成渣产物的变化，设定 Al_2O_3 含量为 16%，得到 SiO_2-CaO-MgO-Al_2O_3 四元相图如图 3-12 所示。

表 3-1 不同铁尾矿配比时熔渣酸度系数及化学成分

铁尾矿配比/%	M_k	熔渣的化学成分/%			
		SiO_2	CaO	MgO	Al_2O_3
1	1.1	37.44	35.90	10.36	16.29
5	1.2	39.10	34.61	10.06	16.23
10	1.3	41.18	33.00	9.67	16.16
15	1.4	43.25	31.39	9.29	16.08
20	1.5	45.32	29.78	8.90	16.00

随着铁尾矿配比增多，熔渣酸度系数 M_k 由 1.03（a 线所示）升高到 1.52（b 线所示），MgO 含量由 10.36%（d 线所示）降低到 8.9%（c 线所示）。体系矿相组成由 A 点向 B 点转变。由相图分析可知，转变过程中熔渣与铁尾矿发生如下反应：

$$(SiO_2) + (CaO) \Longrightarrow (CaO \cdot SiO_2) \quad (3-37)$$

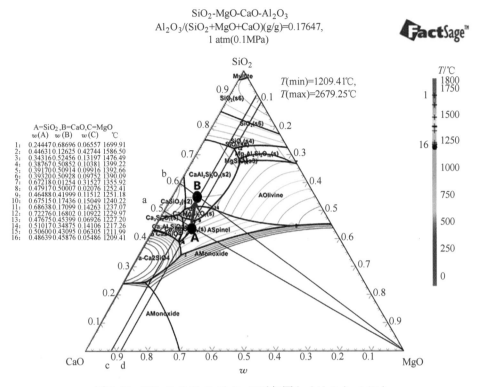

图 3-12　SiO_2-CaO-MgO-Al_2O_3 四元相图（$w(Al_2O_3)$ = 16%）

$$(Al_2O_3) + 2(CaO \cdot SiO_2) = (2CaO \cdot Al_2O_3 \cdot 2SiO_2)（固溶体）$$
$$(3\text{-}38)$$
$$(MgO) + 2(CaO) + (SiO_2) = (2CaO \cdot MgO \cdot SiO_2) \qquad (3\text{-}39)$$
$$2(CaO) + (Al_2O_3 \cdot SiO_2) = (2CaO \cdot Al_2O_3 \cdot SiO_2)（固溶体）$$
$$(3\text{-}40)$$

调质熔渣发生变化的矿相主要为 $2CaO \cdot Al_2O_3 \cdot 2SiO_2$（固溶体）、$2CaO \cdot MgO \cdot SiO_2$（固溶体）、$2CaO \cdot SiO_2$、$2CaO \cdot Al_2O_3 \cdot SiO_2$（固溶体）。

熔渣体系温度与热量的变化规律，除了受铁尾矿熔化所需的热量影响外，还受上述成渣反应放热或吸热的影响。

3.2.1.2　铁尾矿配比对熔渣体系温度变化与热补偿规律的影响

利用热力学软件 FactSage 6.4 中的 Equilib 模块，选取 FToxid 数据库，对调质过程进行模拟，研究调质过程中熔渣体系的热量转移和温度变化规律；在此过程中需建立两个体系，一个是熔融高炉渣体系，另一个是 20℃ 的铁尾矿体系。其中熔融高炉渣体系温度分别设定为 1400℃、1450℃、1500℃ 和 1550℃，铁尾矿配比分别为 1%、5%、10%、15% 和 20%。模拟结果见表 3-2。

表 3-2 不同温度下铁尾矿配比与温度的关系

铁尾矿配比/%	M_k	熔渣体系温度/℃			
		1400	1450	1500	1550
1	1.1	1393	1435	1484	1534
5	1.2	1361	1373	1421	1468
10	1.3	1311	1324	1339	1385
15	1.4	1261	1268	1284	1300
20	1.5	1226	1235	1252	1255

为了考察不同温度下铁尾矿配比对熔融高炉渣体系温降影响规律,利用热力学软件 FactSage 6.4,计算了不同温度条件下,铁尾矿配比分别为 1%、5%、10%、15% 和 20% 时,熔融高炉渣体系的温降。模拟结果见表 3-3 和图 3-13。

表 3-3 不同温度下铁尾矿配比与温降关系

铁尾矿配比/%	M_k	熔渣体系温度/℃			
		1400	1450	1500	1550
1	1.1	7	15	16	16
5	1.2	39	77	79	82
10	1.3	89	126	161	165
15	1.4	139	182	216	250
20	1.5	174	215	248	295

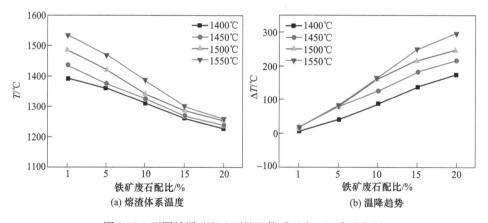

图 3-13 不同铁尾矿配比下熔渣体系温度、温降趋势图

由表 3-2、表 3-3 与图 3-13 可知,铁尾矿配比为 1%~20% 时,随配比增加,熔渣体系温度降低;熔渣体系的初始温度与铁尾矿配比越高,温降越大。铁尾矿

配比为1%~5%时，熔渣体系温降较小；当配比大于5%时，随配比增加，温降增大，最高温降达295℃。

由上述分析可以看出，随铁尾矿配比提高，熔渣体系的温度降低显著，而熔渣的熔化温度提高明显。为了保证熔渣的流动性能，就必须进行补热。补热量的大小不仅与铁尾矿的配比、熔渣的体系温度有关，还与熔渣熔化性温度有关，因此利用热力学软件FactSage 6.4模拟渣量为1t，熔渣体系温度分别为1400℃、1450℃、1500℃和1550℃，铁尾矿配比分别为1%、5%、10%、15%和20%时，为保持熔渣流动性能，补热量的变化规律，其模拟结果如图3-14所示。随铁尾矿配比提高，为保持熔渣流动性，所需的补热量明显增加；随着熔渣体系的初始温度降低，所需的补热量也明显增加，具体的补热量见表3-4。

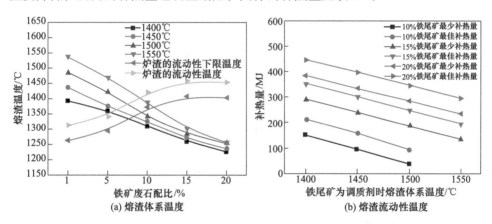

图 3-14　铁尾矿配比与熔渣体系温度、炉渣流动性温度的协同调控图

表 3-4　不同温度下铁尾矿配比与熔渣体系补热量的关系

铁尾矿配比/%	M_k	流动性温度/℃	熔渣体系补热量/MJ			
			1400	1450	1500	1550
1	1.1	1261.4	—	—	—	—
		1311.4	—	—	—	—
5	1.2	1293.8	—	—	—	—
		1343.8	—	—	—	—
10	1.3	1369.3	149.60	93.33	37.12	—
		1419.3	211.70	155.50	92.97	—
15	1.4	1406.0	291.30	238.20	185.10	132.00
		1456.0	353.40	300.30	247.20	194.20
20	1.5	1402.3	383.90	333.90	284.00	234.00
		1452.3	446.10	396.10	346.10	296.20

在上述研究的基础上，结合铁尾矿调质熔渣流动性变化规律、熔渣体系温度变化规律、补热量变化规律与调质剂配比间的内在联系，绘制了铁尾矿配比与熔渣体系温度、熔渣流动性温度、适宜补热量的协同调控图。铁尾矿的配比小于5%，调质熔渣体系的温度在安全操作范围内，且不需要补热。从图3-14中，可找到铁尾矿配比不高于10%时，不同熔渣体系温度下，不需要补热的适宜的铁尾矿配比；当铁尾矿配比高于10%时，熔渣体系的温度开始低于炉渣的流动性下限温度，必须进行补热，保证熔渣的流动性。结合表3-4与图3-14对比分析可知，当铁尾矿配比高于10%时，为了保证熔渣的流动性要求，配比提高1%，所需的补热量平均提高约24MJ；熔渣体系的初始温度降低10℃，所需的补热量平均提高约10.6MJ；不同铁尾矿配比、不同熔渣体系温度下，具体的补热量可从铁尾矿为调质剂时熔渣体系温度与补热量的关系图中直接读取。

3.2.2 粉煤灰成渣热力学与动力学

3.2.2.1 粉煤灰成渣热力学计算

参照计算铁尾矿调质剂方法，当利用粉煤灰做调质剂时，同样利用热力学软件 FactSage 6.4 中的 Phase Digam 模块，选取 FToxid 数据库，对调质过程中的热量变化进行模拟。温度区间为 0~1800℃，温度梯度为10℃。根据表3-5中的数据，为了便于比较成分变化引起的成渣产物的变化，设定 MgO 含量为9.5%，得到 SiO_2-CaO-MgO-Al_2O_3 四元相图如图3-15所示。

表3-5 不同粉煤灰配比时熔渣酸度系数及化学成分

粉煤灰配比/%	M_k	SiO_2/%	CaO/%	MgO/%	Al_2O_3/%
1	1.1	37.20	35.90	10.35	16.54
4	1.2	37.72	34.95	10.09	17.24
9	1.3	38.59	33.36	9.64	18.41
13	1.4	39.29	32.09	9.29	19.34
18	1.5	40.15	30.50	8.85	20.50

随着粉煤灰配比增多，熔渣酸度系数由1.03（a线所示）升高到1.32（b线所示），Al_2O_3 含量由16.5%（c线所示）升高到20.5%（d线所示）。熔渣体系矿相组成由图中 A 点向 B 点转变。调质渣的发生变化的矿相主要为 $2CaO \cdot Al_2O_3 \cdot 2SiO_2$（固溶体）、$2CaO \cdot MgO \cdot SiO_2$（固溶体）、$2CaO \cdot SiO_2$、$2CaO \cdot Al_2O_3 \cdot SiO_2$（固溶体）。

由相图分析可知，转变过程中熔渣与粉煤灰发生如下反应：

$$(Al_2O_3) + 2(CaO \cdot SiO_2) = (2CaO \cdot Al_2O_3 \cdot 2SiO_2)(固溶体) \quad (3-41)$$

$$(MgO) + 2(CaO) + (SiO_2) = (2CaO \cdot MgO \cdot SiO_2) \quad (3-42)$$

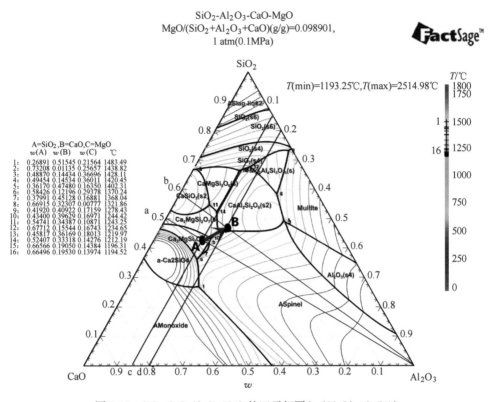

图 3-15 SiO_2-CaO-Al_2O_3-MgO 的四元相图($w(MgO)=9.5\%$)

$$(SiO_2) + 2(CaO) \rule{2cm}{0.4pt} (2CaO \cdot SiO_2) \tag{3-43}$$

$$2(CaO) + (Al_2O_3 \cdot SiO_2) \rule{2cm}{0.4pt} (2CaO \cdot Al_2O_3 \cdot SiO_2)(\text{固溶体}) \tag{3-44}$$

熔融高炉渣体系温度与热量的变化规律,除了受粉煤灰熔化所需的热量影响外,还受上述成渣反应放热或吸热的影响。

3.2.2.2 粉煤灰配比对熔渣体系温度变化与热补偿规律的影响

利用热力学软件 FactSage6.4 中的 Equilib 模块,选取 FToxid 数据库,对调质过程进行模拟,研究调质过程中熔渣体系的热量转移和温度变化规律;在此过程中需建立两个体系,一个是熔融高炉渣体系,另一个是 20℃ 的粉煤灰体系。其中熔融高炉渣体系温度分别设定为 1400℃、1450℃、1500℃ 和 1550℃,粉煤灰配比分别为 1%、4%、9%、13% 和 18%。模拟结果见表 3-6。

为了考察不同温度下粉煤灰调质剂配比对熔融高炉渣体系温降影响规律,利用热力学软件 FactSage6.4,计算了不同温度条件下,粉煤灰配比分别为 1%、4%、9%、13% 和 18% 时,熔融高炉渣体系的温降。模拟结果见表 3-7 和图 3-16 所示。

表 3-6 不同熔渣体系温度下粉煤灰配比与温度（℃）的关系

粉煤灰配比/%	M_k	熔渣体系温度			
		1400℃	1450℃	1500℃	1550℃
1	1.1	1395	1433	1483	1532
4	1.2	1367	1386	1431	1479
9	1.3	1333	1348	1360	1391
13	1.4	1290	1306	1322	1336
18	1.5	1240	1253	1269	1284

表 3-7 不同熔渣体系温度下粉煤灰配比与温降（℃）的关系

粉煤灰配比/%	M_k	熔渣体系温度			
		1400℃	1450℃	1500℃	1550℃
1	1.1	5	17	17	18
4	1.2	33	64	69	71
9	1.3	67	102	140	159
13	1.4	110	144	178	214
18	1.5	160	197	231	266

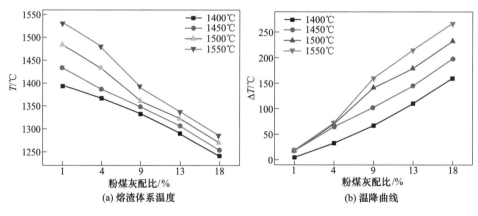

图 3-16 粉煤灰配比-熔渣体系温度、温降的曲线图

由表 3-6、表 3-7 与图 3-16 可知，粉煤灰配比为 1%～18% 时，随配比增加，熔渣体系温度降低。熔渣体系初始温度越高，熔渣体系温度降低幅度越大；粉煤灰配比越大，熔渣体系温度降低越大。粉煤灰配比为 1%～4% 时，熔渣体系温降较小；当配比大于 4% 时，随配比增加，熔渣体系温降增大，最高温降达 266℃。

由上述分析可知，随粉煤灰配比提高，熔渣体系的温度降低显著，而熔渣的熔化性温度提高明显。为了保证熔渣的流动性能，就必须进行补热。补热量的大小不仅与粉煤灰的配比、熔渣的温度有关，还与熔渣熔化性温度有关。利用热力学软件 FactSage6.4，模拟渣量为 1t，熔渣温度分别为 1400℃、1450℃、1500℃和 1550℃，粉煤灰配比分别为 1%、4%、9%、13% 和 18% 时，为保证熔渣流动性能，所需补热量的变化规律，模拟计算结果如图 3-17 所示。可以看出，随粉煤灰配比提高，为保证熔渣流动性，所需的补热量明显增加；随着熔渣体系的初始温度降低，所需的补热量也明显增加，具体的补热量见表 3-8。

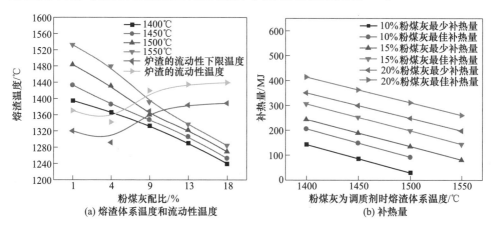

图 3-17 粉煤灰配比与熔渣体系温度、熔渣流动性温度的协同调控图

表 3-8 不同熔渣体系温度下粉煤灰配比与补热量（℃）的关系

粉煤灰配比/%	M_k	流动性温度/℃	熔渣体系温度			
			1400℃	1450℃	1500℃	1550℃
1	1.1	1319.8				
		1369.9				
4	1.2	1291.4				
		1341.4				
9	1.3	1368.7	142.60	85.78	28.93	
		1418.7	205.20	148.40	91.54	
13	1.4	1383.9	242.80	188.40	134.10	79.77
		1433.9	305.50	251.10	196.80	142.50
18	1.5	1388.5	350.50	299.00	247.70	196.50
		1438.5	413.00	361.80	310.60	259.40

为此，在上述研究的基础上，结合粉煤灰调质熔渣流动性变化规律、熔渣体系温度变化规律、补热量变化规律与调质剂配比间的内在联系，绘制了粉煤灰配

比与熔渣体系温度、炉渣流动性温度、适宜补热量的协同调控图。粉煤灰的配比小于4%，调质熔渣体系的温度在安全操作范围内，且不需要补热。从图 3-17 中，可以找到粉煤灰配比不高于 9% 时，不同熔渣体系温度下，不需要补热的适宜的粉煤灰配比；当粉煤灰配比高于 9% 时，熔渣体系的湿度开始低于炉渣的流动性下限温度，必须进行补热，来保证熔渣的流动性。结合表 3-8 与图 3-17 对比分析可知，当粉煤灰配比高于 9% 时，为了保证熔渣的流动性，配比提高 1%，所需的补热量平均提高约 22MJ；熔渣体系的初始温度降低 10℃，所需的热量平均提高约 10.8MJ；不同粉煤灰配比、不同熔渣体系温度下，补热量可从粉煤灰为调质剂时熔渣体系温度与补热量的关系图中直接读取。

3.3 调质熔融高炉渣均质化实践

以高炉渣为原料，纯固体 SiO_2 和铁尾矿为调质剂，采用动态法和静态法相结合的方法对调质熔融高炉渣均质化进行研究。静态法通过测定正交实验后渣样不同位置 SiO_2 含量，确定影响静态均质化的动力学因素；动态法则通过测定熔渣黏度确定调质熔融高炉渣均质化程度，同时通过测定渣样中 SiO_2 含量来验证动态法的可行性[4,5]。

3.3.1 调质熔融高炉渣均质化的静态研究

3.3.1.1 实验方法

A 正交实验

静态均质化实验采用正交试验的方法，SiO_2 在熔融高炉渣中扩散的主要影响因素为温度、时间和酸度系数（以 1.1、1.3、1.5 为例），对温度、时间和酸度系数三因素进行正交实验研究。具体实验数据见表 3-9 和表 3-10。

表 3-9 实验因素

因素	1	2	3
温度/℃ (A)	1400	1450	1500
恒温时间/min (B)	30	90	150
酸度系数 (M_k) (C)	1.1	1.3	1.5

表 3-10 实验正交表

序号	温度/℃	时间/min	酸度系数 M_k
1	$A1$	$B1$	$C1$
2	$A1$	$B2$	$C2$
3	$A1$	$B3$	$C3$

序号	温度/℃	时间/min	酸度系数 M_k
4	A2	B1	C2
5	A2	B2	C3
6	A2	B3	C1
7	A3	B1	C3
8	A3	B2	C1
9	A3	B3	C2

B 实验验证

（1）样品 SiO_2 的制备。根据高炉原渣的化学成分，利用纯 SiO_2 和 Al_2O_3 对高炉渣进行调质处理，SiO_2 配比见表 3-11。

表 3-11 成分配比表

序号	SiO_2 质量/g	高炉原渣质量/g	Al_2O_3 质量/g	酸度系数 M_k
1	1.23	96.18	2.59	1.1
3	3.75	88.39	7.86	1.3
5	5.89	81.76	12.35	1.5

（2）热态重熔实验。取高炉渣 100g 放入石墨坩埚中，将坩埚放入炉内，依据程控节能高温电阻炉设定的程序，经 3h 升温至相应的实验温度（1400℃、1450℃和1500℃），恒温 30min 使高炉渣充分熔化。并将事先制备好的 SiO_2 粉末沿送料管加入熔融高炉渣中，并保温一定时间（30min、60min、90min、120min、150min），恒温结束后将坩埚从炉内取出水淬，利用原子吸收光谱仪按图 3-18 方式检测试样下部 SiO_2 的含量。

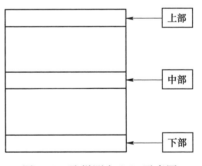

图 3-18 取样测定 SiO_2 示意图

C 正交实验极差

均质化静态实验选取三因素三水平进行实验研究，具体的实验结果及极差分析见表 3-12。极差为同一列中 K_i 的最大值与最小值之差。可反映各因素之间的变化率的波动大小，极差最大一列对应的影响因素，对实验结果影响最大。

从表 3-12 可以看出 A 极差>B 极差>C 极差，则温度极差>时间极差>酸度系数极差，即温度对底部 SiO_2 含量影响最大，恒温时间对底部 SiO_2 含量影响次之，酸度系数对底部 SiO_2 影响最小。

表 3-12 极差分析

因素序号	A 温度/℃	B 恒温时间/min	C 酸度系数 M_k	SiO_2 含量/%
1	1400	30	1.1	33.39
2	1400	90	1.3	33.47
3	1400	150	1.5	33.89
4	1450	30	1.3	33.82
5	1450	90	1.5	34.28
6	1450	150	1.1	34.67
7	1500	30	1.5	34.1
8	1500	90	1.1	35.37
9	1500	150	1.3	35.42
K_1	100.75	101.31	103.43	
K_2	102.77	103.12	102.71	
K_3	104.89	103.98	102.27	
k_1	33.58	33.77	34.48	
k_2	34.26	34.37	34.24	
k_3	34.96	34.66	34.09	
极差 R	1.38	0.89	0.37	

注：K_i—因素 A、B、C 第 i 水平所在实验中 SiO_2 含量，i = 1，2，3；k_i—K_i 的平均值。

SiO_2 底部含量的变化反映了在熔融高炉渣调质成纤过程中熔融高炉渣的静态均质化行为，故温度为影响熔渣调质成纤过程中静态均质化的主要影响因素。

D 正交实验方差

极差分析简单方便，只需要少量的计算并经过综合比较就可以分析出温度、时间、酸度系数三因素对熔融高炉渣底部 SiO_2 含量的影响程度，但该方法没有一个标准定量地判断因素的影响作用是否显著，而方差分析可以把因素水平变化引起的实验数据的差异和误差引起的实验数据的差异区分开来。

实验有 m = 3 个因素，做 n = 9 炉次实验，熔融高炉渣底部的 SiO_2 的含量为 x_1，x_2，x_3，…，x_k，…，x_n，每个影响实验因素有 n_a = 3 个水平因素，每个水平做 a = 3 次的热态重熔实验。根据上表中的正交实验结果，对影响熔融高炉渣中 SiO_2 含量的因素进行显著性分析，处理结果如下：

（1）计算离差的平方和：

1）总离差的平方和 S_T：

$$S_T = \sum_{k=1}^{n} x_k^2 - \frac{1}{n} \left(\sum_{k=1}^{n} x_k \right)^2 = Q_T - P \tag{3-45}$$

通过计算得出：

$p = 1/9 \times 308.41^2 = 10568.53$

$Q_T = 33.39^2 + 33.47^2 + 33.89^2 + 33.82^2 + 34.28^2 + 34.67^2 + 34.1^2 + 35.37^2 + 35.42^2$
$\quad = 10573.01$

$S_T = 10573.01 - 10568.53 = 4.48$

2）各因素离差的平方和 $S_Y (j = A、B、C)$：

$$S_Y = \sum_{k=1}^{n} x_k^2 - \frac{1}{n} \left(\sum_{k=1}^{n} x_k \right)^2 = Q_Y - P \tag{3-46}$$

计算可得：$S_A = 2.85$；$S_B = 1.23$；$S_C = 0.22$。

3）实验误差的离差平方和 S_E：

$$S_E = S_T - \sum S_Y = 4.48 - 4.30 = 0.18 \tag{3-47}$$

（2）计算实验自由度与平均离差平方和（均方）MS：

$f_j = na - 2$，$f_E = 2$，因素的平均离差平方和：

$$MS_j = \frac{S_j}{f_j} \tag{3-48}$$

计算可得：

$$MS_Y = \frac{S_Y}{f_Y} \tag{3-49}$$

$$MS_A = 1.425; MS_B = 0.615; MS_C = 0.11$$

实验误差的平均离差平方和：

$$MS_E = \frac{S_E}{f_E} = 0.09 \tag{3-50}$$

（3）求 F 比，对影响因素进行显著性检验：

$$F = \frac{MS_j}{MS_E}, Y = A, B, C \tag{3-51}$$

$$F_A = \frac{MS_A}{MS_E} = \frac{S_A/f_A}{S_E/f_E} = \frac{1.425}{0.09} = 15.833$$

$$F_B = \frac{MS_B}{MS_E} = \frac{S_B/f_B}{S_E/f_E} = \frac{0.615}{0.09} = 6.833$$

$$F_C = \frac{MS_C}{MS_E} = \frac{S_C/f_C}{S_E/f_E} = \frac{0.11}{0.09} = 1.222$$

查 F 分布表知：$F^{0.05}(2,2) = 19$，根据上面的计算出的结果可以看出 $F^{0.05}(2,2) > F_A > F_B > F_C$，显著性检验结果表明，$A$、$B$、$C$ 对指标影响显著，且因

素 A 大于因素 B；因素 B 大于因素 C，从实验中可以得出：温度对 SiO_2 的影响最大，其次是时间，影响最小的是酸度系数，这与用极差分析方法求出的结果是一致的。方差分析见表3-13。

表3-13 方差分析

方差来源	S_Y	自由度	平均离差平方和	F 值	显著性
A	2.85	2	1.425	15.833	★★★
B	1.23	2	0.615	6.833	★★
C	0.22	2	0.11	1.222	★
误差	0.18	2	0.09		

3.3.1.2 动力学因素对均质化静态实验的影响

A 温度对底部 SiO_2 含量的影响

通过测定同一温度下 SiO_2 含量的平均值研究温度对调质渣均质化的影响，见表3-14。

表3-14 不同温度水平实验数据结果

因素序号	A 温度/℃	B 恒温时间/min	C 酸度系数 M_k	SiO_2 含量/%	平均 SiO_2 含量/%
1	1400	30	1.1	33.39	
2	1400	90	1.3	33.47	33.58
3	1400	150	1.5	33.89	
4	1450	30	1.3	33.82	
5	1450	90	1.5	34.28	34.26
6	1450	150	1.1	34.67	
7	1500	30	1.5	34.1	
8	1500	90	1.1	35.37	34.96
9	1500	150	1.3	35.42	

由表3-14可以看出，随着温度的提高，熔渣中 SiO_2 含量的不断增加，且温度每升高50℃，SiO_2 含量增加0.7%左右，符合正交极差分析的实验结果。

高温是促进 SiO_2 溶解和扩散的首要影响因素，温度的升高能够增加化学反应速率常数及扩散系数。熔融高炉渣中含有多种高熔点物相，后加物质 SiO_2 属于高熔点化合物，熔点在2000℃以上，高温有利于 SiO_2 与炉渣中的 CaO 形成熔点较低的物质，并且温度的提高有利于形成均匀的液渣渣层，从而保证反应扩散的进一步进行；同时温度的提高可以降低炉渣的黏度，改善调质高炉渣的流动性，优化 SiO_2 扩散的外部传质条件，从而使得 SiO_2 表面的化学反应和渗透行为更易进行。故升高体系温度可以使 SiO_2 的扩散显著提高。

B 恒温时间对底部 SiO_2 含量的影响

采用相同恒温时间取 SiO_2 含量的平均值的方法研究 SiO_2 的溶解和扩散，见表 3-15。

表 3-15 恒温时间水平实验数据结果

因素序号	A 温度/℃	B 恒温时间/min	C 酸度系数 M_k	SiO_2 含量/%	平均 SiO_2 含量/%
1	1400	30	1.1	33.39	
4	1450	30	1.3	33.82	33.77
7	1500	30	1.5	34.10	
2	1400	90	1.3	33.47	
5	1450	90	1.5	34.28	34.37
8	1500	90	1.1	35.37	
3	1400	150	1.5	33.89	
6	1450	150	1.1	34.67	34.66
9	1500	150	1.3	35.42	

由表 3-15 可以看出，随着恒温时间延长，熔渣中的 SiO_2 含量不断升高。恒温时间从 30min 延长至 90min 时，SiO_2 含量增加了 0.6%，而恒温时间从 90min 延长至 150min 时，SiO_2 含量只增加了 0.29%。SiO_2 含量随恒温时间的变化率也不断减小，这是由于随着 SiO_2 的进一步溶解，SiO_2 周围的渣液中的 SiO_2 含量较多，且浓度较高，从而扩散成为限制性环节，故 SiO_2 的溶解和扩散速率随恒温时间的延长是不断减小的。

C 酸度系数对底部 SiO_2 含量的影响

正交实验不同酸度系数水平的实验结果见表 3-16。

表 3-16 不同酸度系数水平实验数据结果

因素序号	A 温度/℃	B 恒温时间/min	C 酸度系数 M_k	SiO_2 含量/%	平均 SiO_2 含量/%
1	1400	30	1.1	33.39	
6	1450	150	1.1	34.67	34.48
8	1500	90	1.1	35.37	
2	1400	90	1.3	33.47	
4	1450	30	1.3	33.82	34.24
9	1500	150	1.3	35.42	
3	1400	150	1.5	33.89	
5	1450	90	1.5	34.28	34.09
7	1500	30	1.5	34.1	

随着酸度系数增加，熔渣中 SiO_2 含量逐渐降低，并且通过表3-16可知，酸度系数由1.1提升到1.3时，SiO_2 含量降低0.24%，酸度系数由1.3升高到1.5时，SiO_2 含量减少了0.15%。故酸度系数在1.1~1.5范围变化时，随着酸度系数提高，SiO_2 含量变化率逐渐减小，且 SiO_2 含量的变化随着酸度系数的提升，变化不明显。这是由于随着酸度系数 M_k 的提升，熔渣的流动性减小，熔渣中过多的 SiO_2 不仅极易形成大量的复合阴离子团 $(SiO_4)^{2-}$，致密的网状结构致使熔渣的黏度升高，同时也会包裹在 SiO_2 颗粒表面，进一步阻碍熔渣向 SiO_2 内部的渗透。从而使得扩散到熔渣底部的 SiO_2 含量会减少。

3.3.1.3 实验结果分析

由正交实验及动力学因素对熔渣中 SiO_2 含量的影响分析可知，温度是影响 SiO_2 溶解和扩散的最大影响因素，酸度系数 M_k 的影响最小。为了进一步地细化实验，选取在影响因素最小的同一酸度系数下（$M_k = 1.3$）进行更细化的验证试验，探究不同温度和不同的恒温时间对熔渣底部 SiO_2 含量的影响规律。具体检测结果见表3-17。

表 3-17 温度和恒温时间对熔渣底部 SiO_2 含量（%）的影响规律

恒温时间/min	温度		
	1400℃	1450℃	1500℃
30	33.28	34.00	34.95
60	33.39	34.30	35.20
90	33.45	34.55	35.31
120	33.49	34.68	35.43
150	33.51	34.72	35.50

随着恒温时间的提高，熔渣中 SiO_2 含量不断升高，但 SiO_2 含量的增加率是不断减小的；温度的提升，能够促进 SiO_2 溶解扩散速度。同时这与正交试验结果分析一致，也验证了正交实验结果的准确性。

温度提升到最大温度1500℃，恒温时间150min，熔渣中 SiO_2 还未扩散均匀。这种不加搅拌的静态 SiO_2 溶解扩散行为不仅耗费大量的时间，同时也不符合工业生产的需求，即使大幅度的提高实验操作温度，也不能在短时间内使 SiO_2 达到均匀。因此，在接下来的研究中，需要改变外界的动力学条件来缩短调质剂的均质化时间。

3.3.2 调质熔融高炉渣均质化的动态研究

在静态均质化实验的基础上，课题组结合炉体内熔渣各组分之间的相互作用过程提出了调质熔融高炉渣均质化动态实验方法。通过测定黏度研究调质熔融高炉渣的均质化过程，通过检测熔渣不同位置处 SiO_2 含量的变化规律验证黏度判定调质熔融高炉渣均质化的可行性。

3.3.2.1 实验方法

A 充分均质化调质渣的制备

采用颚式破碎机和行星式球磨机将高炉渣和调质剂（铁尾矿）研磨到 0.15mm 以下，将高炉渣和调质剂按照一定比例进行配料，将配好的料用平铺直取的方法进行混匀（一般混合 6 次），并将混匀的原料装入石墨坩埚内，然后将石墨坩埚放入程控节能高温电阻炉内，按照预先设置好的程序将电阻炉升温进行化渣实验，待升温到 1500℃，保温 6h 将熔渣进行炉冷，完成对高炉渣的均质化处理。经配料计算得出的调质高炉渣成分及铁尾矿添加比例见表 3-18。

表 3-18 调质高炉渣成分及铁尾矿添加比例

序号	铁尾矿比例/%	调质渣成分/%								酸度系数 M_k
		SiO_2	CaO	MgO	Al_2O_3	K_2O	Na_2O	Fe_2O_3	FeO	
1	5.28	34.56	35.56	8.28	13.66	0.70	0.37	1.46	0.96	1.1
2	10.84	36.94	33.64	8.07	13.11	0.71	0.38	1.58	1.22	1.2
3	15.88	39.10	31.91	7.87	12.61	0.73	0.40	1.70	1.46	1.3
4	20.47	41.07	30.32	7.70	12.16	0.75	0.41	1.80	1.67	1.4
5	24.68	42.87	28.87	7.54	11.74	0.76	0.42	1.89	1.86	1.5

B 黏度测定调质渣均质化

首先将高炉渣及铁尾矿分别研磨到 0.15mm 以下，并在 150℃下在烘箱中将试样烘干 4h，然后称取烘干完成的高炉渣，加入石墨坩埚内，将石墨坩埚放入熔体物性综合测试仪的加热管内，按照升温程序的设定 3.5h 后将炉渣升温至 1500℃，并在炉内恒温 30min，使高炉渣在炉内充分熔化。然后，称取试验设定好质量的铁尾矿加入石墨坩埚，1500℃ 恒温 10min，并按固定的黏度设定好的程序，启动测试程序测定调质高炉渣的黏度，每隔 45s 记录该熔渣的黏度值，直至黏度值偏差小于 $0.01Pa \cdot s$ 并稳定。

3.3.2.2 调质渣黏度分析

图 3-19 给出了不同铁尾矿含量的调质高炉渣黏度随恒温时间的变化规律。

由图 3-19 可以看出，随着酸性系数 M_k 增加，调质高炉渣黏度增加。随着铁尾矿含量增加，熔渣中 SiO_2 含量相应提高，促进 $(SiO_4)^{4-}$ 等复合阴离子团大量生成，从而使熔渣的网状结构进一步强化，熔渣黏度随之升高。

另外，在同一酸度系数 M_k 下，熔渣黏度随恒温时间延长先降低后升高，最后趋于稳定。从动力学角度分析，这是由于当固态铁尾矿加入到熔融高炉渣后，熔渣中的大分子逐渐解体为小分子物质，降低了分子间的摩擦力，从而促使调质

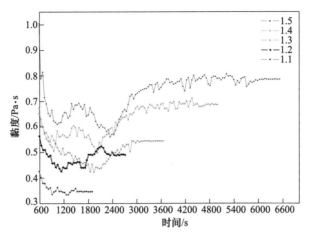

图 3-19 调质高炉渣黏度随时间的变化规律

渣黏度降低,其过程中熔化为限制性环节;随着熔化过程的进行,铁尾矿不断溶解于渣体中,熔渣中 SiO_2 含量不断提高,使熔渣中分子间作用力增大,从而提高了熔渣黏度;随着恒温时间的进一步延长,调质高炉渣黏度呈现波动降低,并逐渐趋于稳定,且在三个采样时间内波动范围小于 $0.01Pa \cdot s$,初步认为调质高炉渣已经均质化。

根据调质高炉渣均质化时间,确定了调质剂加入量对调质高炉渣均质化时间的影响规律,如图 3-20 所示。

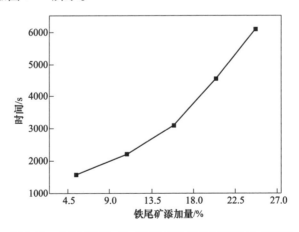

图 3-20 铁尾矿添加量对调质渣均质化时间的影响规律

由图 3-20 可以看出,随着铁尾矿加入比例的增加,调质高炉渣均质化时间延长,原因在于随着铁尾矿加入量逐渐增多,调质高炉渣均质化时间逐渐增加。当铁尾矿加入量由 5.28% 增加到 10.84% 时,均质化时间增加 10min,增加相对缓慢。铁尾矿的添加量与均质化时间呈抛物线的增长趋势；而当铁尾矿加入量进一步增加至15.88%时，均质化时间明显增加至15min。原因在于随着铁尾矿加入量逐渐增多，调质高炉渣升温、熔化需要消耗的热量也相应提高，致使调质高炉渣均质化时间延长；铁尾矿加入量由15.88%增加到20.47%时和由20.47%增加到24.68%时，均质时间分别增加了25min左右。铁尾矿的添加量与均质化时间呈线性增长。

由此可以看出，生产高炉渣纤维过程中，当铁尾矿添加量大于15.88%时，调质高炉渣均质化时间明显延长，此时需要升温或者继续保温一段时间，来保证铁尾矿和高炉渣充分熔化达到均质化，从而制备出优质高炉渣纤维。

3.3.2.3 SiO_2 含量验证调质熔融高炉渣的均质化

通过检测渣样中 SiO_2 含量的变化可验证黏度值达到稳定时调质高炉渣是否达到均质化。图 3-21 给出了不同酸度系数试样不同位置处 SiO_2 含量的变化规律。

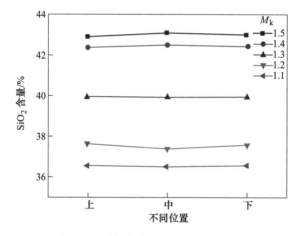

图 3-21 渣样不同位置处 SiO_2 含量

在实验范围内，酸度系数为 1.1~1.5 的调质渣上部、中部和下部试样中 SiO_2 含量变化均较小。如图所示，酸度系数为 1.1 时，调质渣上部、中部和下部试样中 SiO_2 含量分别为36.58%、36.52%和36.58%；酸度系数为1.2时，调质渣上部、中部和下部试样中 SiO_2 含量分别为37.66%、37.54%和37.59%；酸度系数为1.3时，调质渣上部、中部和下部试样中 SiO_2 含量分别为39.98%、39.94%和39.96%；酸度系数为1.4时，调质渣上部、中部和下部试样中 SiO_2 含量分别为42.40%、42.52%和42.45%；酸度系数为1.5时，调质渣上部、中部和下部试样中 SiO_2 含量分别为42.9%、43.09%和43.00%。由此可见，重熔渣样上、中、下各部分试样中 SiO_2 含量的变化对黏度的影响相对较小，调质渣黏度在取样位置处的变化也不大。因此，当熔渣黏度变化不大、渣样中 SiO_2 含量也相差不大的条件下，认为调质渣已经达到了均质化是可行的[4,5]。

本章主要根据热量守恒原理，结合传导传热和辐射传热对不同粒径的调质剂在熔融高炉渣中的熔化传热的作用，确定了熔化时间 r 与浸没深度 h、调质剂半径 r 等参数的关系，构建了调质剂颗粒熔化时间 t 的数学模型。同时根据爱因斯坦关系式，结合温度-黏度实验数据拟合温度-黏度方程，构建了 SiO_2 球形分子在熔渣中的扩散系数 D 的数学模型。通过理论解析结合熔渣均质化静态、动态均质化实验研究，建立了基于熔渣黏度的熔渣均质化时间判定方法。基于调质剂熔化行为数值模拟及其熔化机制，结合熔渣体系温度、炉渣流动性温度建立了调质熔渣在线热量补偿体系，为后续调质熔融高炉渣成纤工业化生产熔渣均质化参数的确定提供了理论支撑。

参 考 文 献

[1] 李杰. 高炉溶渣直接成纤调质工艺基础研究 [D]. 沈阳：东北大学，2015.

[2] 李宝宽，马效峰，赫冀成. 浸没在金属熔池中固体颗粒熔化过程的数学模型 [J]. 钢铁研究学报，1996，8（2）：17-21.

[3] 曾大新，苏俊义，陈勉己. 固体金属在液态金属中的熔化和溶解 [J]. 铸造技术，2000（1）：33-36.

[4] 蔡爽. 高炉熔渣调质过程的均质化研究 [D]. 唐山：华北理工大学，2016.

[5] 田铁磊. 高炉渣成纤过程调质剂的熔解机理及均质化行为研究 [D]. 秦皇岛：燕山大学，2018.

4 调质熔融高炉渣离心成纤理论

调质熔融高炉渣直接纤维化是高温熔体形成具有一定直径和长度形态的非晶态固体的过程。目前，熔融高炉渣离心成纤机理尚不明晰，生产工艺方面多数还以经验参数为主。本章就成纤机理、纤维化过程热力学、纤维形成条件及影响因素进行了解析，结合各因素对纤维质量的影响规律，实现了高品质高炉渣纤维的制备，优化了调质熔融高炉渣离心成纤工艺。

4.1 调质熔融高炉渣离心成纤物理过程

以实验室流程为例，调质熔融高炉渣离心成纤过程熔体行为可分为四部分，首先是熔渣出渣至中间溜槽，随后是熔渣在中间溜槽的流动（中间过渡区），接着是熔渣离开溜槽滴落至四辊离心机，最后是熔渣在四辊离心机系统的变化。其中，熔渣在四辊离心机系统的行为变化被称为纤维化过程。

目前，公认的熔融高炉渣纤维化过程是一个由连续的液态熔渣形成熔体细丝随后迅速固化的过程[1]。大体经过以下 5 个过程：（1）熔融高炉渣在离心辊表面成膜；（2）液膜表面发生扰动形成不稳定脉冲波；（3）扰动加剧形成熔体细丝；（4）熔体细丝长大并从液膜表面脱离；（5）熔体细丝固化形成纤维。图 4-1 为熔融高炉渣四辊离心成纤实验过程照片。

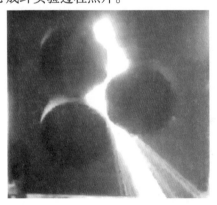

图 4-1 离心成纤过程照片

熔融高炉渣滴落在离心辊上的同时，由于黏性力的作用一部分熔渣形成一层液体薄膜，同时有大量熔渣在离心力的作用下迅速偏移进入下一辊面。与此同时由于辊面不光滑，在摩擦力作用下，液膜随离心辊一起做旋转运动；随着液膜速度的不断增加，导致气液两相的相对运动加剧，由于 Kelvin-Helmholtz 不稳定性，液膜表面将发生扰动，形成不稳定的脉冲波；脉冲波形成的同时，由于 Rayleigh-Taylor 不稳定性，在波峰波谷位置会出现能量的堆积和减弱。此时，液膜速度增加，波长也相应增加，当波长达到一定值后，在波峰位置形成不稳定的凸起；在离心力的作用下，凸起开始拉伸生长，形成一条柱状液丝。随后液丝不断增长变细，由于表面张力的作用，液丝根部收缩进而从液膜表面脱离；脱离后的液丝在风力的作用下迅速固化拉伸形成纤维，如图 4-2 所示。

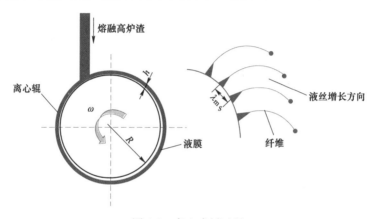

图 4-2　离心成纤过程

　　此过程是基于经典理论、冷态相似实验与热态实验推测所得的一种简单化描述。熔融高炉渣纤维化过程处于高温三相共存的环境，反应时间短，变化形式复杂，影响因素多，因此纤维化方式存在多样化，此过程多样化分析在后续熔融高炉渣成纤动力学章节给出了详尽描述。

4.2　调质熔融高炉渣离心成纤理论

4.2.1　调质熔融高炉渣成纤热传导机制

　　调质熔融高炉渣成纤过程的传热包括：出渣后柱状熔渣的散热、熔渣在中间过渡区的散热、熔渣在离心辊间的传热、纤维成型过程的传热。

4.2.1.1　出渣后柱状熔渣散热分析[2~4]

　　熔融高炉渣在倾倒下落过程的温度变化对高炉渣纤维制备十分关键，只有有效地掌握其温度变化规律，才能充分利用温度控制炉渣的相关物理性质，高炉渣纤维制备过程也就易于掌握。

A 对流热损失分析

将熔渣流向渣槽过程中散失的热量分成两个部分:其一是热量由液芯到流股边界的传导传热和对流传热;其二是热量由流股边缘到外界空气中的辐射传热和对流传热。

流股液芯向流股边缘对流传热的热通量为:

$$q_1 = h_1(T_c - T_s) \tag{4-1}$$

式中,T_c 为流股液芯温度,测量温度的最大值为 1600℃;T_s 为边缘界面温度,取所测温度的平均值约 1235℃;h_1 为流股液芯向流股边缘的对流换热系数,一般情况下取值为 2000W/(m²·K)。

液芯到流股边界的导热热通量为:

$$q_2 = -\lambda_s \frac{\partial T}{\partial x} \tag{4-2}$$

式中,λ_s 为熔渣导热系数,取 0.3W/(m·K)。

空气与熔渣流股的对流换热热通量为:

$$q_3 = h_3(T_s - T_{ml}) \tag{4-3}$$

式中,T_{ml} 为空气温度,取 30℃;h_3 取 7.1W/(m²·K)。

熔渣与空气间对流换热的热流量为:

$$Q_3 = Aq_3 \tag{4-4}$$

式中,Q_3 为熔渣的对流换热热流量;A 为熔渣与空气的接触面积。

通过上述过程并结合实际所测数据,计算可以得出对流换热流量:

$$q_3 = 8555.5 \text{J/m}^2$$
$$Q_3 = 8555.5A$$

B 辐射热与对流热损失分析

空气与熔渣流股的辐射散热热通量为:

$$q_4 = \varepsilon\sigma[(T_s + 273)^4 - (T_{ml} + 273)^4] \tag{4-5}$$

式中,ε 为辐射系数,取 0.5;σ 为斯蒂芬-玻耳兹曼常数,取为 5.67×10^{-8} W/(m²·K⁴)。

熔渣与空气间辐射散热的热流量为:

$$Q_4 = Aq_4 \tag{4-6}$$

式中,Q_4 为渣的辐射散热热流量。

辐射散热流量:

$$q_4 = 146369.2975 \text{J/m}^2$$
$$Q_4 = 146369.2975A$$

则对流换热流量与辐射散热流量的比值为:

$$\eta = \frac{Q_3}{Q_4} \tag{4-7}$$

最终得出 $\eta = 0.0589 \ll 1$，进而表明辐射散热要远远大于对流散热。

针对上述结果，可以进一步求出对流传热所占的百分含量为：

$$w_{Q_3} = \frac{Q_3}{Q_3 + Q_4} = 5.5\%$$

辐射传热所占的百分含量为：

$$w_{Q_4} = \frac{Q_4}{Q_3 + Q_4} = 94.5\%$$

从以上数据中可以看出辐射传热占的比重最大为 94.5%。

C　熔渣流股剩余热量分析

流股在下落过程中包括对流和辐射传热，但热损失主要由辐射传热产生。对于高炉渣成纤来说，流股最终的热量剩余是一个重要的研究参数，在综合考虑相关因素和参考文献的基础上，可建立流股热剩余量的计算模型[2]。

根据能量守恒可以得到流股剩余热量的表达式为：

$$Q_t - Q_s = Q_r \tag{4-8}$$

式中，Q_t 为熔渣的总热量；Q_s 为熔渣散失的热量；Q_r 为炉渣剩余的热量。

设熔渣单位体积上的热量为 K，因此炉渣的总热量 Q_t 为：

$$Q_t = KV = cm\Delta T = c\rho V(T_c - 298) \tag{4-9}$$

式中，T_c 为熔渣出炉时流股中心温度。

将熔渣流股视为圆柱体，因此上式可以表示为：

$$Q_r = \pi K h r^2 - 2\pi h r(q_3 + q_4) \tag{4-10}$$

式中，r 为熔渣流股半径。

将式（4-10）简化可得：

$$Q_r = \pi h[Kr^2 - 2r(q_3 + q_4)] \tag{4-11}$$

上式表示流股的剩余热量与流股的半径函数关系为二次函数，示意图如图 4-3 所示。

由实际可知，当 $r \to 0$ 时有 $Q_r \to 0$，所以方程其中一个解为 0。当 $r>0$ 时，有 $Q_r>0$，可以推出方程的另一个解为负值。由此函数关系式可以看出流股的热剩余量与流股的半径平方成正比，即流股半径大，热剩余量相对多，热量散失少。流股半径减小，那么散失热量迅速增加。

流股的剩余热量为：

$$Q_r = c\rho V(T_p - 298) \tag{4-12}$$

式中，T_p 为流股散失热量后流股的温度。

$$T_p = T_c - \frac{2(q_3 + q_4)}{c r \rho} \tag{4-13}$$

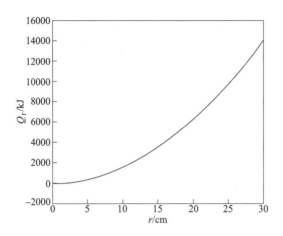

图 4-3 流股的剩余热量与流股的半径函数关系示意图

依据散失热通量和流股半径（$r=1.2$cm）、比热容（$c=1.1$J/(kg·K)）、密度（$\rho=3.45$t/m³）求得流股散失热量后流股中心的温度是 1552℃。

D 熔渣流股流动状态分析

对于熔渣流股的流动状态，类比于管内流动状态的传热特点，用雷诺数 Re 的大小来判断它的流动状态。

$$Re_f = \frac{vd}{\eta} \tag{4-14}$$

式中，v 为流股相对于空气的平均流速；d 为流股的直径（非圆柱状态下取当量直径）；η 为流股的运动黏度；Re 的下标 f 表示一段流体；T_f 为平均温度，作为定性温度，即：

$$T_f = \frac{1}{2}(T_f^1 + T_f^2) \tag{4-15}$$

式中，T_f^1，T_f^2 分别为截取的流股上截面和下截面的温度。

当雷诺数 $Re \leqslant 2300$ 时为层流，当 $Re \geqslant 10^4$ 时为湍流，当 $2300 < Re < 10^4$ 时处于过渡的流动区域。对式（4-14）遵循分子尽量取大，分母尽量取小原则，以熔融高炉原渣为例，流股的速度取 $v=10$m/s，流股直径取 $d=0.24$m，运动黏度 $\eta=0.5$Pa·s（测定），此时雷诺数 $Re=4.8$，熔渣流股内部表现为层流现象。

E 熔渣流股半径对散热的影响分析

流股半径增大热损失减少，但后续流程耦合困难。当出渣量小于倾倒流量时，溜槽内液态熔渣开始存积，可能发生溢流导致熔渣损失，降低成品率。通过计算得到流股半径的峰值，可以满足热损失最低的同时减少熔渣损失量。

此外，实验室大量实验表明当流股半径为 1.2cm，倾倒时间为 2min，流速为

3m/s 时熔渣成纤效果最优。假设不产生熔渣溢流则有：

$$\int_0^t (\pi r_{\max}^2 v - \pi r_{\text{喷}}^2 v)\,\mathrm{d}t \leqslant V_{\text{溜槽}}$$

式中，t 为倾倒时间；v 为流股流速；溜槽体积为 11250cm^3。可以得出熔渣流股半径最大值为：

$$r_{\max} = 2.6\text{cm}$$

熔渣流股的高度决定着热散失量，下落高度增加则热损失量增加，导致熔渣温度降低，由于热损失量为：

$$Q_s = A(q_3 + q_4)t \leqslant 0.05Q_t$$

式中，$t = \sqrt{\dfrac{2h}{g}}$ 为流股下落时间；$A = \pi r_{\max}^2$。求解可得高度：

$$h = \frac{0.05Q_t}{r_{\max}} \sqrt{\frac{g}{2\pi(q_3 + q_4)}} = 1.2\text{m}$$

对于流股粗细的传热过程分析，类比于毕渥数对"薄材"和"厚材"的分析过程：

$$Bi_V = \frac{\dfrac{V/F}{\lambda}}{\dfrac{1}{h}} \tag{4-16}$$

式中，分子项表示熔渣流股内部的导热热阻，分母项表示熔渣流股表面的传热热阻。

对上式整理得：

$$Bi_V = \frac{h(V/F)}{\lambda} \tag{4-17}$$

式中，h 为表面的传热系数；λ 为导热体热导率；V 为导热体体积；F 为导热体与流注体传热面积。

如果毕渥数满足：

$$Bi_V = \frac{h(V/F)}{\lambda} \leqslant 0.1M \tag{4-18}$$

对于长圆柱 M 取 0.5，此时就可以把渣液的流注看成是薄材，在这种情况下，内外的温差的相对值不会超过 5%，当毕渥数大于 0.1M 时，熔渣流股可以看成是厚材，对于厚材，又可以分为有限厚和无限厚。

傅里叶数（Fo）是表征两个时间间隔相比所得的无量纲时间。

$$Fo = \frac{at}{l^2} \tag{4-19}$$

t 表示从边界上开始发生热扰动到所计时刻为止的时间间隔。式（4-19）表示边界上发生的有限大小的热扰动穿过一定厚度的固体层扩散到 l^2 的面积上所需的时间。其物理意义表示非稳态导热过程进行的程度，这也就意味着傅里叶数越大，热扰动就越深入地传播到物体内部，因而物体内各点的温度越接近周围介质的温度。

熔渣流股在空气中冷却，在 $Bi_V > 0.1M$，$Fo > 0.2$ 的条件下，λ 表示熔渣导热系数，取 $0.3W/(m \cdot K)$；h 取 $7.1W/(m^2 \cdot K)$。代入定解条件，求得熔渣流股的半径 $r > 0.004m$。对于熔渣流股内的温度分布及传热量用长圆柱体散热的诺谟图和热量计算图来查对应结果。

对于熔渣流股（长圆柱）的散热，过余温度：

$$\frac{\theta}{\theta_m} = \frac{2(T_f - T)}{T_f - T_0}$$

对应于熔渣流股表面，若流股半径 $r = R = 0.012m$，则有：

$$\frac{1}{Bi} = \frac{\lambda}{hR} = \frac{0.3W/(m \cdot K)}{7.1W/(m^2 \cdot K) \times 0.012m} \approx 3.52$$

在诺谟图上对应：

$$\frac{\theta}{\theta_m} = \frac{2(T_f - T)}{T_f - T_0} = 0.86$$

熔渣流股中心温度 $T_f = 1600℃$，周围接触的空气 $T_0 = 30℃$，代入过余温度表达式，过余温度为 $559℃$。

对于熔渣流股半径变化引起的过余温度计熔渣流股温度变化趋势，可取熔渣流股半径 $r = R = 0.001m$，则有：

$$\frac{1}{Bi} = \frac{\lambda}{hR} = \frac{0.3W/(m \cdot K)}{7.1W/(m^2 \cdot K) \times 0.001m} \approx 42$$

取诺谟图上对应的 $\frac{\theta}{\theta_m}$ 为：

$$\frac{\theta}{\theta_m} = \frac{2(T_f - T)}{T_f - T_0} = 1$$

计算可得过余温度为 $650℃$，由此可以看出渣液流注的半径越小过余温度越大，渣液温度降低的越大。

对于熔渣流股下落时间在 1s 时剩余的热量：

$$FoBi^2 = \frac{h^2 at}{\lambda^2} = \frac{7.1 \times 7.1 \times 18.8 \times 10^{-6}}{0.3 \times 0.3} \approx 10^{-2}$$

$$\frac{hR}{\lambda} = \frac{7.1 \times 0.012}{0.3} \approx 0.284$$

在诺谟图上读出 $\dfrac{\phi}{\phi_0} = 0.05$，即可得热量散失为总体的 5%。

沿用上述理论对实验室的流股半径为 $r = 0.015\text{m}$，下落时间取 {5s，10s，15s，20s}，求得的过余温度为 {85℃，211℃，360℃，485℃}，实验室 20 次实验观测的平均过余温度为 {84.6℃，201.7℃，362.2℃，472.1℃}，经过对比，证明了方法的有效性。

4.2.1.2 熔渣在中间过渡区的散热分析[5]

A 溜槽内熔渣散热量计算

熔渣在溜槽中流动的过程中，引起熔渣温度变化的原因主要有两个，一是溜槽内熔渣表面与空气接触的辐射传热，二是溜槽与熔渣接触产生的传导传热。熔渣对于渣槽的工作层是直接接触的，热量在渣槽中的散热主要分为两个部分：一部分和耐火材料的接触传导把部分热量储存在渣槽的内壁；另一部分是通过对流传热和辐射传热的形式散失在与它接触的周围空气中。除此之外，渣槽中熔渣内部还通过其上表面对流和辐射作用散失掉一部分的热量。因此，渣槽中熔渣的散热同时包括了三种最基本的传热方式，即传导传热、对流传热和辐射传热。

熔渣在溜槽中的热传导研究，往往是把溜槽中的熔渣看成是"充分的混合"，即看作是温度均匀的整体，在此情况下研究其传热和散热损失。

a 空气与熔渣的辐射散热推导

由于物体具有一定的热量（原子的运动）而产生电磁波，在向外发射的同时，伴随能量的产生。根据能量守恒定律可知：

$$Q = Q_a + Q_r + Q_d \tag{4-20}$$

式中，Q_a 为能量吸收率；Q_r 为能量反射率；Q_d 为能量透过率，并且 $a + r + d = 1$。

物体在单位表面积，单位时间内向半球空间区域发射出的从 $0 \rightarrow \infty$ 的全部波长范围内的能量总和，叫做该物体的辐射能力。式（4-21）是用来描述黑体的单色辐射能力 $E_{b\lambda}$ 随波长以及温度的变化函数关系：

$$E_{b\lambda} = \frac{C_1 \lambda^{-5}}{e^{c_2 / \lambda T} - 1} \tag{4-21}$$

黑体的辐射能力和温度之间的关系：

$$E_b = \sigma_b T^4 = C_b \left(\frac{T}{100} \right)^4 \tag{4-22}$$

上式表明黑体辐射能力与它的绝对温度的 4 次方呈现出正比关系。

黑度是描述物体实际的辐射能力 E 与相同温度下黑体的辐射能力 F_b 之比，即：

$$\varepsilon = E / E_b \tag{4-23}$$

那么物体实际的辐射能力为：

$$E = \varepsilon E_b = \varepsilon C_b \left(\frac{T}{100} \right)^4 \tag{4-24}$$

克希霍夫定律所描述的内容为任意的物体辐射能力 E 与它自身的吸收率 a 的比值都相等，并且恒等于同一温度下的黑体辐射能力，也就是说只与物体温度有关，与物体的本质属性无关，关系如式（4-25）所示：

$$\frac{E_1}{a_1} = \frac{E_2}{a_2} = \cdots = E_b = f(T) \tag{4-25}$$

由式（4-25）可知 $a=\varepsilon$，在数值上，物体的吸收率等于黑度。

物体 i 表面发射的辐射能量投射到另一物体 j 表面上的能量占其发射总能量的比例，称为第一物体对第二物体的辐射角度系数，记为 φ_{ij}。

对任意 n 个表面组成的封闭体系，可知

$$\varphi_{11} + \varphi_{12} + \cdots + \varphi_{1n} = 1$$

物体自身辐射 E：

$$E = \varepsilon E_b \tag{4-26}$$

周围物体的投入辐射 G，其中吸收辐射为：

$$q_a = aG \tag{4-27}$$

则反射辐射为：

$$q_r = rG = (1 - a)G = (1 - \varepsilon)G \tag{4-28}$$

有效辐射是指单位时间内，有效单位面积所射离的辐射能量的综合，即

$$q_j = E + q_r = \varepsilon E_b + rG \tag{4-29}$$

图 4-4 为灰体表面的有效辐射示意图，两无限大平板（灰体）间的辐射传热如图 4-5 所示。

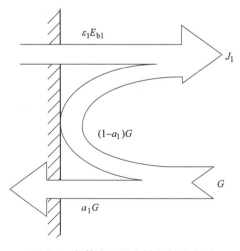

图 4-4　灰体表面的有效辐射示意图

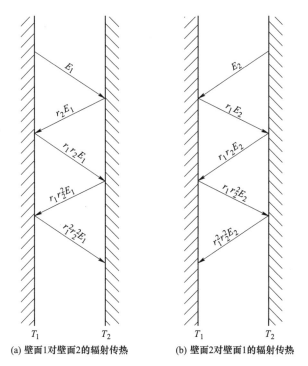

(a) 壁面1对壁面2的辐射传热　　　　(b) 壁面2对壁面1的辐射传热

图 4-5　两无限大灰体平行壁面间的辐射传热

假定两个灰体壁面上的温度分布均匀，吸收率和黑度都是常数；两壁面之间的介质为透热体。则有：

$$q_{J1} = q_{J(a)} + q_{J(b)}$$
$$= E_1(1 + r_1r_2 + r_1^2r_2^2 + \cdots) + r_1E_2(1 + r_1r_2 + r_1^2r_2^2 + \cdots) \quad (4\text{-}30)$$
$$= \frac{E_1}{1 - r_1r_2} + \frac{r_1E_2}{1 - r_1r_2} = \frac{E_1 + r_1E_2}{1 - r_1r_2}$$

同理：

$$q_{J2} = \frac{E_2 + r_2E_1}{1 - r_1r_2} \quad (4\text{-}31)$$

对两无限大平面：$\varphi_{12} = \varphi_{21} = 1$。若 $s_1 = s_2 = 1$，则 $q_{J1} = G_2$，$q_{J2} = G_1$。

故：

$$q_{12} = q_{Ji} - G_1 = q_{J1} - q_{J2} \quad (4\text{-}32)$$

上式说明，两无限大灰体平行壁面间的辐射传热速率等于两灰体的有效辐射之差[4]。将 $r = 1 - a$，$a = \varepsilon$，$E = \varepsilon E_b$ 及式（4-30）、式（4-31）代入式（4-32）中并整理可得：

$$q_{12} = C_{12}\left[\left(\frac{T_1}{100}\right)^4 - \left(\frac{T_2}{100}\right)^4\right] \quad (4\text{-}33)$$

式中，C_{12} 为总辐射系数，$C_{12} = C_b/(1/\varepsilon_1 + 1/\varepsilon_2 - 1)$。

$$Q_{12} = C_{12}s\left[\left(\frac{T_1}{100}\right)^4 - \left(\frac{T_2}{100}\right)^4\right] \tag{4-34}$$

由于灰面 1 发射的辐射能量只有一部分到达灰面 2 上，所以在式（4-34）中引入角度系数 φ_{12}，适用于任意两灰体表面之间的辐射传热计算，即：

$$Q_{12} = C_{12}\varphi_{12}s\left[\left(\frac{T_1}{100}\right)^4 - \left(\frac{T_2}{100}\right)^4\right] \tag{4-35}$$

式中，C_{12} 为灰面 1 对灰面 2 的总辐射系数。

$$C_{12} = C_b/[1/\varepsilon_1 - 1]\varphi_{12} + 1 + (1/\varepsilon_2 - 1)\varphi_{21} \tag{4-36}$$

当一物体被另一物体完全包围时，且 $s_1 \ll s_2$ 时，$C_{12} \approx \varepsilon_1 C_b$，故式（4-35）可简化成：

$$Q_{12} = \varepsilon_1 C_b s_1\left[\left(\frac{T_1}{100}\right)^4 - \left(\frac{T_2}{100}\right)^4\right] \tag{4-37}$$

该式使用条件为：物体 1 被物体 2 所包围，且 $s_1 \ll s_2$。

应用上述理论，可得空气与熔渣流股的辐射散热热通量为：

$$q_5 = \varepsilon\sigma\left[(T_w + 273)^4 - (T_{mt} + 273)^4\right] \tag{4-38}$$

式中，T_w 为槽中渣液表面温度。

而溜槽中熔渣与空气间的辐射散热热流量 Q_5 为：

$$Q_5 = sq_5 \tag{4-39}$$

式中，s 为熔渣与空气的接触面积；a，b，c 分别为溜槽的长宽，以及液态渣在溜槽中的高度，分别为 0.5m、0.05m、0.1m。

熔渣在溜槽中流动时的温度 $T_w = 1168℃$，可以得到：

$$Q_5 = 3050J$$

b　溜槽与熔渣传导散热热通量的理论和计算

设有厚度为 δ 的平壁，热导率为 $\lambda = ConsT$，且无热源，即 $R = 0$，在平壁的两侧，表面维持均匀稳定的温度 T_{w1} 和 T_{w2}，且 $T_{w1} > T_{w2}$。

对于稳态的一维无内热源的导热问题，由于：

$$\frac{\partial T}{\partial \tau} = \frac{\partial T}{\partial y} = \frac{\partial T}{\partial z} = \frac{\partial^2 T}{\partial y^2} = \frac{\partial^2 T}{\partial z^2} = \frac{qv}{\rho C_P} = 0$$

导热微分方程简化为：

$$\frac{d^2 T}{dx^2} = 0 \tag{4-40}$$

边界条件为：

$$\begin{aligned}x &= 0, T = T_{w1}\\ x &= \delta, T = T_{w2}\end{aligned} \tag{4-41}$$

式（4-40）是二阶线性常微分方程，积分二次得到：

$$T = c_1 x + c_2 \tag{4-42}$$

式中，c_1，c_2 为积分常数，由边界条件确定。

将边界条件式（4-41）代入式（4-42）得：

$$T_{w1} = c_1 \cdot 0 + c_2 \, ; T_{w2} = c_1 \cdot \delta + c_2$$

联立求解得到：

$$c_2 = T_{w1} \, ; c_1 = \frac{T_{w2} - T_{w1}}{\delta}$$

代入通解得到：

$$T = (T_{w2} - T_{w1}) \frac{x}{\delta} + T_{w1} \tag{4-43}$$

此即为平壁一维稳态导热问题的温度场的表达式，说明平壁内的温度是一条直线。

将温度分布式（4-43），对 x 求导数得到：

$$\frac{\mathrm{d}T}{\mathrm{d}x} = \frac{T_{w2} - T_{w1}}{\delta}$$

代入傅里叶定律得到：

$$q = \lambda \frac{T_{w1} - T_{w2}}{\delta} \tag{4-44}$$

假设平壁的侧面表面积为 F，则热流量为：

$$Q = qF \tag{4-45}$$

由于式（4-43）与式（4-44）右的各项均为常数，说明热流量 Q 和热通量 q 均为常数，即沿 x 方向的任意截面上，Q 和 q 处处为一常数，而与 x 无关。这是平壁一维稳态导热的一个重要结论。

因为材料的热导率是温度的函数 $\lambda = \lambda_0 (1 + aT)$，而沿 x 方向温度又是变化的，这与求解过程中的假定是矛盾的。为此，仍假定 λ 为常数，计算中取平均热导率：

$$\lambda = \lambda_0 (1 + a\overline{T}) = \frac{1}{2}(\lambda_1 + \lambda_2)$$

式中，λ_1，λ_2 分别为 T_{w1} 和 T_{w2} 下的热导率，W/(m·℃)；$\overline{T}$ 为平均温度，取 $\overline{T} = (T_{w1} + T_{w2})/2$。

根据热阻的概念各种转移过程的共同规律可以描述为：

$$过程中的转移量 = \frac{过程的推动力}{过程的阻力} \tag{4-46}$$

在电学中被称为欧姆定律，即：

$$I = \frac{\Delta U}{R}$$

将上述过程相结合，溜槽与熔渣之间的导热为 Q_6，与之相对应的表达式经过转换可得：

$$Q_6 = \frac{T_w - T_v}{\delta / \lambda F} \tag{4-47}$$

式中，T_v 为渣槽的温度，取 $30℃$；δ 为耐火砖的厚度，取 $0.08m$；λ 为耐火砖的热导率，取 0.61；F 表示液态渣耐火砖的接触面积，取 $0.125m$。最终得到：

$$Q_6 = 1084J$$

B 溜槽内熔渣余热量计算

在没有内热源的情况下，经长时间的熔渣流动，溜槽内熔渣的传热到达稳态。那么则有热剩余量等于总热量减去散失的热量，对应的公式为：

$$Q_r = Q_t - Q_s \tag{4-48}$$

热量散失主要为辐射和传导传热两种方式

$$Q_s = Q_5 + Q_6$$

$$Q_5 = q_5 s = abq_5$$

$$Q_6 = q_6 F = (ab + 2ac)q_6$$

由以上公式得出：

$$Q_r = kabc - abq_5 - (ab + 2ac)q_6$$

整理得到：

$$Q_r = ac(kb - 2q_6) - ab(q_5 + q_6)$$

可以得到：

$$Q_r = 0.025k - 4134.65 \tag{4-49}$$

其函数曲线如图 4-6 所示。

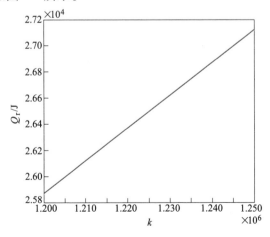

图 4-6 一次函数变化趋势图

式中变量仅有熔渣在溜槽的深度，函数为一次线性增函数，表明在保证熔渣成纤顺利进行的情况下，加快倒渣速度，使得熔渣深度 k 迅速达到最大限度值，对应 Q_r 也增大，由此可减少热损失。

4.2.1.3 熔渣在离心辊间热损失分析[6]

A 熔渣滴落至离心辊前的热量损失

熔渣以流股的形式由导流槽的出渣孔流出并自由滴落至第一个辊面，在此过程中流股在空气中发生热量损失，传热过程属于物理传热，分为两部分：第一部分为熔渣流股液芯到流股边界的传热过程，此传热过程分为传导传热与对流传热；第二部分为熔渣边界与外界空气的传热，此过程分为辐射传热与对流传热。基于上述熔渣流动的特殊性以及传热方式的复杂性，为了方便计算，做以下假设：(1) 熔渣滴落至辊前的流动近似为自由落体的流动，流口采用中空圆柱形石墨材质，将流股看做为圆柱体；(2) 熔渣流股周围空气看作灰体；(3) 忽略空气阻力的影响。

熔渣流股形态示意图如图 4-7 所示。

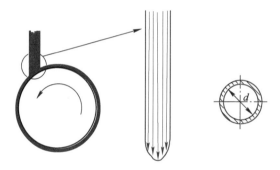

图 4-7 熔渣流股形态示意图

a 熔渣流股液芯到流股边界的传热

在熔渣流股内部，从液芯到流股边界的传热为传导传热与对流传热，在这部分传热过程中，熔渣只在自身系统内发生热量传递，并未造成流股系统的热量损失，其热量传递参数如下：

对流传热热通量为：

$$q_1 = h_1(T_c - T_s) \tag{4-50}$$

式中，T_c 为熔渣流股的液芯温度，K；T_s 为边缘界面的温度，K；h_1 为对流换热系数，W/(m² · ℃)。

传导传热热通量为：

$$q_2 = -\lambda_s \frac{\partial T}{\partial x} \tag{4-51}$$

式中，λ_s 为熔渣导热系数，W/(m² · ℃)。

b　熔渣边界与空气的传热

在熔渣流股外部，熔体边界与外界空气的传热为对流传热与辐射传热，这一过程是熔渣流股与外界的热量交换，造成该系统热量损失，熔体温度下降。

对流换热热通量为：

$$q_3 = h_3(T_s - T_{ml}) \tag{4-52}$$

式中，T_{ml} 为空气的温度，K。

对流换热热流量为：

$$Q_3 = Aq_3 \tag{4-53}$$

式中，Q_3 为熔渣与空气间的对流换热热流量，W；A 为熔渣与空气的接触面积，m^2。

辐射散热热通量为：

$$q_4 = \varepsilon k\left[(T_s + 273)^4 - (T_{ml} + 273)^4\right] \tag{4-54}$$

式中，ε 为辐射常数，k 为玻耳兹曼常数。

辐射散热热流量为：

$$Q_4 = Aq_4 \tag{4-55}$$

熔渣与空气的接触面积 A 计算式如下：

$$A = \pi dL \tag{4-56}$$

式中，d 为熔渣流股的直径，m；L 为熔渣流股的长度，m。

熔渣流股下落过程中热损失为流股界面与空气的对流传热以及辐射传热，根据能量守恒定律可以得到流股滴落至第一个离心辊前剩余热量的表达式：

$$Q_r = Q_t - Q_s \tag{4-57}$$

式中，Q_t 为熔渣流股的总热量，J；Q_s 为熔渣散失的热量，J；Q_r 为熔渣剩余的热量，J。

设熔渣单位体积的热量为 K，熔渣的总热量 Q_t 可表示为：

$$Q_t = KV = cm\Delta T = C\rho V(T_c - 298) \tag{4-58}$$

式中，c 为熔渣的比热容，J/(kg·K)；ρ 为熔渣密度，kg/m^3。

简化得到熔渣流股的剩余热量可表示为：

$$Q_r = \pi h\left[Kr^2 - 2r(q_3 + q_4)\right] \tag{4-59}$$

式中，r 为熔渣流股半径，m。

由式（4-59）可知熔渣流股滴落过程中，热量散失与流股半径具有密不可分的关系，熔渣流股的剩余热量与流股的半径成二次函数关系，理论上流股半径值的改变可以将熔渣流股热量散失降到最低，但是当 $r \to 0$ 时，$Q_r \to 0$；当 $r > 0$ 时，$Q_r > 0$。可知式（4-59）二次函数关系式可近似看成为流股的剩余热量与流股半径的平方成正比，流股半径越大，剩余热量越多；反之，则越少。在实验过程中熔渣流股不可能无限放大，通过多次实验经验得出：若流股直径过小，流速过大将出现堵塞现象，同时流速过小熔渣散热过快，即温降过快，均影响实验顺利进行；若流股直径偏大，熔渣滴落辊面之后大部分还未得及甩丝便被甩至下一辊甚至被直接甩出凝固成固体。因此实验与理论分析相一致，研究流股直径与流速对熔渣保持一定热量，减少散热使成纤过程顺利进行具有重要意义。

　　B　熔渣在离心辊间的热量损失

　　a　熔渣与离心辊面非弹性碰撞能量损失

　　将熔渣-离心辊-外界空气看作一个系统，辊的温度达到稳定后，整个系统传热主体为液膜和外界空气。熔渣流股从导流槽流到离心辊，在重力加速作用下熔渣具有初始速度，由于熔渣具有一定的黏度，故熔渣与离心辊非弹性碰撞的能量损失不可忽略。近年来，基于 Granula 流建立起来的非弹性碰撞动力学方程得到了广泛的研究，Granula 流是一个非弹性碰撞为特征的相互作用的粒子系统，在每次碰撞中，质量和动量是守恒的，相对速度按照固定的比率 $r \in [0,1]$ 减小，即，

$$v + v_* = v' + v'_* , v - v_* = -r(v' + v'_*) \tag{4-60}$$

式中，(v, v_*) 和 (v', v'_*) 分别为碰撞后和碰撞前两粒子的速度，离心辊的速度 v 碰撞前后均为 0。

　　文献[7,8]中提出非弹性碰撞数学模型：

$$\partial_t f(x,v,t) + v\partial_x f(x,v,t) = Q(f,f) \tag{4-61}$$

$$f(x,v,0) = f_0(x,v), (x \in R, v \in R, t \in R) \tag{4-62}$$

其中：

$$Q(f,f) = \frac{1}{e} \int_R |v - v_*| \left(\left(\frac{f(x,v',t)f(x,v'_*,t)}{(1-2^e)^2} \right) - f(x,v',t)f(x,v'_*,t) \right) dv_* \tag{4-63}$$

Q 为两粒子携带的能量和，(v, v_*) 和 (v', v'_*) 满足式（4-68），$e = \frac{1-r}{2} \in \left(0, \frac{1}{2}\right)$ 为非弹性碰撞系数（自由粒子和黏性粒子分别对应着 $e=0$, $e=\frac{1}{2}$），式（4-60）等价于：

$$v = v'_* + e(v' - v'_*), v'_* = v - e(v' - v'_*) \tag{4-64}$$

　　由上式非弹性碰撞模型求解过程，可解释 Granula 流熔渣从溜槽流出经重力加速与离心辊接触到与离心辊发生非弹性碰撞的速度变化过程。

　　b　熔渣在辊间的流动传热

　　由于单个辊的成纤速度小于熔渣的速度，熔渣分为两种流束形式沿辊间的缝隙流动，并相互转变。一种形式为熔渣未达到脱离辊的速度并沿辊流动自由流束；另一种形式为熔渣经辊切向加速后抛出的斜抛流束。两种不同的流动形式以

不同的流动通量传递熔渣，但熔渣在流动过程的散热形式却大致相同，向外界传热方式可分为熔渣向外界的辐射传热和流动过程中与空气的对流换热。熔渣两种流束散热形式示意图如图4-8所示。

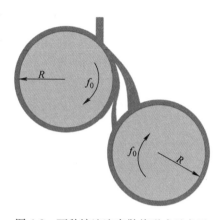

（1）自由流束流量通量。当熔渣流至第一个辊，辊运动相对炉渣的加速未达到将其甩出表面的速度，热态炉渣紧贴辊面流动，将这一部分流束看作为边界层流动，初始速度为v_0，由于熔渣为不可压缩流体，假设边界层内流动形态无任何限制，则边界层积分方程为[9]：

图 4-8　两种熔渣流束散热形式示意图

$$\frac{\mathrm{d}}{\mathrm{d}x}\left[\int_0^\delta \rho (v_0 - v_x) v_x \mathrm{d}y\right] = -\tau_0 - \frac{\mathrm{d}p}{\mathrm{d}x}\delta \tag{4-65}$$

熔渣在第一辊面的绕流面很宽，选取离心辊面上无限小的一段，熔渣在离心辊面的流动可看成是流体绕平板流动，则 $\mathrm{d}p/\mathrm{d}x$ 无限小，可忽略不计，式（4-65）可简化为：

$$\frac{\mathrm{d}}{\mathrm{d}x}\left[\int_0^\delta \rho (v_0 - v_x) v_x \mathrm{d}y\right] = -\tau_0 \tag{4-66}$$

式（4-66）称为简化的冯·卡门方程。式中，ρ 为熔融高炉渣的密度，kg/m^3；v_0 为熔融高炉渣初始速度，m/s；v_x 为熔渣绕辊流动边界层内的速度，m/s；δ 为边界层的厚度，m；τ_0 为由于黏性力决定的黏性动量通量；y 为熔渣流体距辊面的高度，m；x 为熔渣流体绕辊流动距离，m。

流动通量计算公式：

$$W_1 = \rho x \delta v_x \tag{4-67}$$

（2）自由流束热量通量。自由流束的对流传热热通量：

$$q_1 = h_1(T_c - T_s) \tag{4-68}$$

自由流束的对流传热热量：

$$Q_1 = A q_1 \tag{4-69}$$

在熔渣流股外部，从熔渣边界到外界空气的传热为辐射传热与对流传热，对流换热热通量为：

$$q_2 = h_2(T_c - T_s) \tag{4-70}$$

自由流束的对流可看成自然对流，其对流传热系数 h_2 取决于努塞尔数 Nu，努塞尔数也是格拉晓夫数 Gr 和普朗特数 Pr 的函数：

$$h_2 = \frac{a^* d}{Nu} \tag{4-71}$$

$$Nu = Nu(Gr, Pr) \tag{4-72}$$

式中，a^* 为传热系数；d 为纤维直径。

格拉晓夫数 Gr 和普朗特数 Pr 的计算公式分别为：

$$Gr = \frac{\beta^0 T d^3 g}{(r^0)^2} \tag{4-73}$$

$$Pr = \frac{c_p^0 \eta^0 g}{\lambda^0} \tag{4-74}$$

式中，β^0 为热膨胀系数，m/K；λ^0 为导热系数；c_p^0 为比热容，J/(kg·K)；η^0 为重力黏度，Pa·s。

对流换热热流量为：

$$Q_2 = A_1 q_2 \tag{4-75}$$

辐射散热热通量为：

$$q_3 = \varepsilon k [(T_s + 273)^4 - (T_{ml} + 273)^4] \tag{4-76}$$

辐射散热热流量为：

$$Q_3 = A_1 q_3 \tag{4-77}$$

式中，A_1 为单位流量通量下熔渣与空气的接触面积。

（3）斜抛流束流量通量。当液态熔渣流至第一个辊面，熔渣与离心辊进行非弹性碰撞后，液态熔渣具有初速度 v_0。在辊的加速作用下，瞬间加速到与离心辊转速相近的速度 v_1，随后沿辊切线方向抛出，形成第二个流束。将第二个流束看作在自离心辊表面的抛体运动，如图 4-9 所示。

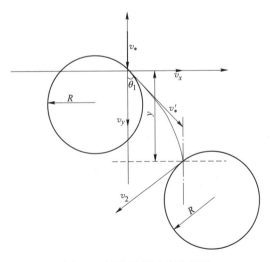

图 4-9　炉渣抛体运动示意图

在忽略空气阻力的条件下，分解速度，则有：

水平方向的速度为：

$$v_x = v_* \cos\theta \tag{4-78}$$

竖直方向的速度为：

$$v_y = v_* \sin\theta_1 - gt \tag{4-79}$$

水平方向的位移方程为：

$$x = v_* t\cos\theta_1 \tag{4-80}$$

竖直方向的位移方程为：

$$y = v_* t\sin\theta_1 - \frac{gt^2}{2} \tag{4-81}$$

$$v_p = \sqrt{v_x^2 + v_y^2} \tag{4-82}$$

第二个离心辊上熔渣的流量通量为：

$$W_2 = v_p dv_* \tag{4-83}$$

（4）斜抛流束热量通量。对流传热热通量为：

$$q_4 = h_1(T_c - T_s) \tag{4-84}$$

在熔渣流股外部，从熔渣边界到外界空气的传热为辐射传热与对流传热。
对流换热热通量为：

$$q_5 = h_5(T_s - T_{ml}) \tag{4-85}$$

$$Nu_f = 0.16(Re_f^{\frac{2}{3}} - 125) Pr_f^{\frac{1}{2}} \left[1 + \left(\frac{d}{L}\right)^{\frac{2}{3}}\right] \left(\frac{\mu_f}{\mu_w}\right)^{0.14} \tag{4-86}$$

对流换热热流量为：

$$Q_5 = A_2 q_5 \tag{4-87}$$

辐射散热热通量为：

$$q_6 = \varepsilon\sigma\left[(T_s + 273)^4 - (T_{ml} + 273)^4\right] \tag{4-88}$$

辐射散热热流量为：

$$Q_6 = A_2 q_6 \tag{4-89}$$

式中，A_2 为单位流量通量下熔渣与空气的接触面积。

考虑到在离心辊之间风环吹风带走的热量 Q_7 根据能量守恒定律可以得到流股滴落至第一个辊前剩余热量：

$$Q_s = (Q_1 + Q_2 + Q_3)W_1 + (Q_4 + Q_5 + Q_6)W_2 + Q_7(W_1 + W_2) \tag{4-90}$$

$$Q_{r2} = Q_{r1} - Q_s \tag{4-91}$$

式中，Q_{r1} 为熔渣流股流到第一辊后的总热量；Q_s 为熔渣散失的热量；Q_{r2} 为熔渣剩余的热量。

C 成纤过程中的热量散失

a 纤维从边界层薄膜断裂之前的传热

熔渣边界层液膜形成过程的时间较短，除边界层形成过程中的熔渣与离心辊接触的传热，还有当离心辊温度达到稳定之后，边界层液膜与外界的传热，包括传导传热和辐射传热[11]，如图 4-10 所示。

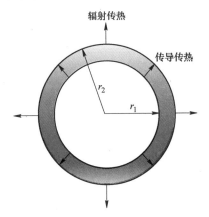

图 4-10 离心辊表面边界层的传热示意图

在边界层薄膜内部的传热过程中，假设熔体内部的对流传热可忽略，满足熔渣的传导传热，均匀边界层厚度的无内热源的单层长圆筒，其基本原理是沿 r 方向的导热微分方程满足下式：

$$\frac{\partial t}{\partial \tau} + v_r \frac{\partial t}{\partial r} + \frac{v_\varphi}{r} \frac{\partial t}{\partial \varphi} + v_z \frac{\partial t}{\partial z} = a\left[\frac{1}{r} \frac{\partial}{\partial r}\left(r \frac{\partial t}{\partial r}\right) + \frac{1}{r^2} \frac{\partial^2 t}{\partial \varphi^2} + \frac{\partial^2 t}{\partial z^2}\right] + R \quad (4\text{-}92)$$

式中，t 为温度，℃；τ 为时间，s；R 为热阻，K/W。

将内部传热看作流体处于稳态，无相对速度差的传导传热过程，因此式 (4-97) 可简化为：

$$\frac{1}{r} \frac{d}{dr}\left(r \frac{dt}{dr}\right) = 0 \quad (4\text{-}93)$$

边界条件满足：

$$r = r_1, t = t_1; r = r_2, t = t_2 \quad (4\text{-}94)$$

式中，r_1，r_2 分别为圆筒的内外半径，m；t_1，t_2 分别为圆筒的内外温度，℃。

对式 (4-93) 积分，代入边界条件，并根据傅里叶定律[12]得到边界层传热的热通量 q 和热流量 Φ 为：

$$q = -\lambda \frac{dt}{dr} = -\lambda \frac{t_2 - t_1}{\ln \frac{r_2}{r_1}} \cdot \frac{1}{r} \quad (4\text{-}95)$$

$$\Phi = qF = \frac{t_1 - t_2}{\frac{1}{2\pi\lambda L}\ln \frac{r_2}{r_1}} = C \quad (4\text{-}96)$$

由上述结果可知，热通量是半径 r 的函数，即与半径成反比，而通过计算热流量得出是固定常数，与半径无关，因而热流量在半径 r 的方向上处处相等，进一步表述出离心辊表面在形成边界层后内部的传热过程。

边界层液膜向外界传热过程为辐射传热[10]，温度高于绝对温度的物体都会向外发射热辐射，熔渣内部的微观粒子通过运动以光形式向外辐射能量。当熔渣表面形成凸起，拉长成丝时，原边界层液膜形状发生变化，同时熔渣内部的传导传热形式也发生变化，表面与外界接触面积增大等。此时熔渣辐射传热满足玻耳兹曼定律如下式：

$$E_b = c_0 \left(\frac{T}{100} \right)^4 \tag{4-97}$$

式中，E_b 为同温度下黑体的辐射力；T 为绝对温度；c_0 为黑体的辐射系数，$c_0 = 5.67 W/(m^2 \cdot K^4)$。在表示一般物体的辐射强度时，引入黑度的概念，表示实际表面的辐射力与同温度下黑体辐射力之比，如图 4-11 所示。

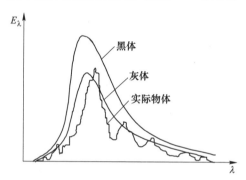

图 4-11 黑体与实际物体的辐射力的比较图

$$\varepsilon = \frac{E}{E_b} \tag{4-98}$$

式中，E 为实际物体的辐射力；黑度 ε 为小于 1 的数，其越大表示物体越接近于黑体。

由式（4-98）对离心辊表面边界层薄膜的辐射传热进行分析计算，并推导对高速运转下液膜表面发生凸起、成丝等过程进行热传导。通过分析边界层熔渣液膜的对流传热和辐射传热现象，可建立离心辊表面边界层传热数学模型。

b 纤维形成过程的传热

脱离边界层之后的纤维可以近似认为无限长圆柱体（$L \gg R$），假设其内部的对流传热可忽略，符合圆柱体的传热形式，主要包括内部的传导传热和外部的辐射传热、强制对流传热和自然对流传热。

（1）纤维内部热量由中心沿半径向边缘的传热。断裂之后形成细长的纤维，外界介质环境温度恒定，使圆柱处于冷却状态。圆柱的温度分布关于中心对称，分析中把坐标轴 x 放在圆柱的中心轴，采用柱坐标系推导，如图 4-12 所示。

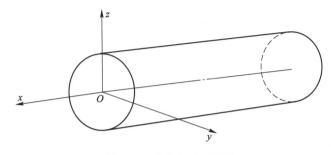

图 4-12 柱坐标系示意图

对于纤维近似长圆柱的非稳态、有内热源的一维导热问题，其导热微分方程式为：

$$\frac{\partial t}{\partial \tau} = a\left(\frac{\partial^2 t}{\partial x^2} + \frac{\partial^2 t}{\partial y^2} + \frac{\partial^2 t}{\partial z^2}\right) \tag{4-99}$$

相应的初始条件为：

$$\tau = 0, t = t_0, 0 \leqslant y \leqslant \delta \tag{4-100}$$

式中，τ 为时间，s；t 为温度，℃。

对式（4-99）进行分离变量以及零阶贝塞尔函数变形，积分计算。利用毕渥数进行判断其是薄材还是厚材，对应采用的求解方法为集总参数法和查图法[11]。毕渥数表示物体内部的导热热阻和物体外部的表面传热热阻之比：

$$Bi_V = \frac{\dfrac{V/F}{\lambda}}{\dfrac{1}{h}} = \frac{h(V/F)}{\lambda} \tag{4-101}$$

式中，h 为物体表面传热系数，W/(m²·℃)；λ 为导热体热导率，W/(m·K)；V 为传热体体积，m³；F 为导热体与流体传热面积，m²。

同时当毕渥数 Bi_V 满足：

$$Bi_V = \frac{h(V/A)}{\lambda} < 0.1M \tag{4-102}$$

其中，独立的长圆柱形纤维 M 取值 0.5，当满足上式时，物体内部各点温度的相对偏差小于 5%，采用集总参数法进行求解。反之，采用查图法进行求解。针对薄材的集总参数法研究通常引入过余温度进行分析：

$$\frac{\theta}{\theta_0} = e^{-\frac{hF}{\rho Vc}\tau} \tag{4-103}$$

式中，$\theta = t_f - t$，$\theta_0 = t_f - t_0$；ρ 为流体黏度，Pa·s。

式 (4-103) 可以进一步解释为毕渥数和傅里叶数的无量纲函数，利用热电偶测温时几何参数 $V/F=1$，并将其作为特征尺寸，即毕渥数和傅里叶数的特征尺寸，半径为 R 的圆柱体取 $R/2$，可以进一步计算出纤维圆柱体的瞬时热流量为：

$$\Phi_{\tau} = h(t - t_{\mathrm{f}})F = h\theta F = h\theta_0 F \mathrm{e}^{-Bi_{\mathrm{V}} \cdot Fo_{\mathrm{V}}} \qquad (4\text{-}104)$$

在 $0 \sim \tau$ 的时间内的总传热量为：

$$\Phi_{0 \sim \tau} = \int_0^{\tau} \Phi_{\tau} \mathrm{d}\tau = \rho V c \theta_0 (1 - \mathrm{e}^{-Bi_{\mathrm{V}} \cdot Fo_{\mathrm{V}}}) \qquad (4\text{-}105)$$

利用集总参数法可以建立薄材在一定物性参数条件下的传热量与毕渥数和傅里叶乘积的关系，厚材的计算通常利用查图法进行计算分析。上述方法可描述在较短时间内纤维由内向外的传热现象。

(2) 纤维向外界空气的散热。当液丝从离心辊表面断裂之后凝固成细长的纤维，其传热过程不仅包括纤维内部热量的传热，还包括纤维表面向空气的传热，主要形式为自然对流传热、辐射传热和强制对流传热。

若纤维在同向气流或在静止介质中以 $10^2 \mathrm{m/min}$ 以上速度移动，则属于强制对流传热，努塞尔数、雷诺数与纤维长度 x 有关的函数：

$$Nu = Nu\left(Pr, Re, \frac{x}{d}\right) \qquad (4\text{-}106)$$

根据能量方程，假设温度差忽略不计，离纤维始端 x 处的平均轴向温度 $T(x)$ 为：

$$T(x) = T_{\infty} + (T_0 - T_{\infty}) \exp\left[-\int_0^x \frac{n\pi d(\xi) a^*(\xi)}{W C_{\mathrm{p}}} \mathrm{d}\xi\right] \qquad (4\text{-}107)$$

式中，n 为纤维数，取 1；W 为一根纤维渣量；ξ 为变形梯度。

基于大变形下的条件，$\xi \mathrm{d}V/\mathrm{d}x$ 中的 $\xi = \mathrm{d}(\ln V)/\mathrm{d}x$，相对温度梯度与传热系数 a^*、纤维直径 d 以及纤维含渣量 W/n 呈指数幂的关系。在工艺参数选定后，即 $(T_0 - T_{\infty})$、W/n、d 等确定的条件下，冷却速度决定于传热系数 a^*。

强制对流传热条件下的 Nu 值，由于 Glicksman 研究的结果在众多研究结果中与实际情况最相符，故选用 Glicksman 的结果：

$$Nu = 0.325 Re_{\mathrm{p}}^{0.3} \qquad (4\text{-}108)$$

随着轴向的空气流速 v_{p} 增大，Nu 值也相应增大，$Nu = a^* d/\lambda^0$，当 a^* 增大时，冷却速度也相应的增大，进而纤维热量向外界空气的散热速度也增大，利于纤维形成。

4.2.1.4 纤维成型过程传热规律[12]

A 熔渣液丝冷却过程分析

熔渣液丝在冷却风的对流换热作用和自身热辐射作用下迅速冷却固化成高炉渣纤维。冷却过程主要分为三个阶段：第一阶段是液相冷却阶段，这一阶段主要是从 1723K 降到 1655K，形核温度，该阶段只有液相。第二阶段，熔渣液丝从 1655K 降到 1357.1K 全部凝固结束，这个阶段除了对流换热和热辐射之外，还要考虑凝固过程的潜热释放，这个阶段主要是固、液两相。第三阶段是完全固化的高炉渣纤维继续冷却到 1200K，这个阶段只有固相。

a   液相冷却过程

熔渣液丝冷却过程主要是在冷却空气的对流换热作用和自身热辐射作用下冷却，该过程遵循斯蒂芬-玻耳兹曼定律和牛顿冷却定律，在对流换热和自身热辐射作用下的传热过程可以用式（4-109）表示。

$$\rho V c(\mathrm{d}T_p/\mathrm{d}\tau) = -\alpha A(T_p - T_g) - \varepsilon_e \sigma A(T_p^4 - T_g^4) \tag{4-109}$$

式中，V 为熔渣液丝体积，m^3；A 为熔渣液丝表面积，m^2；ε_e 为合金全发射率；σ 为斯蒂芬-玻耳兹曼常数，$\mathrm{W/(m^2 \cdot K^4)}$；$\rho$ 为熔渣密度，$\mathrm{kg/m^3}$；c 为熔渣比热容，$\mathrm{J/(kg \cdot K)}$；α 为界面对流换热系数，$\mathrm{W/(m^2 \cdot K)}$；T_p 为熔渣液丝温度，K；T_g 为环境气体温度，K。将熔渣液丝视为规则的圆柱体，则式（4-109）可简化为式（4-110）：

$$\frac{\mathrm{d}T_p}{\mathrm{d}\tau} = \frac{-2[\alpha(T_p - T_g) + \varepsilon_e \sigma(T_p^4 - T_g^4)]}{\rho R c} \tag{4-110}$$

式中，R 为纤维半径，m。

b   液固两相凝固过程

液固两相冷却过程是熔渣液丝温度降低到凝固温度以下一定过冷度后，液态熔渣内部开始凝固并长大，这个凝固体积的不断长大过程需要克服掉由于凝固而释放出来的潜热，这部分潜热的释放抑制或者减缓了熔渣液丝温度的降低。所以液固两相冷却过程可以用式（4-111）来表示。

$$\frac{\mathrm{d}T_p}{\mathrm{d}\tau} = \frac{\Delta H_f}{c_{pls}} \cdot \frac{\mathrm{d}f}{\mathrm{d}\tau} - \frac{2[\alpha(T_p - T_g) + \varepsilon_e \sigma(T_p^4 - T_g^4)]}{\rho R c} \tag{4-111}$$

式中，ΔH_f 为熔化潜热，$\mathrm{J/m^3}$；c_{pls} 为熔渣液丝固液两相混合物的比热容；f 为固相比例分数。

式（4-111）中等号右边第一项为潜热释放引起的熔渣液丝温度变化率；第二项是其向外界环境释放热量时引起的温度变化率。

c   固态高炉渣纤维冷却换热过程

熔渣液丝经过固液两相冷却后完全凝固，变成高炉渣纤维。这时的高炉渣纤维仍然具有很高的温度，所以固态高炉渣纤维在冷却风的作用下继续换热降温，直至温度降到很低。这个温降过程可以用式（4-112）来表示。

$$\frac{\mathrm{d}T_p}{\mathrm{d}\tau} = -\frac{2}{\rho r c_s}[\alpha(T_p - T_g) + \varepsilon_e \sigma(T_p^4 - T_g^4)] \tag{4-112}$$

式中，c_s 为高炉渣纤维的比热容，$\mathrm{J/(kg \cdot K)}$。

B　熔渣液丝冷却过程物理模型

熔渣液丝的冷却过程采用空气冷却法，空气的物性参数见表 4-1。熔渣液丝的物性参数见表 4-2。根据经验公式和实际测算，高炉渣分子的扩散系数确定为 $D_0 = 1 \times 10^{-10} \mathrm{m}^2/\mathrm{s}$，分子跃迁固液界面激活能 $\Delta G_{am} = 3.65 \times 10^{-20} \mathrm{J/mol}$，熔渣分子体积 $V_m = 17.4404 \times 10^{-29} \mathrm{m}^3/\mathrm{mol}$，分子有效体积 $D_m = 5.5 \times 10^{-9} \mathrm{m}^3$。

表 4-1　空气的物性参数

物性	导热系数/W·(m·K)$^{-1}$	比热容/J·(kg·K)$^{-1}$	黏度/Pa·s	密度/kg·m^{-3}
空气	0.023	1005	17.9×10^{-6}	1.205

表 4-2　高炉渣的物性参数

物性	密度/kg·m^{-3}	黏度/Pa·s	黑度	熔化潜热/kJ·kg^{-1}	比热容/J·(kg·K)$^{-1}$	熔点/K
参数	2000	0.6	0.9	209.2	1351	1655

a　模型参数的确定

根据现场实验条件，可以确定初始条件如下：空气初始温度为 300K，熔渣液丝初始温度确定为 1723K，凝固时的过冷度接近 $0.18T_m$[15]，最低凝固温度为 1357.1K，冷却风的风速为 28m/s，高炉渣纤维直径 6μm。

b　液相冷却过程传热物理模型

熔渣液丝对流换热系数的计算可以采用经验公式（4-113）：

$$\alpha = \frac{k_g}{d_p}(2 + 0.6Re^{0.5}Pr^{0.33}) \tag{4-113}$$

式中，Pr 为普朗特数。普朗特数计算公式为：

$$Pr = \frac{\mu_g c_{pg}}{k_g} = \frac{17.9 \times 10^{-6} \times 1.005 \times 10^3}{0.023} = 0.782$$

式中，Re 为雷诺数。雷诺数计算公式为：

$$Re = \frac{\rho_g d_p |v - v_g|}{\mu_g} = \frac{1.205 \times 6 \times 10^{-6} \times 28}{17.9 \times 10^{-6}} = 11.31$$

由对流换热经验公式可知：

$$\alpha = \frac{k_g}{d_p}(2 + 0.6Re^{0.5}Pr^{0.33})$$

$$= \frac{0.023}{6 \times 10^{-6}}(2 + 0.6 \times 11.31^{0.5} \times 0.782^{0.33})$$

$$= 14851.6$$

根据对流换热系数可以构建液相冷却过程数学模型：

$$\frac{\mathrm{d}T_p}{\mathrm{d}\tau} = \frac{-2}{\rho r c}[\alpha(T_p - T_g) + \varepsilon_e \sigma(T_p^4 - T_g^4)]$$

$$= \frac{-2}{2000 \times 1351 \times 3 \times 10^{-6}}[14851.6 \times (T_p - 300) +$$

$$5.669 \times 10^{-8} \times 0.9 \times (T_p^4 - 300^4)]$$

$$= 1099639.375 - 3665.37T_p - 1.2592T_p^4 \qquad (4\text{-}114)$$

c 液固两相冷却过程传热物理模型

根据凝固速率经验公式（4-115）可以建立熔渣液丝形核及其长大过程的速率。

$$u = \frac{D_0}{d_m}\exp\left(\frac{-\Delta G_{am}}{k_b T}\right)\left[1 - \exp\left(-\frac{\Delta H_f V_m \Delta T}{k_b T T_m}\right)\right] \qquad (4\text{-}115)$$

固相占比随时间的变化率为：

$$\frac{d_f}{d_t} = 6\frac{u}{d_p} \qquad (4\text{-}116)$$

由式（4-115）和式（4-116）可以计算固相形核过程及固相长大过程的微分方程如式（4-117）所示。

$$\frac{\mathrm{d}T_p}{\mathrm{d}\tau} = \frac{\Delta H_f}{c_{pls}} \cdot \frac{\mathrm{d}f}{\mathrm{d}\tau} - \frac{2[\alpha(T_p - T_g) + \varepsilon_e \sigma(T_p^4 - T_g^4)]}{\rho r c}$$

$$= \frac{209200}{1350.7} \times 18200\left[\exp\left(\frac{2851.5625}{T_p}\right) - \exp\left(\frac{2644}{T_p}\right)\right] -$$

$$1.2592T_p^4 - 3665.37T_p + 1099639.375$$

$$= 2.82 \times 10^6\left[\exp\left(\frac{2851.562}{T_p}\right) - \exp\left(\frac{2644}{T_p}\right)\right] -$$

$$1.26T_p^4 - 3665.37T_p + 1.1 \times 10^6 \qquad (4\text{-}117)$$

液固两相冷却过程阶段，熔渣液丝在冷却风的强制对流换热作用和自身热辐射作用下温度降低迅速，但冷却强度有所下降。这是因为这时的熔渣液丝部分区域开始出现凝结现象，液丝内部流动相降低阻碍或减缓温度的传递，有固体析出则意味着要释放一定潜热，这部分热量会阻碍熔渣液丝继续冷却。由于对流换热作用释放的热量高于潜热释放量，所以熔渣液丝将获得充分的过冷度，继续凝固并长大，直至全部凝固。在这阶段的熔渣液丝对外释放的热量是潜热释放热量和对流换热释放热量之和。

熔渣液丝的形核过程是固相分数占比不断增加的过程，固相分数表达式：

$$\frac{\mathrm{d}f}{\mathrm{d}\tau} = 6\frac{u}{d_p} \qquad (4\text{-}118)$$

上式两边对 τ 积分得：

$$f = 6\frac{u}{d_p}\tau = 6 \times \frac{\dfrac{1 \times 10^{-10}}{5.5 \times 10^{-9}}}{6 \times 10^{-6}}\left[\exp\left(\frac{2851.56}{T_p}\right) - \exp\left(\frac{2644}{T_p}\right)\right]\tau$$

$$= 18200\left[\exp\left(\frac{2851.56}{T_p}\right) - \exp\left(\frac{2644}{T_p}\right)\right]\tau \tag{4-119}$$

当熔渣液丝完全凝固时，固相分数 f 由 0 变为 1 时，所用时间为 τ，$f = 1$，T_p 近似取 1357.1K，代入式（4-124）得：

$$18200 \times \left[\exp\left(\frac{2851.56}{T_p}\right) - \exp\left(\frac{2644}{T_p}\right)\right]\tau = 1$$

将 $T_p = 1357.1$K 代入得：

$$18200 \times \left[\exp\left(\frac{2851.56}{1357.1}\right) - \exp\left(\frac{2644}{1357.1}\right)\right]\tau = 1$$

解出 $\tau = 4.7 \times 10^{-5}$ s，综合以上可以得出熔渣液丝在液固两相冷却阶段所用时间为 4.7×10^{-5} s。

d 固相冷却过程传热物理模型

由式（4-112）可计算熔渣液丝完全转变成高炉渣纤维后的冷却速率方程式：

$$\frac{dT_p}{d\tau} = -\frac{2}{\rho cr}\left[\alpha(T_p - T_g) + \sigma\varepsilon_e(T_p^4 - T_g^4)\right]$$

$$= -1.2592T_p^4 - 3665.37T_p + 1.1 \times 10^6 \tag{4-120}$$

e 熔渣液丝冷却过程数学模型

令 $x = \tau$，$y = T$ 得 $y' = \dfrac{dT_p}{d\tau}$，可将熔渣液丝冷却传热方程式（4-112）、式（4-117）和式（4-120）转化成熔渣液丝冷却过程的微分方程，得到式（4-121）~式（4-123）。

$$y_1' = -1.26y^4 - 3665.37y + 1.1 \times 10^6 \tag{4-121}$$

$$y_2' = 2.82 \times 10^6\left[\exp\left(\frac{2851.56}{y}\right) - \exp\left(\frac{2644}{y}\right)\right] - 1.26y^4 - 3665.37y + 1.1 \times 10^6$$

$$\tag{4-122}$$

$$y_3' = 1.1 \times 10^6 - 1.26y^4 - 3665.37y \tag{4-123}$$

f 数学模型求解

式（4-121）~式（4-123）为四阶非线性常微分方程，利用 Mathematic 软件，采用龙格-库塔法求解，可以得到熔渣液丝冷却过程的冷却时间。由于熔渣液丝冷却分为液相冷却、液固两相冷却和固相冷却三个连续阶段，因此设 τ_1、τ_2 和 τ_3 分别为三个阶段冷却所用时间，经 Mathematic 软件计算得：$\tau_1 = 7.8 \times 10^{-5}$ s；$\tau_2 = 4.74 \times 10^{-5}$ s；$\tau_3 = 7.74 \times 10^{-5}$ s。在第一个冷却阶段，熔渣液丝由 1723K 冷却至

1357.1K，耗时 7.8×10^{-5} s；在第二个冷却阶段，熔渣液丝开始凝固并放出凝固潜热，这个阶段耗时需要 4.74×10^{-5} s；第三个阶段是熔渣液丝从 1357.1K 降到 1200K，所需时间为 7.74×10^{-5} s。所以熔渣液丝从 1723K 冷却至 1200K 整个冷却凝固过程总耗时为 20.28×10^{-5} s。

C　热辐射对熔渣液丝冷却过程的影响

a　非辐射条件下熔渣液丝冷却物理模型

假设熔渣液丝的冷却过程不考虑辐射换热对冷却过程的影响，则：

(1) 熔渣液丝液相冷却过程，温度随时间的变化规律可简化为式 (4-124)：

$$
\begin{aligned}
\frac{dT_p}{d\tau} &= -\frac{2\alpha(T_p - T_g)}{\rho c_1 r} \\
&= -\frac{2 \times 14851.6}{2000 \times 1350.7 \times 3 \times 10^{-6}}(T_p - 300) \\
&= 1.1 \times 10^6 - 3665.2T_p
\end{aligned}
\tag{4-124}
$$

(2) 熔渣液丝液固两相冷却过程简化为式 (4-125)：

$$
\begin{aligned}
\frac{dT_p}{d\tau} &= \frac{\Delta H_f}{c_{pls}} \cdot \frac{df}{d\tau} - \frac{2\alpha(T_p - T_g)}{\rho c_{pls} r} \\
&= 2.82 \times 10^6 \left[\exp\left(\frac{2851.56}{T_p}\right) - \exp\left(\frac{2644}{T_p}\right) \right] + \\
&\quad 1.1 \times 10^6 - 3665.2T_p
\end{aligned}
\tag{4-125}
$$

(3) 固态纤维冷却过程化简为式 (4-126)：

$$
\begin{aligned}
\frac{dT_p}{d\tau} &= -\frac{2\alpha(T_p - T_g)}{\rho c_{pls} r} \\
&= -\frac{2 \times 14851.6}{2000 \times 1350.7 \times 3 \times 10^{-6}}(T_p - 300) \\
&= -3665.2T_p + 1.1 \times 10^6
\end{aligned}
\tag{4-126}
$$

b　非辐射条件下熔渣液丝冷却数学模型

令 $x = \tau$，$y = T_p$，得 $y' = \dfrac{dT_p}{d\tau}$，可以将式 (4-124)~式 (4-126) 经简化整理转化为描述高炉渣丝非辐射冷却过程的数学模型，如式 (4-127)~式 (4-129) 所示。

$$
y' = 1.1 \times 10^6 - 3665.2y
\tag{4-127}
$$

$$
y' = 2.82 \times 10^6 \left[\exp\left(\frac{2851.56}{y}\right) - \exp\left(\frac{2644}{y}\right) \right] + 1.1 \times 10^6 - 3665.2y
\tag{4-128}
$$

$$
y' = 1.1 \times 10^6 - 3665.2y
\tag{4-129}
$$

c 非辐射条件下数学模型求解

式（4-127）~式（4-129）是熔渣液丝在不考虑热辐射传热因素条件下的传热数学模型，该数学模型为非线性常微分方程，利用 Mathematic 软件，采用龙格–库塔法对数学模型进行数值求解。设 τ_1'、τ_2' 和 τ_3' 分别为熔渣液丝冷却过程中液相冷却过程、液固两相冷却过程和固态纤维冷却过程的时间，经代入初值计算后得：

$$\tau_1' = 8.1 \times 10^{-5}\,\mathrm{s}$$

$$\tau_2' = 4.81 \times 10^{-5}\,\mathrm{s}$$

$$\tau_3' = 7.8 \times 10^{-5}\,\mathrm{s}$$

为了弄清热辐射作用在熔渣液丝冷却传热过程中所占比重，对两种条件下各冷却阶段所需冷却时间进行对比统计，见表 4-3。对照综合考虑对流换热和热辐射，不考虑热辐射传热条件下，液相冷却阶段、潜热释放阶段、固相冷却阶段三个阶段冷却时间分别增加了 3.8%、1.48% 和 0.77%。从表 4-3 中可以看出，熔渣液丝冷却过程中，温度越高辐射换热量所占比重越大，随着温度的降低，辐射换热量所占比重逐渐降低。从这种辐射换热量与温度的关系可以看出，温度与辐射的关系符合斯蒂芬-玻耳兹曼定律。

表 4-3　高炉渣丝不同冷却阶段所需时间

冷却过程	非辐射换热/s	对流辐射换热/s	偏差比/%
液相冷却	8.1×10^{-5}	7.8×10^{-5}	3.8
液固两相冷却	4.81×10^{-5}	4.74×10^{-5}	1.48
固相冷却	7.8×10^{-5}	7.74×10^{-5}	0.77
冷却总时间	20.71×10^{-5}	20.28×10^{-5}	2.1

综合两个冷却过程可以看出熔渣液丝从 1723K 降至 1200K 变为高炉渣纤维过程中，若不考虑辐射传热因素，则冷却时间将变为 $20.71 \times 10^{-5}\,\mathrm{s}$。相比于考虑辐射传热因素，冷却时间延长了 2.1%。这足以说明热辐射传热在熔渣液丝冷却过程中占比较小，可以忽略热辐射传热因素。Clyne[16] 等用 B_i 表示辐射换热占整个换热比率，当这一比例大于 5% 时，辐射换热量在整个换热过程不能被忽视，当这一比例小于 5% 则可以忽略辐射换热作用。根据熔渣液丝冷却过程的初始条件和边界条件，在 1723K 的高炉渣丝冷却过程中，辐射换热占比 B_i 为：

$$B_i = \frac{\varepsilon\sigma(T_p^4 - T_g^4)}{\alpha(T_p - T_g)} = \frac{5.669 \times 10^{-8} \times 0.9 \times (1723^4 - 300^4)}{14851.6 \times (1723 - 300)} = 2.13\%$$

由 $B_i = 2.13\%$ 可知，1723K 熔渣液丝的冷却过程中，B_i 小于 5% 说明熔渣液丝与冷却气体间的换热为非牛顿换热，辐射换热量比重较小，可以忽略。这种判断方法和计算的数值结果一致，因此熔渣液丝冷却过程中，辐射换热因素可以不予考虑。

D 熔渣液丝固化过程传热规律数值模拟

a 物理模型的建立

（1）高炉渣纤维物性参数。高炉渣纤维冷却以空气为冷却介质，其物化性能以高炉渣物性参数计算（见表4-2）。

（2）几何模型及网格划分。离心法制备的高炉渣纤维直径 3~8μm、长度 5~8cm，鉴于其长径比较大，实际模拟过程选取三根直径为 6μm、长度 100μm 的圆柱体代表纤维。外围空域选取直径 58μm、长 180μm 的圆柱体。三根纤维间隔 10μm，平行放置于外围空域，纤维的两端距离模型的入口、出口各 30μm，采用 ANSYS15.0 的 ICEM-DM 前处理器建立几何模型。纤维凝固模型如图 4-13 所示。为了提高矿棉纤维凝固过程数值模拟计算精度，采用 ANSYS-MESHING 软件对模型进行网格划分，外围空域采用四面体网格，纤维采用六面体网格，并对纤维表面的边界层进行膨胀加密。膨胀层厚度为 0.25μm，加密过的边界层能更好地捕捉能量的细节变化，模型的网格横截面如图 4-14 所示。网格数量确定为 4505605个，模拟结果稳定，便于求解。

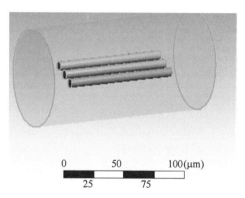

图 4-13 矿棉纤维几何模型

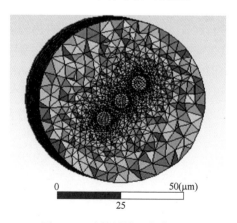

图 4-14 矿棉纤维网格截面图

b　数学模型及求解

数学模型：

（1）换热模型选择。针对离心法制备工艺和高炉渣纤维物性参数的选择，计算换热过程的雷诺数。

$$Re = \frac{\rho_g d_p |v - v_g|}{\mu_g} = \frac{1.205 \times 6 \times 10^{-6} \times 28}{17.9 \times 10^{-6}} = 11.31$$

式中，$\rho_g = 1.205\,kg/m^3$；$d_p = 6 \times 10^{-6}\,m$；$v = 0$；$v_g = 28m/s$；$\mu_g = 17.9 \times 10^{-6}\,Pa \cdot s$。由计算可知，雷诺数 Re 值为 11.31，远小于 2300，故选择层流模型。

（2）DO 辐射模型。DO 辐射模型适用于求解所有光学深度区间的辐射问题，能用于计算半透明介质辐射，并适用于小尺度到大尺度辐射，可计算非灰辐射和散射效应。矿棉纤维冷却过程是对流换热和辐射换热的混合换热过程，而且熔渣液丝是半透明介质，故采用 DO 辐射模型模拟熔渣液丝的冷却换热过程[17]。

（3）控制模型。熔渣液丝与空气的换热冷却过程满足流体力学的连续性方程、动量守恒方程、能量守恒方程，如式（4-130）~式（4-132）所示：

$$\frac{\partial(u_x)}{\partial x} + \frac{\partial(u_y)}{\partial y} + \frac{\partial(u_z)}{\partial z} = 0 \tag{4-130}$$

$$\rho \frac{du}{dt} = \rho g - \nabla p \tag{4-131}$$

$$\rho c_p \frac{dT}{dt} = \nabla \cdot (\mu \nabla T) + T\beta \frac{dp}{dt} + \mu\phi + S \tag{4-132}$$

式中，u_x、u_y、u_z 分别为 x、y、z 轴方向上的速度，m/s；ρ 为空气密度，kg/m^3；c_p 为高炉渣比热容，$J/(kg \cdot K)$；T 为纤维温度，K；$u\phi$ 为黏滞力做功，J；μ 为动力黏度系数，$Pa \cdot s$；S 为耗散热，J。

由于高炉渣纤维温度随冷却时间变化，FLUENT 采用非稳态求解。

设置边界条件：

（1）入口：高炉渣纤维冷却模型的 z 轴负方向端面设置为速度入口。

（2）出口：高炉渣纤维冷却模型的 z 轴正方向端面设置为自由出口。

（3）壁面边界：外围空域的冷却壁面为 wall 类型壁面，温度为 300K。纤维表面与空域之间接触面设置为耦合壁面[18,19]。

（4）初始化设置：外围空域流体为空气，纤维设为液态高炉渣。冷却风入口速度为 28m/s，温度为 300K。纤维初始温度为 1723K。Momentum、Energy 分别采用二阶迎风格式，并对模型进行求解。

（5）迭代设置：设置迭代的残差收敛限，continue 采用 10^{-8}，x、y、z 轴方向速度采用 10^{-3}，energy 采用 10^{-6}，do-intensity 采用 10^{-6}，其他默认设置。

（6）FLUENT 求解：计算步长设置为 1×10^{-6}，步数设置为 500。

c 纤维冷却温降过程分析

纤维的冷却过程与单根纤维冷却过程相比，不但要考虑纤维本身由于对流换热作用和纤维自身热辐射作用的换热作用，同时还要考虑纤维之间的热辐射作用。纤维之间的热辐射作用会减缓纤维温度的降低，增加冷却时间，如图4-15（a）~（e）所示。图4-15（a），冷却时间为3.0×10^{-6}s时纤维的温度降到1639.8~1722.7K，纤维的端部温度降低很大，迎风端温度比背风端温度更低，根据图中的等温线可以看出，迎风端的等温线密度大于背风端。冷却时间为5.1×10^{-6}s时纤维的总体温度已冷却到1602~1721.9K，如图4-15（b）所示，端部冷却越加明显，这时的纤维表面也能观察到明显的温降，这时有等温线可以看到迎风端的温度呈尖锐的锥形分布，而背风端温度则呈圆润的锥形分布，与前面的单根纤维冷却过程是一致的。当冷却时间为1.15×10^{-5}s时，温度有了大幅度下降，已降到1528.5~1717.8K，如图4-15（c）所示，这时等温线的分布与单根纤维冷却过程又不一致，三根纤维的温度最高点不是每根纤维的中心位置，而是中间那根纤维的中部。其主要原因是高温的液态高炉渣丝具有很强的热辐射作用，处于中间的那根纤维表面热辐射作用降低了纤维表面的温降速度，因此三根纤维或多根纤维冷却过程的高温区在整体纤维的中心。当冷却至5.05×10^{-5}s时，纤维的高温区能更清晰地显示在纤维团的中心，此时温度降低到1260.6~1680.6K，如图4-15（d）所示。当冷却至6.15×10^{-5}s时纤维全部凝固，如图4-15（e）所示，通过多根纤维与单根纤维冷却时间相对比，可以发现纤维数量的增加，会延长纤维的冷却时间。

d 冷却模型出口温度变化

在高炉渣纤维冷却过程中，熔渣液丝在对流换热作用及热辐射作用下迅速冷却，冷却模型的出口温度随凝固时间的变化如图4-16所示。从图中可以看出随着凝固时间延长，纤维冷却模型出口温度逐渐升高，当冷却时间分别为3.0×10^{-6}s、5.1×10^{-6}s、5.05×10^{-5}s、6.15×10^{-5}s，而相对应的出口最高温度分别为684.3K、710.3K、1032.3K、1023.0K。根据出口温度云图可以看出，随着冷却时间的增加，出口中心最高温度的面积越来越小。

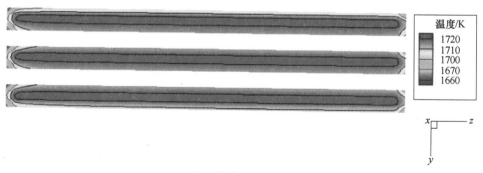

温度/K
1720
1710
1700
1670
1660

(a) 3.0×10^{-6}s

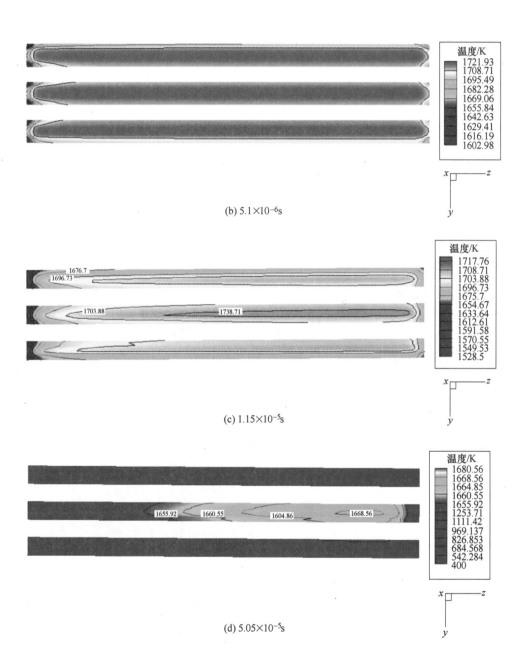

(b) 5.1×10⁻⁶s

(c) 1.15×10⁻⁵s

(d) 5.05×10⁻⁵s

(e) 6.15×10⁻⁵s

图 4-15　多根高炉渣纤维温度场随冷却时间的变化

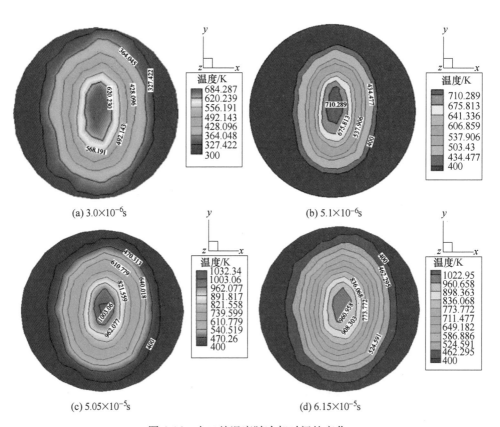

(a) 3.0×10⁻⁶s　　　　　　　　　　(b) 5.1×10⁻⁶s

(c) 5.05×10⁻⁵s　　　　　　　　　　(d) 6.15×10⁻⁵s

图 4-16　出口处温度随冷却时间的变化

高炉渣纤维冷却过程是与周围环境的传热过程，纤维初始凝固时由于熔渣液丝表面进行强烈的对流换热和自身热辐射，液丝迅速降温，这时冷却空气吸收大量的液丝热量，出口温度迅速上升，在 $1.15×10^{-6}$s 时出口温度最高。同时也可以看出这个时间点液丝的冷却强度最大，随着冷却时间的延长，出口温度缓慢降低，其主要原因是冷却空气吸收了大量热之后，换热能力下降，降低了换热作用。熔渣液丝表面凝固后，纤维表面传热阻力增加，单位时间内向冷却风传递的热量减少，故冷却风的换热作用也降低了。从图 4-17 中可以看出，在 $11.5×10^{-6}$s 之后曲线近似成一条直线，这表明表层开始凝固后换热作用及热辐射作用降低，这时的纤维表面的传热阻力对热量传递起主要作用。随着熔渣液丝凝固厚度逐渐增加换热作用进一步降低，冷却空气温度则进一步降低，液丝的冷却强度趋于稳定时，则全部凝固，如图 4-17 所示。

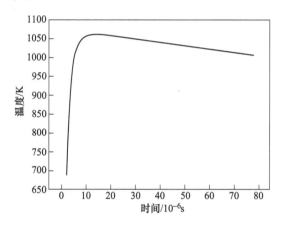

图 4-17 不同凝固时间下出口温度变化规律

4.2.2 调质熔融高炉渣成纤速率解析

4.2.2.1 离心辊面熔融高炉渣流动力学解析

A 离心辊面熔渣流动机理

a 边界层理论

实际工程中的流体流动多数在固体容器或管道限制的区域内流动，但由于流体流动的控制方程是非线性的偏微分方程，无法做到精确求解。远离固体表面的大部分流体流动速度梯度很小，流体自身黏性的影响可以忽略，可视为理想流体的流动，此区域为势流区。靠近固体表面的薄层，其内部速度梯度较大，不能忽略黏性力的作用，称为边界层，因其内部流动状态不同，边界层又可划分为层流边界层、过渡区和湍流边界层，并以雷诺数 $Re = xvρ/μ$ 作为判断依据，$Re < 2300$ 时形成层流边界层，$2300 < Re < 10^4$ 时为过渡区，当 $Re > 10^4$ 时为湍流边界层。流体流过一平板时的边界层分布情况如图 4-18 所示。

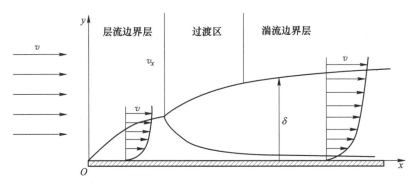

图 4-18   层流边界层与湍流边界层

层流边界层转化为湍流边界层是惯性力不断增加的结果。在层流边界层的前部，边界层厚度比较小，边界层内流体的质量和动量均很小，惯性力与黏性力的比值较小，故处于层流状态。随着边界层厚度的增加，边界层中流体越来越多，惯性力增大，而黏性力增加不大，雷诺数增大，层流边界层转化为湍流边界层。当流体初始流速较大时，层流边界层的长度很短，甚至可以忽略。

针对边界层问题的研究，祁术娟[13]对整个边界层区域建立了三种薄液膜边界层流动模型，并用同伦分析方法对边界层厚度进行了求解和分析，揭示了薄液膜厚度的变化规律；韩红彪[14]基于边界层理论分析了盘形转子在旋转运动中的受力情况，计算了旋转转子的摩擦阻力系数，利用雷诺定律得到了转子单位面积上受到的摩擦阻力值，运用积分得到了转子受到的阻力矩计算公式；刘俊[15]利用 DDES 方法探究了湍流边界层厚度变化与三维空间非定长流动的影响规律。熔渣作为一种黏性流体，滴落至高速旋转的离心辊表面形成液态液膜，液膜内部存在着很大的速度梯度，可将这层液膜看作熔渣边界层，即离心成纤的主要场所，因此研究离心辊边界层的类型与厚度，对探究离心成纤过程的影响因素具有重要意义。

b   离心辊表面熔渣边界层薄膜的形成

熔融高炉渣滴落至辊的表面后，因自身的黏性力，形成一层内部速度梯度很大的熔渣薄层，根据边界层理论可知，这层薄膜即为熔渣边界层。熔渣在离心辊面的成纤过程主要包括两部分，一是熔渣绕辊流动形成一层液膜；二是液膜形成凸起，凸起借助辊的转动产生的离心力破碎成纤。实际工况下，离心辊转速远大于熔渣初始流速，根据相对运动原理，以离心辊为参照物，熔渣的相对初始流速 v 非常大，由雷诺数 Re 作为判断依据，当 $Re > 10^4$ 时，熔渣处于湍流状态，形成的边界层为湍流边界层。由 $Re = 10^4 = xv\rho/\mu$ 可得 $x = 10^4\mu/(\rho v)$，当熔渣初始流速 v 越大时，熔渣流体在历经湍流状态前所流经的路径很短，甚至可以忽略，因此离心辊表面形成的液膜可全部看作湍流边界层，如图 4-19 所示。

在湍流边界层之外，熔渣流股中的一部分需要对因离心甩丝而变薄的边界层薄膜进行补充，使边界层厚度处于相对稳定状态，另一部分则沿着离心辊流下或沿辊的切面抛射出去，滴落至下一辊的表面，此时离心辊对熔渣流股只起到改变流动方向的作用。

熔渣湍流边界层薄膜的形成是离心成纤的关键过程，其厚度分布以及变化情况对纤维质量与产量具有重要的影响。因此，建立熔渣在曲面上的湍流边界层厚度模型，分析各因素对湍流边界层厚度的影响规律具有重要意义。

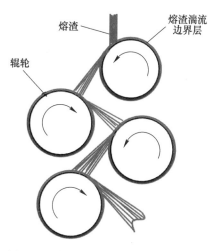

图 4-19　离心辊熔渣边界层形成示意图

B　熔渣边界层厚度数学模型

a　边界层厚度分布模型构建原理

针对熔融高炉渣绕离心辊表面流动的边界层厚度求解问题，叶碧泉等[16]在求解典型边界层问题时将小波分析和有限元法结合起来，构建了基于小波-有限元计算格式下的边界层模型；Halit Karabulut[17]在柱坐标下利用有限差分法计算了二维、稳态、可压缩流体绕流圆柱体的边界层厚度，得出不同来流绕流圆柱的速度剖面、温度剖面以及 Nu，并指出流体绕流圆柱体的边界层厚度为 10^{-4} 数量级。

目前，可以用连续性方程和纳维尔-斯托克斯方程[18]研究边界层内的黏性流体运动，但得到的方程中存在偏微分无法求解，故采用对平板、楔形体绕流层进行理论分析和求解。对于无限薄和有限的平板绕层流，布拉修斯（Blasius）等[19]通过计算得到了与实验数据较为符合的全尺寸范围内的相似性求解；张占渔等[20]将笛卡尔坐标系、边界层坐标系和旋转对称边界层坐标系的二维不可压缩的定常和非定常边界层流动问题，结合了著名的 Blasius 经典相似解算法，得出各种流动问题的相似参变量和常微分方程；在黏性流体绕楔形物体流动的边界层厚度求解方面，Falkner-Skan 作为另一个经典求解算法早已引据提出，郑连存等[21]利用 Adomian 拆分方法以及 Crocco 变量变换设计出将无穷区间的边界值问题转化为初值问题的方法，并利用逼近技巧确定初值的数值。基于此，研究熔融高炉渣绕离心辊的流动时，将熔体在辊面上形成的二元曲面转化为若干段，把每一段近似处理成一个楔形体斜面，将相似性解理论用于每一段，并考虑界面上的修正，构建局部相似求解模型；同时熔渣的绕流面是圆柱面，形成的边界层为曲面边界层，根据相似性解原理，即 Falkner-Skan 经典的绕流楔形体求解，得到边界层厚度的分布模型。

b 边界层厚度分布模型的构建

边界层厚度分布的相似性解法的基本原理依据 Prandtl 提出的薄边界层理论。通过充分考虑每个弧段所衔接的楔形体，使用 Falkner-Skan 经典的绕流楔形体求解算法，提高局部相似性解的精度，以改进现有的局部相似性解法理论，进一步建立熔融高炉渣绕离心辊流动的边界层厚度分布模型，并利用数学算法进行模型求解。

引入绕流楔形体的 Falkner-Skan 经典边界层相似解[2]基础方程，描述二维不可压缩流体的边界层问题，其三阶非线性微分方程可表述为：

$$f''' + ff'' + \beta(1 - f'^2) = 0 \tag{4-133}$$

初始边界条件为：

$$f(0) = f'(0) = 0, f'(\infty) = 1 \tag{4-134}$$

式中，f 为相似边界流函数；f' 为力函数，在无穷远处的函数值为 1；f'' 为壳张力函数，自变量为相似边界层的坐标；β 为压力梯度，$\beta > 0$ 为顺压梯度，$\beta = 0$ 为压力梯度为 0，$\beta < 0$ 为逆压梯度，如图 4-20 所示。

（1）当 $0 < \beta \leqslant 2$ 时，为半顶角为 $\pi\beta/2$ 的楔形体绕流；

（2）当 $\beta = 0$ 时，为布拉修斯平板绕流；

（3）当 $-2 \leqslant \beta < 0$ 时，为绕外凸角 $\theta = \pi\beta/2$ 的扰流；

（4）当 $\beta = 1$，顶角为 π 的楔形绕流，可近似描述钝头柱体前驻点附近的流动。

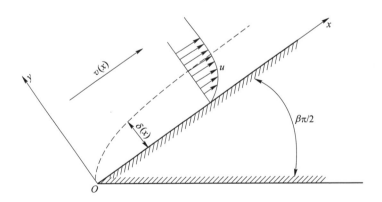

图 4-20 绕楔形流动的边界层示意图

熔渣在离心辊面边界层厚度分布模型的构建过程中，将熔渣在辊面上形成的二元曲面转化为若干段，把每一段近似为楔形体斜面，将边界层曲面按 $\theta = 5°$ 划分为离心辊圆柱，利用 Falkner-Skan 经典边界层相似解的结果，综合考虑影响因素改进优化的相似性解，原理图如图 4-21 所示。

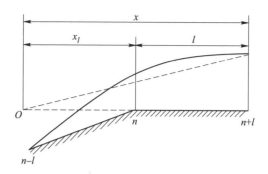

图 4-21　相似性解原理图

经过改进后的相似性解法充分考虑了前一段边界层弧面在简化后形成微元楔形体后对后一段的影响。

（1）在离心辊圆周方向上按角度 θ 将圆周划分为若干等分，划分的角度越小，每一弧段就越接近直线段，计算结果越精确，直到熔渣边界层薄膜的分离点。若离心辊的半径为 R，则每一份的弧段长度为 $l=\theta R$。

（2）计算每一段楔形分界点（即驻点）的边界层薄膜厚度，需要对平面势流进行说明。在不可压缩的理想流体中，未产生漩涡则称为二维平面势流。平面势流包括速度势 φ 和流函数 ψ，同时二者均满足二阶线性的拉普拉斯方程，由此引出平面直角坐标系下的流速中的两个调和函数。

$$u = \frac{\partial \varphi}{\partial x} = \frac{\partial \psi}{\partial y} \tag{4-135}$$

$$v = \frac{\partial \varphi}{\partial y} = -\frac{\partial \psi}{\partial x} \tag{4-136}$$

图 4-22 为势流在左右对称平面上的流动示意图。y 轴表示流线，平面势流可代表平面驻点附近的理想流体运动，驻点即为坐标原点。

在实际的流体运动中，熔渣和辊面一起同速运动。为方便分析，将离心辊看做相对静止的参照物，则熔渣绕离心辊同步运动时与离心辊静止时熔渣运动类似，在 $y=0$ 的平面上各点的流速均为零，因此 x 方向的分速度不仅是 x 的函数，同时也受到变量 y 的制约，满足辊面上的无滑移条件。为此，假设熔体流动的速度为：

$$u = xf'(y)$$
$$v = -f(y) \tag{4-137}$$

式中，$f'(y)$ 是 $f(y)$ 的一阶导数，u 和 v 能满足 N-S 连续方程。此外，离辊面足够远处应有 $u=U$，$v=V$ 函数边界条件可写为：

$$f(0) = f'(0) = 0,\ f'(\infty) = a \tag{4-138}$$

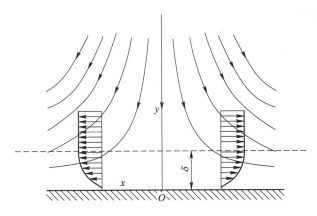

图 4-22　流体在平面驻点附近流动示意图

在此边界条件下求解 N-S 方程，利用偏微分方程确定未知函数 $f(y)$，在直角坐标系中二维 N-S 方程为：

$$u \frac{\partial u}{\partial x} + v \frac{\partial u}{\partial y} = -\frac{1}{\rho} \frac{\partial P}{\partial x} + v\left(\frac{\partial^2 u}{\partial x^2} + \frac{\partial^2 u}{\partial y^2}\right)$$
$$u \frac{\partial v}{\partial x} + v \frac{\partial v}{\partial y} = -\frac{1}{\rho} \frac{\partial P}{\partial y} + v\left(\frac{\partial^2 v}{\partial x^2} + \frac{\partial^2 v}{\partial y^2}\right) \tag{4-139}$$

将式（4-137）中的 u、v 代入式（4-139），可得：

$$xf'^2 - xff'' = -\frac{1}{\rho} \frac{\partial P}{\partial x} + vxf''' \tag{4-140}$$

$$ff' = -\frac{1}{\rho} \frac{\partial P}{\partial y} - vf' \tag{4-141}$$

将式（4-140）沿 y 方向积分，得：

$$\frac{P}{\rho} = -vf' - \frac{1}{2}f^2 + g(x) \tag{4-142}$$

将式（4-142）对 x 取偏导数，代入式（4-143），得：

$$\frac{g'(x)}{x} = vf''' + ff'' - f'^2 = C \tag{4-143}$$

式（4-143）中右边是 y 的函数，左边是 x 的函数，因此等于待定常数 C。此外利用 $y \to \infty$ 时的边界条件：$f' = a$，因而 $f'' = f''' = 0$，确定 $C = -a^2$，式（4-143）可写成：

$$vf''' + ff'' - f'^2 = -a^2 \tag{4-144}$$

用量纲分析方法找到式（4-144）中 f 和 y 的无量纲变量：

$$F(\eta) = f(y)\sqrt{\frac{1}{av}}, \eta = y\sqrt{\frac{a}{v}} \tag{4-145}$$

从而得到式 (4-145) 的无量纲方程:

$$F''' + FF'' - F'^2 + 1 = 0 \tag{4-146}$$

相应的边界条件为:

$$F'(\infty) = 1, F(0) = F'(0) = 0 \tag{4-147}$$

由此得出的无量纲方程为 Falkner-Skan 经典边界层相似解方程中 $\beta = 1$ 的特殊形式,其边界条件式 (4-147) 仍与原始条件式 (4-138) 相同。

通过确定楔形体上每个驻点处的边界层厚度,即可得到熔渣边界层薄膜的厚度分布。

c 边界层厚度分布模型的求解

上述过程建立了熔渣绕流离心辊的边界层厚度分布模型,求解出三阶非线性常微分方程,并确定出相应的初始边界条件,即对 Falkner-Skan 经典边界层相似解的方程进行数值求解,将其转换为初始值问题求解。可将方程改写为:

$$F''' + FF'' - F'^2 + 1 = 0, F(0) = F'(0) = 0, F''(0) = C \tag{4-148}$$

式中,C 为常数值。

采用试设法求解 C 值,通过调节初始 C 值和选用标准解法,使 C 的函数 $L(C) \to 1$,此时即可求出值。

利用 Runge-Kutta 法求 $L(C)$,令 $y_1 = F''$,$y_2 = F'$,$y_3 = F$,将式 (4-148) 转换为:

$$\begin{cases} dy_1/dx = -y_1 y_3 - 1 + y_2^2, y_3(0) = C \\ dy_2/dx = y_1, y_2(0) = 0 \\ dy_3/dx = y_2, y_3(0) = 0 \end{cases} \tag{4-149}$$

令 $F_1 = -y_1 y_3 - 1 + y_2^2$,$F_2 = y_1$,$F_3 = y_3$,方程可进一步转化为:

$$\begin{cases} dy_i/dx = F(x, y_1, y_2, y_3) \\ y_i(0) = y_0 \qquad (i = 1, 2, 3) \end{cases} \tag{4-150}$$

利用 Runge-Kutta 法进行求解,通过选取步长在极限的前提下进行迭代计算,求解该函数得到如图 4-23 所示的结果。

曲线表示辊面外法线上各点的切向速度分布。在辊面附近相似边界流函数 F 随 η (离辊面距离) 的增加呈指数型增大,压力函数 F' 随 η (离辊面距离) 的增加而增大趋近于 1,壳张力函数 F'' 随 η (离辊面距离) 的增加而减小趋近于 0。当 $\eta = 2.4$ 时,$F' = 0.99$,认为 $\eta > 2.4$ 以外的流动是势流,在 $\eta < 2.4$ 的范围内黏性起作用。因此将 $\eta = 2.4$ 作为黏性流动和势流的分界线,对应的 y 坐标 δ 表示为边界层厚度,相应的标记无量纲坐标为 η_δ:

$$\delta = \eta_\delta \sqrt{\frac{v}{a}} = 2.4 \sqrt{\frac{v}{a}} \qquad (4\text{-}151)$$

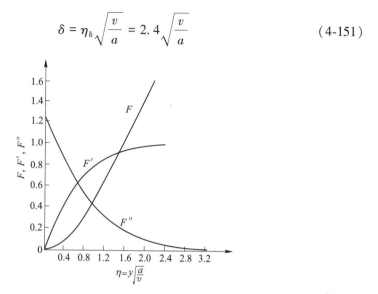

图 4-23 平面驻点附近流动的解

式（4-151）表明边界层厚度 δ 在很小的区间内波动，由于流动的加速使边界层变薄，同时黏性引起剪切扩散导致熔体变厚之间达到动态平衡，一定程度上稳定在常数值。当地雷诺数定义为式（4-152）：

$$Re_x = \frac{z}{v} \qquad (4\text{-}152)$$

式中，z 为所定义的势流速度。将式（4-152）改写成：

$$\delta = \frac{2.4x}{\sqrt{Re_x}} \qquad (4\text{-}153)$$

式（4-153）为边界层厚度与当地雷诺数 Re_x 的平方根成反比，x 为熔体流动方向上的坐标。得到驻点处熔渣边界层薄膜的分布规律后，对整个流动方向上的边界层厚度分布进行数值求解。

利用改进优化后的相似性求解模型，通过确定第 n 个驻点的边界层厚度 δ_n，将其作为边界层的起点厚度，同时认为 δ_n 是流体按第 n 等分的角度冲刷该等分二维楔的结果，依据 δ_n 得到二维楔的起点 n 距点的距离 x_n，加上该等分段的长度 L，得到第 $n+1$ 点距虚拟起点的距离 x_{n+1}，将 x_{n+1} 作为第 n 段的局部特征尺寸，根据 x_{n+1} 可以得到第 $n+1$ 点的边界层厚度。依据上述方法，可以递推求出离心辊边界层厚度关系。

在圆柱的等分角度内，上一驻点处熔渣垂直辐条弦冲刷等分二维楔，模型原理示意图如图 4-24 所示。

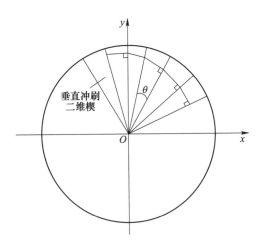

图 4-24 驻点来流冲刷二维楔原理示意图

由图 4-24 可知，等分角度 θ，进流距离 x_n 为：

$$x_n = R\sin\theta + R(\sin\theta)^2 + R(\sin\theta)^3 + R(\sin\theta)^4 + R(\sin\theta)^5 + \cdots$$

$$(4\text{-}154)$$

利用三角函数变换公式对 x_n 求和得：

$$x_n = \frac{R\sin\theta[1 - (\sin\theta)^n]}{1 - \sin\theta} \tag{4-155}$$

得驻点边界层厚度 S_n 为：

$$S_n = \frac{2.4R\sin\theta[1 - (\sin\theta)^n]}{(1 - \sin\theta)\sqrt{Re_x}} \tag{4-156}$$

进流距离与边界层厚度分布之间的三角函数关系式：

$$S_n = \frac{2.4R\sin\dfrac{x}{n}\left[1 - \left(\sin\dfrac{x}{n}\right)^n\right]}{\left(1 - \sin\dfrac{x}{n}\right)\sqrt{Re_x}} \tag{4-157}$$

式中，S_n 为每个驻点处的边界层厚度值；x 为随离心辊上进流距离的变化；Re_x 为实验室条件下的雷诺数。熔渣在辊面上流动雷诺数和熔渣的进流速度分别为：

$$Re_x = \frac{vd}{\eta} \tag{4-158}$$

$$v = \frac{2\pi n}{60} \times \frac{d}{2} \tag{4-159}$$

式中，n 为离心辊转速，r/min；d 为离心辊直径，m；η 为熔渣黏度，$Pa \cdot s$。

边界层厚度从前驻点到分离点呈增加趋势，随着 Re 的增加，边界层厚度减小；辊径变大，边界层厚度变大。通过计算一个驻点的边界层厚度并依次类推，可以得出后一驻点的边界层厚度，直到熔渣在离心辊表面边界层分离点分离。

C　影响熔渣边界层厚度的波动模型

在离心成纤过程中，边界层作为甩丝的核心部位，厚度的变化直接影响甩丝效果，而湍流边界层的不稳定波动是影响边界层厚度的主要因素，研究不稳定波动与边界层厚度变化规律，对熔融高炉渣离心成纤具有重要指导意义。

a　湍流层波动模型

熔渣流股垂直滴落到离心辊面上，由于熔渣的黏性阻滞力作用在辊面上形成熔渣边界层薄膜并随着辊一起运动，示意图如图 4-25 所示。

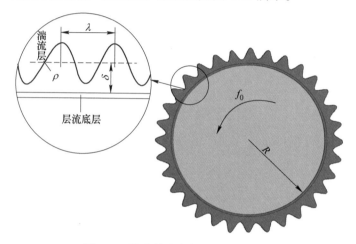

图 4-25　液态熔渣在辊上运动示意图

由于熔渣传输的动力作用和离心辊自身的扰动，湍流边界层厚度将会发生变化，进而影响成纤率。这种干扰作用主要因素为瑞利-泰勒不稳定性[23]，扰动增长率因素 $\xi_1^2 \neq 0$ 造成了瑞利-泰勒不稳定性的发生。扰动增长率因素 ξ_1^2 表示为：

$$\xi_1^2 = \left(\omega^2 R - \frac{k^2 \sigma}{\rho} \right) \cdot k \cdot \tan[h(k\delta)] \tag{4-160}$$

式中，R 为离心辊半径，m；k 为波数；δ 为边界层厚度，m；ρ 为熔渣密度，kg/m^3；σ 为熔渣的表面张力，N；ω 为离心辊角速度，rad/s。

离心辊角速度 ω 与离心辊转动频率 f_0 之间的关系为：

$$\omega = 2\pi f_0 \tag{4-161}$$

熔渣凸起之间的距离为不稳定最小波长为 λ_m，波长在最快的增长率（ξ_1^2）下发生，为了更明确地说明两者的关系及参数对边界层厚度的影响，令

$$\xi_1^2 = c\lambda_m \tag{4-162}$$

式中，c 为常数；波长 λ_m 由熔渣黏度和边界层厚度决定。

对于非黏性流体,波长 λ_m 取决于边界层厚度,公式如下:

$$\lambda_m = \frac{\pi}{\omega}\sqrt{\frac{12\sigma}{R\rho}}, \quad \delta \geqslant \frac{\lambda_m}{\pi} \tag{4-163}$$

$$\lambda_m = \frac{\pi}{\omega}\sqrt{\frac{8\sigma}{R\rho}}, \quad \delta \leqslant 0.2\frac{\lambda_m}{\pi} \tag{4-164}$$

波长 λ_m 为边界层薄膜上相邻凸起间的距离,是促使纤维生长并成为形成纤维的主要因素。

b 湍流层波动模型求解

综合式(4-160)~式(4-164),求解可以得出:

$$\delta \geqslant \frac{\lambda_m}{\pi}\text{时}, \qquad \delta = \sqrt{\frac{\arctan\left[\dfrac{12c^2\pi^2\sigma}{k(\omega^4R^2\rho - \omega^2k^2R\sigma)}\right]}{k}} \tag{4-165}$$

$$\delta \leqslant 0.2\frac{\lambda_m}{\pi}\text{时}, \qquad \delta = \sqrt{\frac{\arctan\left[\dfrac{8c^2\pi^2\sigma}{k(\omega^4R^2\rho - \omega^2k^2R\sigma)}\right]}{k}} \tag{4-166}$$

将 $12c^2$ 和 $8c^2$ 看成一个常数 C,式(4-33)与式(4-34)可合并:

$$\delta = \sqrt{\frac{\arctan\left[\dfrac{C\pi^2\sigma}{k(\omega^4R^2\rho - \omega^2k^2R\sigma)}\right]}{k}} \tag{4-167}$$

$$k = 2\pi/\lambda \tag{4-168}$$

式中,k 为波数;λ 为波长。代入式(4-168)得:

$$\delta = \sqrt{\frac{\lambda\arctan\left[\dfrac{C\sigma\lambda^3}{32\pi^3f_0^2R(R\rho f_0^2\lambda^2 - \sigma)}\right]}{2\pi}} \tag{4-169}$$

边界层的厚度主要取决于熔渣凸起之间的距离为不稳定最小波长 λ、熔渣表面张力 σ、辊速 f_0、辊径 R、熔渣密度 ρ 的关系:波长 λ 越大,边界层厚度 δ 越大;熔渣表面张力 σ 变大,边界层厚度 δ 变大;辊速 f_0 变大,边界层厚度 δ 变小;辊径 R 变大,边界层厚度 δ 减小;熔渣密度 ρ 变大,边界层厚度 δ 减小。在离心成纤实验过程中离心辊的直径固定不变,可以通过适当增大离心机转速,从而降低熔渣边界层厚度,增强扰动,加剧凸起增多,进而促进熔渣形成纤维。

4.2.2.2 熔渣离心成纤过程力学解析[6]

A 离心辊面边界层薄膜凸起的形成

a 熔渣边界层薄膜不稳定性因素分析

针对边界层薄膜表面存在的不稳定因素可归结为:熔渣与空气界面速度梯度

作用下产生的自身非稳定性、离心辊的自身振动、开尔文-亥姆霍兹不稳定性、瑞利-泰勒不稳定性。导致熔渣表面扰动的主要因素是瑞利-泰勒不稳定性，由于离心外力的作用加速了密度较高的熔渣朝着密度较低的熔渣的运动，促使整个系统的势能降低。

（1）熔渣薄膜表面的非稳定性。熔渣在离心辊表面运动时形成边界层薄膜，因熔渣惯性力的作用速度增加很快，以致雷诺数 Re 增加很快，由于在辊上形成层流边界层的距离非常短，可忽略不计，因此只研究熔渣湍流边界层薄膜。雷诺数 Re 是惯性力和黏性力的特征量比值。其中，惯性力可以将能量从比例尺度大的运动分量传递给小的运动分量，促使流体的运动极不均匀；而黏性力可以起到相反的作用，当雷诺数大时，黏性力消除不均匀性的作用较小，流体内部产生脉动，同时熔渣薄膜在离心辊表面受到气、液两相的挤压力差（空气的剪切应力）以及离心力的作用，产生挤压成型现象。研究表明，挤出物表面是粗糙、呈规律性波状的，一般称为鲨皮现象[24]，并且只发生在表面上，与熔渣凸起现象基本吻合。

（2）离心辊的振动。除熔渣自身存在不稳定性因素外，离心辊自身会因机器运转精密程度或者其他原因发生一定频率的振动，从而引起熔渣薄膜随其振动引起表面凸起的发生。引起机械振动的原因包括转子和联轴器的质量分布不均匀或者中心线偏移，或者因基础螺丝和轴承磨损引起的从低频率到高频率的振动，包括给油滑动轴承上的油膜振动、泵机、风机上的压力脉动和叶轮叶片上的干涉振动现象等。

（3）开尔文-亥姆霍兹不稳定性。开尔文-亥姆霍兹不稳定性[25]用于解释一种在剪切速度的连续流体内部或有速度差的两种不同流体的交界面之间发生的不稳定现象，而离心辊的表面薄膜内部在速度梯度作用下产生微小波动可以用开尔文-亥姆霍兹不稳定性定理解释，通过促进交界面发生扭曲进而形成规律形态，使薄膜表面发生扰动，形成不稳定的脉冲波。其原理为：不同密度的均匀流体作平行于水平界面的相对运动，并假设在各自空间的各方向可以伸展至无穷远，依据流体运动的小扰动理论（即线性理论），考虑到界面张力和重力加速度，则相对速度为：

$$(v_1 - v_2)^2 > \frac{2(\rho_1 + \rho_2)}{\rho_1 \rho_2} \sqrt{\gamma g(\rho_1 + \rho_2)} \qquad (4\text{-}170)$$

式中，v_1 为空气速度，m/s；v_2 为熔渣速度，m/s；ρ_1 为空气密度，kg/m^3；ρ_2 为熔渣密度，kg/m^3；γ 为表面张力，N/m。当相对速度差满足式（4-170）时，薄膜内部熔体运动存在不稳定的现象，进而形成边界层薄膜的凸起现象。

（4）瑞利-泰勒不稳定性。瑞利-泰勒不稳定性对于熔渣表面的扰动起主要作用，吴俊峰等[26]利用瑞利-泰勒不稳定性分析了二维情况时平面几何、柱几何和球几何模型中发生因流体扰动密度的非线性偏离的阈值问题，因而熔渣薄膜在不同的辊速下，表面产生不同增长速率而形成的不稳定波，由于熔渣的黏性和表面张力作用而全部衰减，不稳定波表现为周期性波动。在液膜的波峰波谷位置产生能量堆积和衰减，而波数引起的惯性力是影响瑞利－泰勒不稳定性的主要动力，此时不稳定性不再受表面张力的影响，并且黏性流体和非黏性流体都适用以下的波数计算公式[27]：

$$k_c = \left(\frac{\rho}{\gamma} \omega^2 R \right)^{\frac{1}{2}} \qquad (4\text{-}171)$$

不稳定性能够发生的最小波长为：

$$\lambda_{min} = \frac{2\pi}{k_c} \qquad (4\text{-}172)$$

式中，γ 为熔体表面张力。对于波长为 λ_m 非黏性流体来说，当熔渣表面扰动的波长小于 λ_m 时，Hinze 和 Milborn[28]建立了将黏度考虑在内的经验公式：

$$S = 10.9 R^{-5/12} \gamma^{1/4} \rho^{-7/12} w^{-5/6} \mu^{1/3} = 10.9 R^{-5/12} \gamma^{1/4} \rho^{-7/12} (2\pi f_0)^{-5/6} \mu^{1/3}$$
$$(4\text{-}173)$$

式中，S 为凸起之间的间距，m；R 为离心辊半径，m；μ 为动摩擦系数。当波长 λ 大于 λ_{min} 时，熔渣薄膜的不稳定扰动以不同的生长率发生，用以解释引起熔渣薄膜表面不稳定的现象及其应用计算。

　　b　熔渣边界层上凸起的形成

凸起形成过程中表面张力起到决定性的限制作用，相邻凸起间的距离可以表示为：

$$\lambda_m = \sqrt{\frac{3\sigma}{\rho R f_0^2}}, \quad h > \lambda_m / \pi \qquad (4\text{-}174)$$

其中，相邻凸起间距 $\lambda_m = S$，当熔渣的速率足够大时，不能忽略凸起的限制性因素。由于在边界层薄膜上渣丝成纤沿辊面的法线方向脱离，Bizjan 等[29]使用熔渣凸起数量 N 来代替边界层薄膜上的凸起间距 S，并且得到了以下幂律关系：

$$N = 0.360 We^{0.433} q^{0.810} \qquad (4\text{-}175)$$

式中，We 为韦伯数；q 为无量纲的流动率。由式（4-175）可以看出，纤维的数量与韦伯数和熔渣的流动率呈幂级数相乘的关系。定义辊上的熔渣边界层的韦伯数如下：

$$We = \frac{\rho v^2 R}{\sigma} = \frac{\rho (2\pi f_0)^2 R^3}{\sigma} \qquad (4\text{-}176)$$

式中，v 为离心辊线速度，m/s；R 为离心辊半径，m；f_0 为离心辊转速，rad/s；σ 为表面张力，N。成纤率随熔渣表面张力的减小、熔渣密度的增大、离心辊转速和辊径的增大而增大。在实验中可以通过增加转速的方法进而提高成纤率。

　　边界层薄膜有效宽度取决于熔渣的流股直径即 $B = d_N$，熔渣无量纲的流动率 q 为：

$$q = \frac{Q}{d_N} \left(\frac{\rho}{R\sigma} \right)^{\frac{1}{2}} \tag{4-177}$$

可以计算出单个离心辊表面的成纤数 M 为：

$$M = \frac{2\pi R}{\lambda_m} = \frac{2\pi R}{N} \tag{4-178}$$

联立式（4-174）~式（4-178）即可求出单个离心辊产生的纤维数量 M。

此外，另一个描述熔渣薄膜凸起的重要参数是奥内佐格数 oh，它是熔渣黏性力与惯性力、表面张力的比值，定义为：

$$oh = \frac{\sqrt{We}}{Re} = u \left(\rho R \sigma \right)^{-\frac{1}{2}} \tag{4-179}$$

式中，Re 是边界层薄膜的参数而不是纤维或者渣滴的参数，不考虑离心辊面与边界层薄膜的熔渣滑移现象。

结合式（4-177）和式（4-178）可描述离心辊表面熔渣薄膜的凸起现象。模型中凸起间距分布范围较窄，其计算结果表明，凸起之间的间距 S 随离心辊的转动频率增大而增大，随着成纤过程的进行，熔渣黏度逐渐增加，此时熔渣从牛顿流体向非牛顿流体转变，进一步促进了凸起长大并从边界层分离甩出成纤。

c 熔渣凸起成纤制度及分离

通过上述研究，熔渣在离心辊表面的甩丝过程为：熔渣在离心辊表面形成薄膜，随着离心辊高速旋转引起不稳定波动，随后熔体破碎，细丝在辊的离心力和空气剪切应力的作用下被拉伸变细并从薄膜表面断裂。这可用两种现象来解释。

第一种现象：当纤维从边界层薄膜上开始形成并长大时，逐渐与熔体断裂分离。纤维的形成控制在一个比较宽的韦伯数范围内，当韦伯数 $We \approx 10^3$ 时，纤维最易形成。边界层薄膜内的熔渣不稳定性会造成熔渣内部的相互撞击形成凸起并长大，液丝生长、拉伸变细。Bizjan[29] 确定了由于韦伯数的变化而导致液丝脱离之前的纤维直径：

$$d_L / R = 0.134 We^{-0.345} \tag{4-180}$$

当纤维以固态形式断裂时，则 d_L 即为最终纤维直径。

当纤维脱离薄膜时，在气液界面表面自由能最小化的影响下，沿纤维长度方向形成放射状对称的膨胀波动，此时，沿着纤维表面最快增长膨胀波的波长为：

$$\lambda_{OPT} = \sqrt{2}\pi d_L \left(1 + 3oh_L \right)^{\frac{1}{2}} \tag{4-181}$$

式（4-181）中的奥内佐格数 oh_L 为：

$$oh_L = u \left(\rho \sigma d \right)^{-\frac{1}{2}} \tag{4-182}$$

在纤维脱离边界层薄膜时，纤维直径 d_L 与飞行渣滴的平均直径 d 之间的关系为：

$$d = (1.5\lambda_{\text{OPT}}d_{\text{L}}^2)^{\frac{1}{3}} = d_{\text{L}}[4.5\pi^2(1 + 3oh_{\text{L}})]^{\frac{1}{6}} \tag{4-183}$$

结合式（4-180）和式（4-183），确定了平均飞行渣滴直径模型：

$$d/R = 0.369oh^{0.093}We^{-0.333} \tag{4-184}$$

由式（4-184）可知，增加韦伯数，减小奥内佐格数都可以使渣滴平均直径减小。而可通过调整两个参数的比值，进而控制纤维形成的直径。

第二种现象：在纤维脱离边界层薄膜过程中以及熔渣液丝破裂形成一连串的液滴之前，头部飞行液滴发生的收缩现象，即末端收缩机制。头部液滴在初始凸起结构的纤维自由末端形成，这种液滴比一般的主液滴要大。Bizjan 等[29]确定了头部飞行液滴直径 d_{HD} 的计算式为：

$$d_{\text{HD}}/R = 1.95We^{-0.45} \tag{4-185}$$

飞行液滴与主液滴的直径比主要取决于韦伯数的大小，随着韦伯数的增加，d_{HD}/R 下降，飞行液滴的直径减小。

Eggers 和 Villermaux[30]通过甩丝成纤过程的研究，提出了纤维长度的应变率 γ_2，它是表征材料变形速度的一种度量，即应变对时间的导数：

$$\gamma_2 = \frac{\text{d}}{\text{d}t}\left(\frac{L_{\text{r}}(t) - L_{\text{r}}(t = 0)}{L_{\text{r}}(t = 0)}\right) = \frac{\text{d}}{\text{d}t}\left(\frac{L_{\text{r}}(t)}{L_{\text{r}}(t = 0)}\right) \tag{4-186}$$

式中，t 为纤维从开始生长的时间点；$L_{\text{r}}(t)$ 为 t 时刻的纤维长度。当应变率消失，即纤维从边界层薄膜上脱离之后，液丝断裂现象发生。纤维表面扰动的演变（见图 4-26）可用下式表示：

$$\frac{\partial^2\varepsilon}{\partial t^2} + 2\gamma\frac{\partial\varepsilon}{\partial t} + \frac{3}{4}\gamma^2\varepsilon - (kr_{\text{LO}})^2 - (kr_{\text{LO}})^4\exp(-3\gamma t)\exp\left(-\frac{3}{2}\gamma t\right)\varepsilon = 0 \tag{4-187}$$

式中，r_{LO} 为未振动纤维的半径，m；$k = 2\pi/\lambda$，为波数；ε 为纤维振动的振幅，m。

$$\varepsilon = \frac{r_{\text{L,max}} - r_{\text{L,min}}}{2} \tag{4-188}$$

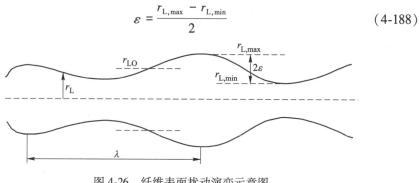

图 4-26　纤维表面扰动演变示意图

同时，振幅比率 $c = \varepsilon(t)/\varepsilon(t=0)$ 决定了振动的放大（$c>1$）和抑制（$c<1$），得出比例关系为：

$$c \propto \exp\left(\left(-\gamma^* + \left(\gamma^{*2}/4 + (kr_{LO})^2 - (kr_{LO})^4\right)^{\frac{1}{2}}\right)t^*\right) \tag{4-189}$$

式中，$t^* = t/\tau$，是无量纲时间，$\gamma^* = \gamma_2\tau$，是无量纲应变率。时间常数 τ 计算如下：

$$\tau = \left(2\rho\ (r_{LO}(t=0))^3\gamma^{-1}\right)^{\frac{1}{2}} \tag{4-190}$$

在纤维增长的过程中存在临界应变速率 γ_{CRIT}。振幅比率 c 在 $t=0$ 时变化率为 0，即 $dc/dt(t=0)=0$：

$$-\gamma^* + \left(\gamma^{*2}/4 + (kr_{LO})^2 - (kr_{LO})^4\right)^{\frac{1}{2}} = 0 \tag{4-191}$$

或

$$\gamma^*_{CRIT} = \left(\frac{4}{3}\left((kr_{LO})^2 - (kr_{LO})^4\right)\right)^{\frac{1}{2}} \tag{4-192}$$

当 $kr_{LO} = \sqrt{2}/2$ 时，这种不稳定性有最大的增长率，并且由式（4-192）可得出 $\gamma^*_{CRIT} = \sqrt{3}/3 \approx 0.58$。相应的一维应变率为：

$$\gamma_{CRIT} = \frac{\sqrt{3}}{3\tau} = \left(\frac{\gamma}{6\rho\ (\gamma_{LO}(t=0))^3}\right)^{\frac{1}{2}} \tag{4-193}$$

与振幅比不同，熔渣同离心辊分离的时间不依赖于应变率，纤维尾端通过伸展形成纤维。

一般情况下，凸起的多少直接反应成纤率的多少，凸起越多，成纤率越大。熔融高炉渣液膜在离心辊表面先形成凸起，凸起在离心力的作用下迅速长大，随后液丝固化形成纤维，如图 4-27 所示，与前期熔渣成纤过程机理分析相同，充分证明了机理过程的正确性。

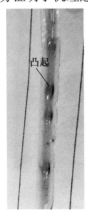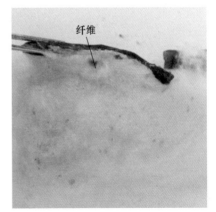

图 4-27　熔融高炉渣状态变化照片

B 边界层离心成纤方式分析

a 渐开线甩出成纤

在离心辊边界层分离点处，一种典型的成纤方式为由于不稳定扰动而形成凸起，凸起在离心辊转动所产生的离心力作用下沿渐开线轨迹甩出成纤。纤维化过程主要包括两个阶段：第一阶段为熔渣在辊表面形成边界层薄膜，并随辊做高速旋转运动，这时边界层薄膜因不稳定扰动加强而形成凸起；第二阶段为熔体开始破碎，具有破碎成纤趋势的熔体细丝在离心力的作用下沿渐开线变细变长，直到从薄膜上断裂。熔体液丝的运动特性即通过液丝头部形成及传播等过程表现出来的，这种运动特性称为迹线或轨迹。避免液丝头部夹断问题分析的复杂性，选择液丝颈部作为参考点，颈部形成轨迹示意图如图 4-28 所示。

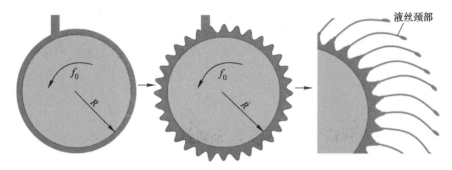

液丝颈部

图 4-28 熔体液丝形成示意图

离心成纤的动力因素是离心辊转动时产生的离心力，在不考虑空气阻力的情况下，成纤过程中产生拉丝张力，熔渣质点自 A_0 甩出后受到临近熔渣质点的牵引，运动偏离切线。因拉丝张力与熔渣质点绝对运动垂直，可认为质点作匀速圆周运动。此时由同一甩出点甩出的熔体液流可看作在离心辊外缘作滚动的滚圆 O_1 上的轨迹 A_0B_2，以离心辊中心为原点建立中心直角坐标系 Oxy，B_2 的坐标为 (x_0, y_0) 可知：

$$x_0 = R_1\cos(\gamma - \varphi) - (R_1 - R)\cos\gamma \tag{4-194}$$

$$\varphi = R\gamma/R_1 \tag{4-195}$$

$$\gamma = \omega t \tag{4-196}$$

可得：

$$x_0 = R_1\cos\left(\frac{R_1 - R}{R_1}\omega t\right) - (R_1 - r)\cos(\omega t) \tag{4-197}$$

同理：

$$y_0 = R_1\sin\left(\frac{R_1 - R}{R_1}\omega t\right) - (R_1 - R)\sin(\omega t) \tag{4-198}$$

　　由于空气阻力的存在，在一定程度上影响纤维的甩出轨迹，如图 4-29 和图 4-30 所示。空气阻力使熔体质点由 A_0 不能达到 B_2，而仅仅达到 B_3，近似的将 B_2，B_3 都看作圆 O_1 上，引入空气阻力系数 K，且令 $A_0 B_3 = K A_0 B_2$。

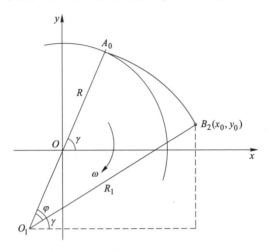

图 4-29　成纤过程中液丝颈部运动轨迹示意图

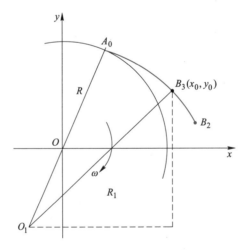

图 4-30　空气阻力下液丝颈部运动轨迹示意图

　　可类似得到熔体的离心成形方程式（4-199）和式（4-200）：

$$x_0 = R_1 \cos\left(\frac{R_1 - KR}{R_1}\omega t\right) - (R_1 - r)\cos(\omega t) \tag{4-199}$$

$$y_0 = R_1 \sin\left(\frac{R_1 - KR}{R_1}\omega t\right) - (R_1 - R)\sin(\omega t) \tag{4-200}$$

以离心辊底部为原点，建立绝对坐标系，液丝头部坐标为（x_{abs}，y_{abs}）。相对坐标系将用轴 x 和 y 表示，并用与根部相连接的液体薄膜作为原点来定义。为了方便计算，局部薄膜厚度可以忽略不计，假设坐标系原点选择在距离为 R 的离心辊中心线。离心辊的垂直中心线与 y 轴之间的角度 α 定为：

$$\alpha = t_\alpha v_F / R \tag{4-201}$$

式中，t_α 为相对坐标系的原点通过辊底部位置（$\varphi = 90°$）所需的时间；v_F 为相对坐标系原点转动的线速度。纤维头位置在相对坐标系中表示为（x，y），其大小等于离心成形方程的甩出质点的坐标。相对和绝对坐标系纤维运动分析图解如图 4-31 所示。

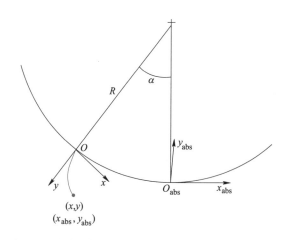

图 4-31　绝对和相对坐标系下液丝颈部运动轨迹示意图

绝对和相对坐标系的位置之间变换公式为：

$$x_{abs} = \begin{cases} R\sin\alpha + x\cos\alpha - y\sin\alpha \\ R(1 - R\sin\alpha) - x\cos\alpha + y\sin\alpha \end{cases} \tag{4-202}$$

$$y_{abs} = \begin{cases} R(1 - \cos\alpha) - x\sin\alpha - y\sin\alpha \\ R(1 + \sin\alpha) + x\cos\alpha - y\sin\alpha \end{cases} \tag{4-203}$$

中心坐标系与绝对坐标系的转换关系：

$$\begin{cases} x_{abs} = x_0 \\ y_{abs} = y_0 + R \end{cases} \tag{4-204}$$

综合三个坐标系的关系可得到相对坐标系中纤维头坐标的变化情况。为了便于分析，可将问题进行理想化处理，液丝头部迹线将与纤维的形状一致。同时选择一个渐开的液丝头部线作为参考，确保所选择纤维生长的例子具有代表性，保证选择纤维的长度与平均纤维长度尽量接近，从而可定量探究纤维迹线运行参数对成纤率的影响。

b 边界层分离成纤

另一种成纤方式为边界层的分离，熔体滴落到离心辊上，形成曲面边界层薄膜，在辊边界层分离点处可能会发生边界层分离现象，导致熔渣顺势甩出形成纤维。理想流体运动中，辊的上半部边界层薄膜外的流体流速增加，压强下降，而辊的下半部，流速减小，压强增大，故曲面边界层的特点是 $\partial P/\partial x \neq 0$。因此，当熔渣黏性流体在辊面上流动时，形成很薄的熔渣曲面边界层，辊的上半面薄膜外熔渣做减压增速运动，辊的下半面薄膜外熔渣做增压减速运动。由于辊速比熔渣流速要快，形成的边界层是倒边界层，为了简便分析边界层分离现象，只分析离心辊静止时的情况下熔渣流动，示意图如图 4-32 所示。

在辊表面上各点的速度为零，沿表面法线方向速度逐渐增加，边界层上达到势流速度。这种速度分布是熔渣质点被黏性力所阻滞的结果，而且越接近离心辊的表面，这种阻滞的作用越明显。因此，在辊面上边界层薄膜的压力梯度 $(\partial P/\partial x) \neq 0$。

在辊面上半部 $(\partial P/\partial x)<0$，势流加速运动，虽然在边界层内黏性减少了动能，但层外加速运动带动层内流体质点克服摩擦阻滞继续前进，而在辊面下半部 $(\partial P/\partial x)>0$，势流减速运动，边界层内黏性进一步减小了动能，又得不到外层能量的补充，最后消耗殆尽，于是在固体表面附近某点处流速变为零。在这一点动能为零，压强又低于下游，故流体由下游压强高处流向压强低处，发生了回流，回流产生的示意图如图 4-33 所示。

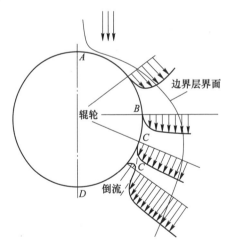

图 4-32 静止辊面上熔渣流动示意图

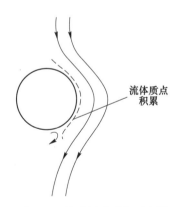

图 4-33 熔渣回流现象示意图

边界层内的质点自上游不断流来，在距离回流区不远处堆积的流体质点越来越多，加之下游发生回流，这些质点就被挤向势流，从而使边界层脱离了固体表面，造成边界层的脱离现象，伴随着边界层脱离并在固体表面上形成大大小小的漩涡，向下游流去。离心辊静止时，熔渣在辊面上流动形成边界层薄膜，现任取一段有熔渣边界层薄膜的辊面,分析边界层薄膜脱离辊面时,熔渣速度梯度的变化,曲面边界层的选取如图 4-34 所示。

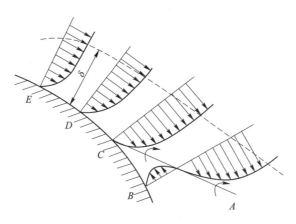

图 4-34 曲面上的边界层示意图

在 CA 线上流体质点的速度为零,而在 ACB 区域内流体质点的速度都为负,即在这一区域内产生反向流动。C 点称为脱离点。显然,脱离点 C 的左边,$(\partial v_x / \partial y)_{y=0} > 0$;脱离点的右边,$(\partial v_x / \partial y)_{y=0} < 0$;而在脱离点上,$(\partial v_x / \partial y)_{y=0} = 0$。脱离时的流线图形如图 4-35 所示。

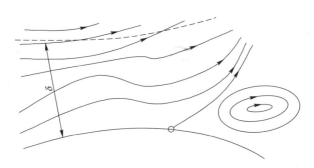

图 4-35 边界层脱离时流线图

综上所述,边界层分离是逆压力梯度($\partial P / \partial x$)和固体壁面黏性阻滞作用的结果。只有壁面黏性阻滞作用而没有逆压力梯度,不会产生回流,也不会有边界层脱离现象。如果只有逆压力梯度而没有壁面黏性阻滞作用,运动中的熔体质点不会阻滞下来,也不会存在边界层脱离现象。如边界层薄膜不脱离辊面,其只能依靠不稳定的扰动形成凸起成纤;若满足上述脱离条件,则熔渣会脱离辊面进而顺势被甩出,熔渣流股伸长变形变细成纤,一定程度上可提高成纤率。

4.3 调质熔融高炉渣离心成纤工艺优化

以调质熔融高炉渣离心成纤实验室实验为基础，结合以上两节的理论解析结果，针对工艺中涉及的主要影响因素（熔渣温度、离心辊转速、离心辊直径）对成纤效果的影响进行阐述。考虑到实际生产中调质的操作性和成分重构的尽可能全面性，实验所涉及的调质变量选用酸度系数（M_k）。

4.3.1 熔渣温度

如前所述，熔融高炉渣由于黏性力作用在离心辊面形成液膜，随后由于表面张力的作用熔体细丝断裂成纤。这个过程中对其影响最大的因素是熔渣黏度，这也是理论分析与实验结果产生偏差的关键所在，一般来说黏度范围控制在 1～3Pa·s，符合离心成纤的要求[31]。而黏度随温度的变化而变化，若落到离心辊面的熔渣温度较低，由于黏度较大，流动性降低，因此会在没有完全铺展开的情况下被甩出，不利于纤维的形成；若温度较高，黏度较小，流动性较好，当熔渣滴落到离心辊面时可迅速铺展开来，在摩擦力和表面张力的作用下呈柱状被甩出，迅速固化后形成纤维，有利于纤维的生成。但温度越高能耗相对较大，不利于节能。另外，成纤过程要求熔渣黏度呈缓慢上升趋势，即具有长渣特性，因此熔渣的温度必须保持在一个合理的范围。不同酸度系数调质高炉渣的黏度如图 4-36 所示。

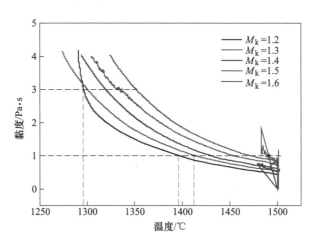

图 4-36 不同酸度系数高炉渣黏度-温度曲线

同一温度条件下，随着酸度系数的增大熔渣黏度增加，实验酸度系数控制在 1.25 左右，确保在最佳成纤的黏度范围内有比较宽的温度范围 1290～1390℃。在此条件下，既保证最佳成纤黏度范围对应的温度区间较宽，又使得高炉渣纤维质量和成纤率不受较大影响。若酸度系数增大，导致熔渣中 SiO_2 含量增加，进而使得硅氧单体聚合度的量增加，势必使熔体的黏度和熔化性温度增大，以至于难以保证高炉渣纤维质量，并且能耗增大[32]。

4.3.2 离心机转速

离心机转速的优化主要就其对成纤率、纤维直径与纤维渣球含量的影响进行。图 4-37 给出了出渣温度为 1500℃、酸度系数为 1.2 情况下，调质熔融高炉渣成纤率随离心机四辊转速变化的关系曲线。熔融高炉渣成纤率随离心机四辊转速的增大而增大。

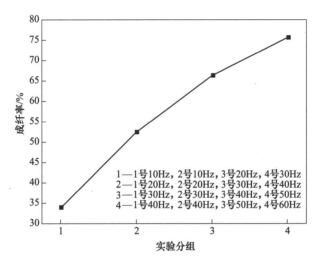

图 4-37 离心机四辊转速与成纤率的关系曲线

在离心机四辊转速较低时，离心辊上的熔融高炉渣液体在没有完全铺展开的情况下，会以连续液体流的形式从离心辊流出，成纤率大大降低。随着转速的增大，熔渣液膜表面扰动逐渐加剧，液膜表面开始出现不稳定扰动波，凸起数量明显增多，实验过程中除少量颗粒状的渣粒外，其余凸起全部转化为纤维，成纤率明显提高[33]。根据本章机理部分所述 Benjamin Bizjan 和刘军祥等[34,35]研究的熔渣液膜表面形成熔渣液丝数与转速的回归模型公式：

$$N = 0.360 \times \left(\frac{\rho \, (2\pi f_0)^2 R^3}{\sigma} \right)^{0.433} \times q^{0.810}$$

式中，ρ 为熔渣密度，kg/m^3；σ 为表面张力，N；R 为离心辊半径，m；q 为熔渣无量纲流量；f_0 为离心辊转速，rad/s。

显而易见，熔渣流量保持不变的情况下，熔渣液丝数目随离心辊转速的增大而增多, 即离心辊转速越大, 熔融高炉渣成纤率越大。

图 4-38 为酸度系数为 1.2 情况下高炉渣纤维平均直径随四辊离心机四种转速变化的关系曲线。随着离心机四辊转速的提高, 高炉渣纤维的平均直径逐渐变细, 并且当四辊转速分别超过 20Hz、20Hz、30Hz、40Hz 后, 高炉渣纤维平均直径的变化随四辊转速的提高逐渐趋于平缓。

随着转速的增大, 熔融高炉渣液膜表面凸起受到的离心力变大, 凸起较易被甩出并拉长, 导致熔融高炉渣液丝变细, 液丝瞬间冷却固化后, 导致最终得到的高炉渣纤维平均直径较细。随着离心机四辊转速的进一步提高, 熔渣液丝直径减小到某种程度后, 其比表面积增大, 导致其与空气的换热能力相应提高, 也就意味着熔渣液丝的温降速度较快, 导致其迅速冷却固化, 阻止了液丝的进一步拉长。因此, 当离心机四辊转速增大到一定程度后, 形成的高炉渣纤维平均直径变化较小, 进而出现图 4-38 中四辊转速超过某一数值后, 高炉渣纤维平均直径逐渐趋于平缓的现象。

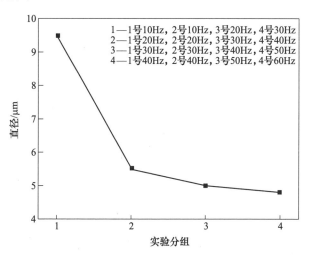

图 4-38　四辊离心机转速与纤维直径的关系曲线

图 4-39 为酸度系数为 1.2 情况下高炉渣纤维渣球含量随四辊离心机转速变化的关系曲线。高炉渣纤维渣球含量随着离心机四辊转速的增大而减少。高炉渣纤维形成过程中, 渣球的形成一般有两种方式: 一种为在离心力不足的情况下, 熔渣液丝甩出力不够, 同时在表面张力的作用下, 被甩出液膜表面的液丝回缩, 形成渣球; 另一种是前面所述的液丝头部夹断形成渣球。随着离心机四辊转速的增大, 熔渣液丝所受离心力相应增大, 液丝更易被拖拽拉长, 减少了第一种渣球形成的可能性。随着离心力的增大, 熔渣液丝被拉长的速度增大, 增加了液丝与空气的换热面积和速度, 液丝冷却固化速度加快, 继而减少了液丝头部夹断的次数, 减少了纤维中渣球的含量。

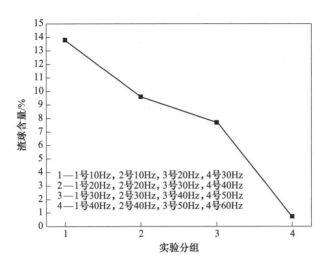

图 4-39　四辊离心机转速与纤维渣球含量的关系曲线

4.3.3　离心机辊径

由于熔融高炉渣主要依靠离心力作用成纤，而离心力的大小主要取决于转速和辊径，因此离心辊辊径对高炉渣纤维的制备同样有很大的影响。当形成的柱状熔体细丝离心力大于表面张力时，细丝从高炉渣液膜表面脱离，沿离心辊渐开线方向飞出[34]。

对柱状液丝受力分析发现，纤维直径与辊径存在以下关系：

$$\sigma \pi D = mR\omega^2 / \left(1 + \omega^2 t^2\right)^{\frac{3}{2}}$$

式中，D 为纤维直径，m；m 为纤维质量，kg；R 为离心辊半径，m；ω 为离心辊转速，rad/s；t 为熔渣滴落至成纤所需时间，s。

可以看出，纤维直径与辊径呈正比关系，辊径越大，纤维越粗。

本章系统地对调质熔融高炉渣成纤过程的热传导机制和力学行为进行了理论解析，并在此基础上对离心成纤工艺进行了优化，为后续的小试、中试及示范工程提供了理论支撑。

参 考 文 献

[1]　龙跃，杜培培，张良进，等. 各因素对离心高炉渣纤维性能及成纤效果的影响 [J]. 钢铁研究学报，2017，29 (7)：530-535.

[2]　Zhang Yuzhu, Yang Aimin, Long Yue. Initial boundary value problem for fractal heat equation in the semi-infinite region by Yang-Laplace transform [J]. Thermal Science, 2014, 18 (2)：677-681.

[3]　Zhang Yuzhu, Yang Aimin. 1-D heat conduction in a fractal medium a solution by the local frac-

tional fourier series method [J]. Thermal Science, 2013, 17 (3): 953-956.

[4] Yang Aimin, Zhang Yuzhu, Long Yue. The Yang-Fourier tuansorms to the heat-conduction in a semi-inifite fractal bar [J]. Thermal Science, 2013, 17 (3): 707-713.

[5] 杨爱民. 高炉熔渣纤维化过程中的传热规律研究 [D]. 秦皇岛: 燕山大学, 2015.

[6] 李智慧. 调质高炉熔渣直接成纤机理及实验研究 [D]. 沈阳: 东北大学, 2018.

[7] Benedetto D, Caglioti E, Pulvirenti M. A one dimensional Boltzmann equation with inelastic collisions [J]. Rendiconti Del Seminario Matematico E Fisico Di Milano, 1997, 67 (1): 169-179.

[8] 荣深涛. 一种新型有压力梯度的平面层流边界层理论—机械能耗损积分法 [J]. 北方交通大学学报, 2003 (4): 1-5.

[9] 袁晓凤. 水平环缝内具有密度极值流体的自然对流流型演变及传热特性研究 [D]. 重庆: 重庆大学, 2011.

[10] 沈巧珍, 杜建明. 冶金传输原理 [M]. 北京: 冶金工业出版社, 2006: 64-66.

[11] 缪正清, 徐通模. 集箱与并联管屏系统单相流体的流动特性 [J]. 上海交通大学学报, 2000, 34 (9): 1206-1210.

[12] 玄海潮. 高炉矿渣纤维冷却机理的研究 [D]. 唐山: 华北理工大学, 2016.

[13] 祁术娟, 张艳. 不稳定伸展表面上的薄液膜流动分析 [J]. 计算力学学报, 2013, 30 (S1): 120-123.

[14] 韩红彪, 高善群, 李济顺, 等. 基于边界层理论的盘形转子流体阻力研究 [J]. 机械科学与技术, 2015, 34 (10): 1621-1625.

[15] 刘俊, 杨党国, 王显圣, 等. 湍流边界层厚度对三维空腔流动的影响 [J]. 航空学报, 2016, 37 (2): 475-483.

[16] Clyne T W. Numerical treatment of ropid solidification [J]. Metall. Trans. B., 1984, 15 (1): 369-381.

[17] Halit Karabulut. Numerical solution of boundary layer equations in compressible cross-flow to a cylinder [J]. International Journal of Heat & Mass Transfer, 1998, 41 (17): 2677-2685.

[18] 郭才方. 二维可压纳维尔-斯托克斯方程的数值解法 [J]. 航空计算技术, 1983 (3): 75-80.

[19] Anuar Ishak. Radiation effects on the flow and heat transfer over a moving plate in a parallel stream [J]. China Physics Letters: English, 2009, 26 (3): 151-154.

[20] 张占渔. 二维不可压缩黏性流体层流边界层的相似性解 [J]. 东南大学学报 (自然科学版), 1984, 14 (3): 43-48.

[21] 郑连存, 温安国, 张欣欣. Falkner-Skan 方程的近似解析解 [J]. 计算力学学报, 2008, 25 (4): 506-510.

[22] 李国钧. Falkner-Skan 方程的数值解 [J]. 华中理工大学学报, 1995 (A01): 142-144.

[23] 李熙, 朱华庆. 瑞利-泰勒不稳定性的实验研究及数值模拟 [J]. 科技导报, 2005 (11): 32-34.

[24] 陈文芳, 范椿. 非牛顿流体流动的不稳定性 [J]. 力学进展, 1985, 5 (1): 51-57.

[25] 杨绍琼, 崔宏昭, 姜楠. 纵向沟槽壁面湍流边界层内类开尔文-亥姆霍兹涡结构的流动

显示 [J]. 力学学报, 2015, 47 (3): 529-533.

[26] 吴俊峰, 叶文华, 张维岩, 等. 二维不可压流体瑞利-泰勒不稳定性的非线性阈值公式 [J]. 物理学报, 2003, 52 (7): 1688-1693.

[27] You J L, Jiang G C, Hou H Y, et al. Isomorphic representations of hyperfine structure of binary silicates by interior stress, vibrational wavenumber and spacial fractional dimension [J]. Journal of Physics Conference, 2006, 28 (1): 25.

[28] Hinze J O, Milborn H. Atomization of liquids by means of a rotating cup [J]. Appl. Mech., 2008, 34 (17): 145-153.

[29] Bizjan B, Širok B, Hočevar M, et al. Liquid ligament formation dynamics on a spinning wheel [J]. Chemical Engineering Science, 2014, 119 (8): 187-198.

[30] Eggers J, Villermaux E. Physics of liquid jets [J]. Reports on Progress in Physics, 2008, 71 (3): 036601.

[31] 张耀明, 李巨自, 姜肇中. 玻璃纤维与矿物棉全书 [M]. 北京: 化学工业出版社, 2001.

[32] 龙跃, 杜培培, 李智慧, 等. 酸度系数对矿渣棉理化性能的影响 [J]. 钢铁, 2016, 51 (5): 81-87.

[33] 杜培培. 熔融高炉渣离心成纤机理及实验研究 [D]. 唐山: 华北理工大学, 2016.

[34] Benjamin Bizjan, Brane Širok, Marko Hocevar, et al. Ligament-type liquid disintegration by a spinning wheel [J]. Chemical Engineering Science, 2014, 116 (6): 172-182.

[35] Liu J, Yu Q, Guo Q. Experimental investigation of liquid disintegration by rotary cups [J]. Chemical Engineering Science, 2012, 67 (73): 44-50.

5 调质熔融高炉渣制备无机纤维实践

传统矿渣棉制备工艺是先将各种矿物原料熔融后成纤，而熔融高炉渣因自身含有的高品质显热，使其有效地避开了熔融环节，大大降低了过程能耗。正是熔融高炉渣的显热优势注定其成纤过程有别于传统工艺，基于此，科研团队正是瞄准了熔融高炉渣的显热回收和高炉渣的高附加值资源化进行了专项研究，从理论上进行了深度解析，先后由 5 名博士分别从不同角度选题进行研究；在有了初步成果后申报了国家项目支撑，设计研发了一整套具有自主知识产权的熔融高炉渣调质成纤工艺流程，打通了熔融高炉渣纤维化实验室理论验证（小试）到扩大化实验探索（中试）再到示范工程实现工业化（终试）的技术瓶颈，建成了国内首条集熔炼、成纤、集棉、成板（管）于一体的高炉渣纤维制备生产线，主要包括熔融高炉渣纤维化实验室平台、半工业化实验平台、2 万吨级熔融高炉渣在线调质直接纤维化示范工程生产线。

5.1 熔融高炉渣纤维化实验室平台

5.1.1 简介

科研团队在华北理工大学冶金实验室建设了一套小试设备，实验取得了成功增强了信心。设备考虑到实验室场地、周边环境、可操作性等诸多局限性因素，熔融高炉渣纤维化实验室平台的设计与建设主要以实用性、利用多元性、流程全面性、经济性为主。基于此，课题组研发设计建设了国内首个集熔炼系统、成纤及矿渣棉收集系统、控制系统、配电动力系统、除尘系统六大系统的冶金渣综合利用实验室平台。

冶金渣综合利用实验室平台，可实现高炉渣熔炼、熔渣纤维化、纤维收集等目的，同时优化工艺参数，验证熔融高炉渣在线调质直接纤维化新工艺的可行性，为进一步扩大实验和建立工业装置创造条件。此外，熔炼系统也可支撑熔渣及金属熔体方面的其他研究。

5.1.2 平台工艺流程

实验室平台所用原料均为冷料，流程如图 5-1 所示。电弧炉预热至 800℃后，配合料少量多批次入炉，均质化后的熔渣经出渣口流出后进入离心设备。在四辊离心机高速离心及风环风力的共同作用下，熔渣被甩出成纤进入沉降室，在负压风机的牵引下进一步进入集棉室。

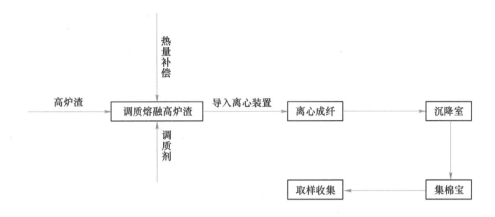

图 5-1　实验室平台实验流程图

5.1.3　平台装备

5.1.3.1　熔炼系统

实验室高炉渣熔炼量有限，此外高炉渣熔化温度低于1500℃，熔炼系统主装备采用100kg级100kV·A直流电弧炉。

电弧炉包含炉体、炉盖和电极，如图5-2所示。炉体外壳为铸铁材质，炉衬以铝镁尖晶石浇筑而成，底部为高纯石墨坩埚，与炉底外侧端电极连接。炉盖在炉体上部，材质与炉体相同，中心部位设有电极插孔，电极采用高纯石墨材料，与底部石墨坩埚连通起弧对原料进行加热。

此外，炉盖一侧设有加料口，可实现少量多次加料，同时具有窥视熔池内原料熔化情况的作用；另一侧设有石墨套筒的出渣口，位于电弧炉的中心，利用石墨与熔渣接触角大、润湿性差的特性，有效保证了出渣口的清洁，大大节省了清理及维护成本。

图 5-2　100kV·A 直流电弧熔炼炉

5.1.3.2 成纤及矿渣棉收集系统

A 四辊离心机

成纤主体设备为四辊离心机,如图5-3所示。辊径从上至下依次为 213mm、295mm、295mm、295mm。运行时风环风机功率为22kW、风压为 7.6kPa、最大风量可达 6000m³/h。离心机运转过程中,一般采用煤气喷枪将四辊预热至 300~400℃,可有效避免因熔渣量小而产生的过程误差。

B 沉降室和集棉室

矿渣棉收集系统由沉降室、风道、集棉室和引风机构成,如图5-4所示。

图 5-3 四辊离心机

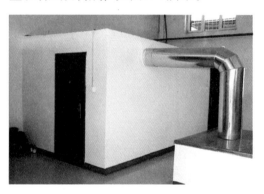

图 5-4 沉降室与集棉室

沉降室是位于离心机前端的 4m×1m×2m 的存在断面的封闭空间,可实现纤维与渣粒的有效分离,内部设有阻风斜坡。上部为可移动顶板,方便使用起重设备协助内部清理。

风道为连接沉降室和集棉室的一段管道,载有纤维的空气在风道中高速流动进入集棉室。

集棉室为一立体封闭空间,内部设有大面积有一定透气性的网状板,另一侧安装有一台引风机,引风机出口装有消音器。载有纤维的空气经过滤后通过消音器排到室外。

5.1.3.3 控制系统

控制系统主要由一套 PLC 设备、主操作台及相应的仪表设备组成,如图5-5所示。可实现对电弧炉熔炼、成纤过程参数、过程温度等的控制和收集。

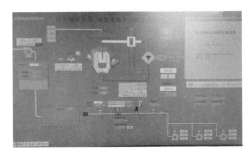

图 5-5 操控平台

5.1.3.4 配电动力系统

配电动力系统（见图 5-6）由 10 组直流功率模块组成，最大功率达 150kW，效率高，可靠性高、维护方便，具有过压保护电路、过热保护电路、短路保护功能。

5.1.3.5 除尘系统

在电弧炉上方设有大容量集尘罩，烟尘气流在热力作用下向上飘移，进入集尘罩后由集尘罩侧向的风管排出到一体式烟尘净化器（见图 5-7）机组，该除尘器过滤能力可达 16000m³/h 以上，除尘效率大于 99.9%，采用覆膜高精度滤筒，PLC 控制，全自动运行。

图 5-6 配电动力系统　　　　　图 5-7 一体式烟尘净化器

5.1.4 熔融高炉渣纤维化实验室实验

课题组在熔融高炉渣纤维化实验平台进行了大量工艺参数优化实验，验证了调质熔融高炉渣调质制备无机纤维理论的可行性，以不同酸度系数为例，对实验结果进行详述，酸度系数取 1.0、1.1、1.15、1.2、1.25、1.3、1.35、1.4。四辊离心机四辊转速分别为 2707r/min、3093r/min、4350r/min、5800r/min，风环转速为 2800r/min；离心实验开始时，四辊预热温度为 400℃左右；熔渣滴落与辊面接触角为 30°。

5.1.4.1 实验原料

高炉渣调质以酸度系数（M_k）为标准，调质剂选用铁尾矿，调质渣成分及配比见表 5-1。实验过程高炉渣及调质剂称重共 40kg。

表 5-1 调质高炉渣化学成分及配比 （质量分数，%）

项目	主要化学成分					配比	
	SiO_2	Al_2O_3	CaO	MgO	Fe_2O_3	高炉渣	铁尾矿
$M_k = 1.0$	32.3	14.18	37.38	8.48	1.57	100	0
$M_k = 1.1$	34.06	14.09	35.59	8.19	1.82	95	5
$M_k = 1.15$	35	14.05	34.63	8.03	1.96	92	8
$M_k = 1.2$	35.91	14.00	33.71	7.88	2.08	10	90
$M_k = 1.25$	36.77	13.96	32.86	7.74	2.21	87	13
$M_k = 1.3$	37.58	13.92	32.02	7.60	2.32	85	15
$M_k = 1.35$	38.36	13.89	31.23	7.47	2.43	83	17
$M_k = 1.4$	39.10	13.85	30.47	7.35	2.54	19	81

5.1.4.2 实验结果

所得纤维理化性能检测结果见表 5-2，纤维平均直径为 4.98μm，渣球含量为 2.46%，成纤率均高于 75%，远远优于现行建筑用矿棉国标规定，部分高炉渣纤维检测报告如图 5-8 所示。高炉渣纤维表观形貌良好，呈白色，含有少量夹杂，表面光滑，整体均匀无断纤，宏观和 SEM 照片如图 5-9 所示。

表 5-2 熔融高炉渣离心成纤纤维理化指标

实验分组	理化指标			
	含水率/%	直径/μm	渣球含量/%	成纤率/%
$M_k = 1.0$	0.23	4	0.66	59.8
$M_k = 1.1$	1.06	4.1	2.06	70.2
$M_k = 1.15$	0.55	3.8	0.57	78.9

续表 5-2

实验分组	理化指标			
	含水率/%	直径/μm	渣球含量/%	成纤率/%
$M_k = 1.2$	0.73	4.8	0.73	80.2
$M_k = 1.25$	0.73	4.9	3.76	79.8
$M_k = 1.3$	0.61	4.2	3.18	81.8
$M_k = 1.35$	0.19	5.8	4.49	80.9
$M_k = 1.4$	2	8.2	4.21	82.3

图 5-8 高炉渣纤维性能检测报告

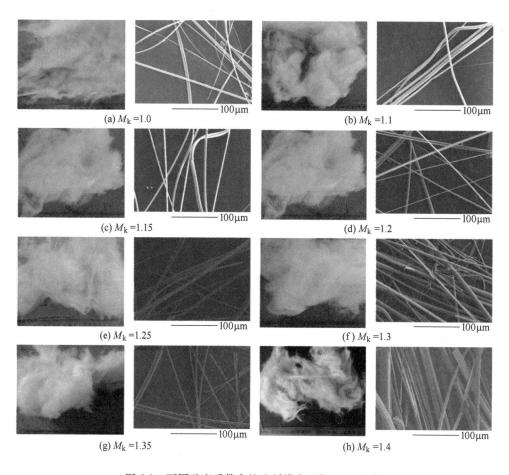

图 5-9 不同酸度系数高炉渣纤维宏观与 SEM 照片

整体来看，熔融高炉渣纤维化实验室平台实现了以适当规模的熔炼系统，为熔渣纤维化提供了原料与不同工艺条件下成纤实验。同时系统设备运行过程中对产生的烟尘、噪声污染等实现了有效控制，防止了污染环境。

5.2 熔融高炉渣离心成纤半工业化实验平台

熔融高炉渣离心成纤半工业化实验平台的建设，实现了高炉渣调质与成纤、喷胶、成板工艺的衔接与集成。通过适度规模的实验，进一步验证新工艺的可行性并优化了系统的运行参数和技术参数，为进一步扩大实验和建立工业装置创造条件。

5.2.1 简介

由于环境和空间的限制，中试实验平台只能选择校外某企业进行建设，整个工艺采用冷渣冶炼，冷渣处理量 2t/h；平台占地 4500m²，总建筑面积 2633.5m²。其中主实验车间建筑面积 396m²，辅助建筑面积 712.5m²，配电容量 2500kV·A；电弧炉熔炼能力 1.5t 渣，功率 1500kW；整个工艺过程无污染、无排放。

5.2.2 平台工艺流程

高炉渣纤维制备过程原料仍是冷料，流程如图 5-10 所示。整体流程为：高炉干渣→电弧炉熔炼→温度调整和调质→成纤→集棉→成板→固化→纵横剪切→打包。配合料导入电弧炉熔炼，当温度达到要求时出渣，熔渣经导流槽导入离心装置成纤，纤维经集棉、成板、固化处理等工序进一步加工制成纤维板。

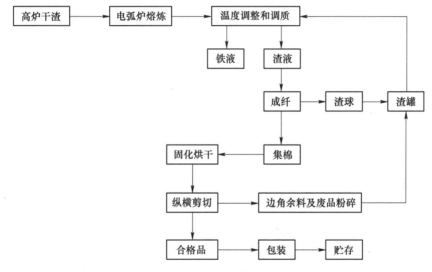

图 5-10　半工业化平台工艺流程图

5.2.3 平台装备

半工业化实验平台集制棉、集棉、布棉和制板于一体，主要包括熔炼系统、制棉系统、集棉及布棉系统、制板系统、除尘系统、自动化控制系统等。

5.2.3.1 熔炼系统

熔炼系统主要是交流电弧炉，此电弧炉可实现精确控温，由一套变压器、一套短断网、一套三相电极升降系统、一套炉体、一套液压系统组成，如图 5-11 所示。电弧炉设计时内部设有挡板装置，可实现熔渣与配合料共存，保证连续出渣。

图 5-11 电弧炉

炉体机械设备主要包括倾动装置、炉体、炉盖旋转装置、炉盖及炉盖提升装置、电极升降装置、电极升降旋转装置等。

5.2.3.2 制棉系统

熔渣经导流槽连续不断流下经四辊离心机高速甩丝成纤，如图 5-12 所示。整个系统主要包括熔渣导流槽、四辊离心机。

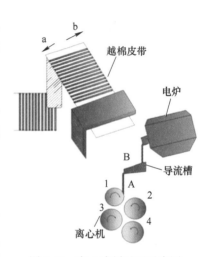

图 5-12 离心成纤过程示意图

A 熔渣导流槽

导流槽是电弧炉与成纤装置的连接装置，中试实验平台导流槽采用水冷导流槽，设有一级导流槽和二级导流槽，如图 5-13 所示。二级导流槽的设计进一步缓解了高温熔渣流体对四辊离心机的冲刷，保证了熔渣滴落到四辊离心机时的稳定性，更有利于成纤。

B 四辊离心机

四辊离心机电机功率为 7.5kW×4，四辊直径分别为 1 号 213mm、2 号 295mm、3 号 295mm、4 号 295mm，设定额定转速为 1 号 4060r/min、2 号 4640r/min、3 号 5220r/min、4 号 5800r/min。高速离心辊轴采用油气润滑，设有油气润滑站。在离心辊后部设有风环以确保纤维及时吹离离心辊，增加成纤率，同时个别离心辊表面粗糙以增大摩擦利于成纤，如图 5-14 所示。

5.2.3.3 集棉及布棉系统

甩出的纤维被负压风带进集棉室内，由网带连续运出，送往指定工位。整个装置包括集棉室、越棉皮带、摆锤。在集棉室内有负压风机，将纤维及时抽至集棉室内运动链条上，集棉室运动链条呈三角形，此设计可将纤维及时运至高处的

一级导流槽　　二级导流槽

图 5-13　水冷导流槽

图 5-14　四辊离心机

越棉皮带上，纤维在越棉皮带上稍作调整后经摆锤送往指定工位以供后续纤维制品的制备使用，如图 5-15 所示。

图 5-15　集棉及布棉装置

5.2.3.4 制板系统

在纤维板生产线中，含有黏结剂的纤维从布棉机出来，通过加压输送线，经固化炉内的上、下两条输送带加压和热风循环系统加热烘干，使棉毡连续固化成一定容重、一定宽度的棉板，如图 5-16 所示。

图 5-16 纤维成型固化系统

值得注意的是，固化炉中所需热量均来源于生物质（秸秆、稻壳、锯末、木屑等）燃烧。生物质燃烧稳定、周期长，效率高、无污染，大幅度降低了过程碳排放。

5.2.3.5 除尘系统

除尘系统主要对实验过程中产生的烟尘、噪声污染进行控制，防止污染环境。主要是电弧炉熔炼过程中的烟尘治理，实验过程中电弧炉烟气先进入电弧炉上方的主管道，再经布袋除尘器过滤，最后通过风机实现达标排放。电弧炉除尘设计最主要的是如何最大限度地捕集到冶炼烟尘，因而电弧炉烟尘捕集罩形式的设计是电弧炉除尘系统的关键一环。烟尘捕集罩设计的好坏直接影响除尘系统的除尘效果。在电弧炉上方设有捕集罩，冶炼时捕集罩将电弧炉顶部密封于罩内，车间内的空气和冶炼烟气，由于热力抬升作用进入捕集罩内，捕集罩开放式环境不影响炉前工、配电工的冶炼操作。

实验过程中除了原料熔化所产生的烟尘外，在集棉工序中会有少量的粉尘及飞纤产生，但车间设计基本为全封闭，粉尘经除尘后排入大气，故不会对环境造成污染。

5.2.3.6 自动化操作系统

自动化操作系统主要包括 PLC、主操作台和相应的仪表、电气设备。此系统可根据实验要求，对电弧炉功率、离心机转速、集棉室链板、越棉皮带速度、摆锤速度以及其他风机、油泵等设备的参数进行采集、记录和控制，如图 5-17 所示。

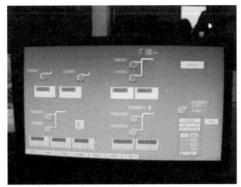

图 5-17　自动化操作系统

自动化操作系统的使用可高效准确地控制某些设备参数，同时使所记录的实验数据更加准确，有效解决了许多人工无法准确解决的工艺环节。

此外，中试实验平台还有劳动安全卫生与消防方面的设施，确保实验过程满足职业安全卫生的要求，保障劳动者在劳动过程中的安全与健康。整个实验平台的设计不仅考虑工艺的先进性、经济性和社会性，同时结合工艺卫生、劳动安全、防火安全等方面进行全面的综合研究，做到工业卫生、劳动安全及消防设施与主体工程同时设计、同时施工、同时投入使用。

5.2.4　半工业化实验平台实验

半工业化实验原料仍以高炉渣、铁尾矿配合料为主，酸度系数以1、1.2、1.6为例。离心机四辊转速控制在1号2707~3000r/min、2号3093~4000r/min、3号4350~4500r/min、4号5000~5800r/min，出渣温度不超1400℃，黏结剂选用酚醛树脂加水稀释，酚醛树脂与水的配比为1：3（质量比），固化炉进风温度260~270℃，出口风温150~180℃。高炉渣纤维及制品性能测试结果见表5-3，其性能均优于现行国标，实验过程照片如图5-18所示。

表 5-3 高炉渣纤维及制品的测试结果

检验项目	指标值	一组	二组	三组
酸度系数	—	1	1.2	1.6
密度	≥40kg/m³	78kg/m³	84kg/m³	89kg/m³
导热系数 （平均温度25℃）	≤0.040W/(m·K)	0.034W/(m·K)	0.035W/(m·K)	0.033W/(m·K)
热荷重收缩温度	≥600℃	520℃	600℃	550℃
纤维平均直径	≤6.0μm	5.4μm	5.5μm	5.7μm
有机物含量	≤4.00%	4.80%	2.90%	3.60%
渣球含量	≤7%	6.50%	6.20%	6.80%
质量吸湿率	≤1.0%	0.50%	0.60%	0.50%

图 5-18　实验过程照片

5.3　熔融高炉渣在线调质直接纤维化示范工程

2015 年，在河钢某企业采用自主设计建设了熔融高炉渣调质成纤及纤维保温板生产示范工程。

5.3.1　简介

示范工程设计生产能力为年产 2 万吨矿渣棉板生产线，由 2 座调质电熔炉、1 座恒温电熔窑、1 条矿渣棉板生产线和 1 条粒化棉生产线组成，同时配套相应的公辅设施。

5.3.2　示范工程工艺流程及车间布局

示范工程原料为熔融高炉渣和调质剂颗粒（冷料），工艺流程如图 5-19 所示。

电弧炉车间由电炉跨组成，跨度 18m，车间总长度 45m。车间内设置 1 台

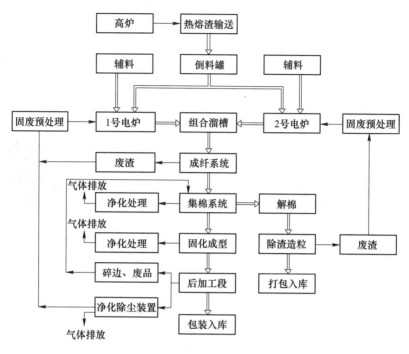

图 5-19　示范工程工艺流程图

32/5t 铸造桥式起重机，起重机跨度 16.5m，轨面标高 22m。车间工艺布局如图 5-20 所示。

5.3.3　车间介绍

5.3.3.1　熔渣运输段

高炉出渣槽距熔炼车间公路距离约 1500m。熔融高炉渣运输采用框架式运输车，车辆以柴油内燃机为动力，具备自升降能力，最大载重量约 65t。工作时，空渣罐放置在框架上，由框架式运输车将框架和渣罐一同运输至高炉炉下，车辆退出炉下危险区。放渣，通过控制渣槽内挡铁，调整熔渣流量，至渣罐装入适量熔渣后关闭。框架式运输车重新进入炉下，顶起框架和装有熔渣的渣罐，运行约 1.5km，进入调质熔炼车间。

5.3.3.2　调质车间

4m³ 渣包经渣罐车运输至电炉车间，通过 32/5t 铸造桥式起重机吊运兑入调质电弧炉内。调质电弧炉的冶炼周期为 180min，其中，加料时间 10min，调质升温时间 45min，混匀时间 10min，升温时间 25min，倾倒时间 90min。

电炉车间内设置 2 台调质电弧炉，2 台电弧炉交替调质熔炼和出渣，装料周期与高炉冶炼周期相等，便于熔渣协调运输。

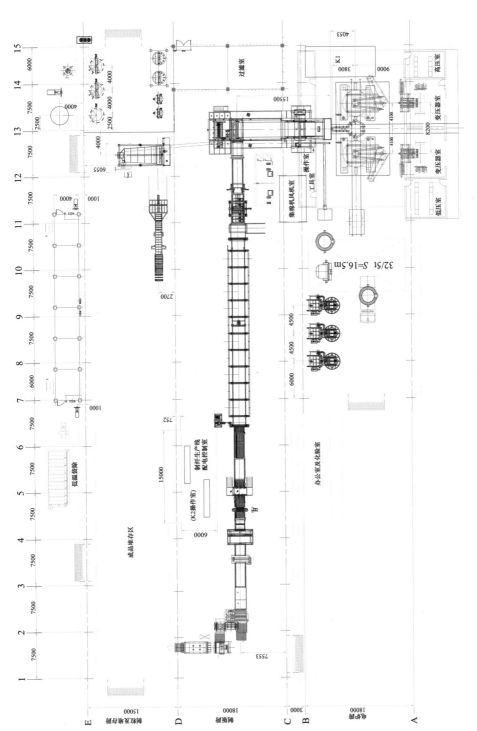

图 5-20 车间工艺布局

熔融高炉渣在电熔炉内改性处理后,间断兑入下部的电熔窑内,进行均质、调温,并通过电熔窑出料段精确控温后,由出料口流出,出料口上方设置均料棒,精确控制出料口熔渣流速,使熔渣恒温、定量准确落在离心轮上,稳定成纤工艺,提高纤维质量。

5.3.3.3 矿渣棉生产线

(1) 离心机。生产线采用两台离心机,当一台工作时,另一台则备用或维修,保证生产不间断。离心辊的最高线速度达到 120m/s,风环、施胶和离心机是一体式,冷却水采用汽化冷却方式,黏结剂喷嘴采用进口喷嘴,轴承采用 SKF 轴承,润滑系统为油雾润滑。

(2) 集棉机系统。集棉机和高速输送机是将四辊离心机生产出来的纤维,经吹离系统和抽风系统的作用,均匀地铺在网带上,形成棉毡,并呈一定角度输送至下道工序的设备。

(3) 高速摆锤铺毡系统。经过高速输送机将纤维输送到摆动铺毡机内,在摆动铺毡机往返摆动作用下,纤维在接收输送机上被铺成多层堆积的均匀的棉毡,经过接收输送机的输送,棉毡经过加压后进入固化炉固化。

(4) 接收成型输送机。接收输送机通过配合集棉机,摆动铺毡机,控制其速度保证了生产顺行,全线输送速度:1.8~18m/min。

(5) 称量输送机。棉毡进入称量输送机后,通过自动称量,与生产线速度控制联锁,保证生产的棉毡重量均匀。

(6) 打褶机、加压系统。打褶机、加压输送机接收由成型输送机输送过来的叠层棉毡进行打褶、压缩并输送至固化炉,四段式打褶机、最大打褶比为1:3。

(7) 固化炉。含有黏结剂的原棉毡从集棉机出来,通过加压输送线,经固化炉内的上、下两条输送带加压和热风循环系统加热烘干,使棉毡连续固化成一定容重、一定宽度的棉板或棉毡,然后输送至下一工序。

(8) 辊道式冷却输送线。冷却输送机是位于固化炉之后的设备,其主要作用是对固化炉固化后的半成品进行冷却和作为固化炉与下道加工工序之间的连接输送。

(9) 边料切割、粉碎、回收、六头切割纵切机。边料回收纵切机是把由固化炉传出来的棉板切割到规定的宽度后,把两端的打碎的废边回送到集棉机的设备。采用普通圆盘锯,并配有集尘箱,切割头数量为 3 个。

(10) 长度测长装置。用脉冲发生器来测定要切割产品的长度,提供信号给飞锯和横切机切割。

(11) 伺服飞锯。伺服飞锯专用于将高容重棉毡板切断,该机横向跟踪切割连续输送的产品。主要由伺服电机、横向行走装置、锯片、纵向跟踪装置组成。

（12）全自动码垛、包装机。通过切割成型的纤维板，经过码垛机自动堆码，可堆多层，然后推出，经过传送带自动进入包装机进行自动包膜、热收缩等工序打包入库。

（13）电气控制。生产线的电气控制由两部分组成，第一部分控制集棉机、离心机及各种风机、配胶等，电气控制柜安装在熔制楼的二层平台上；第二部分控制成型机一直到成品成型设备，板线的电气控制安装在车间的一层。所有驱动均采用变频器控制电机，总体自动化控制用 PLC 程序控制器、触摸屏人机界面的方式。

（14）除尘系统。除尘系统分为两部分，第一部分回收到集棉机网带上进行二次加工利用，另一部分采用布袋除尘器回收并排放，排放标准符合国家环保标准。

5.3.4 示范工程生产实践

示范工程生产过程照片如图 5-21 所示。所生产的纤维板制品的导热系数 0.043W/(m·K)，有机物含量 2.9%，热荷重收缩温度 710℃，达到或超过了相关国家标准。示范工程生产实践的成功使熔融高炉渣在线调质直接纤维化技术难题得到攻关，对钢铁工业二次资源的高值全量化利用具有示范推动作用。将带动各大钢铁企业在渣处理工艺的技术创新与革命，如果在全国钢铁企业辐射和推广，必将对我国钢铁企业的低碳经济作出重要贡献，取得广泛的经济效益、环境效益和社会效益，产业化应用前景十分广阔。

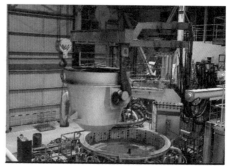

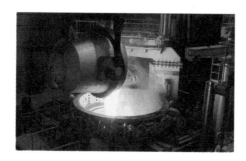

图 5-21 示范工程生产过程照片

5.3.5 存在问题及解决方案

以熔融高炉渣为原料在线调质生产高品质无机纤维作为一个优化于传统工艺的新流程，由于目前国内钢铁厂现有定型布局和某些传统设备与新流程的匹配滞后性等问题，工业化中往往还存在一些问题。

目前国内钢铁厂布局紧凑，高炉附近基本无预留地，这就造成成纤车间距高炉过远，熔渣运输过程时间长导致渣罐发生粘渣，甚至无法倒出，清理困难。由于纤维生产车间能力有限，部分高炉渣还需采用水淬方式处理，由于整体流程长，统筹控制困难，高炉放渣与接渣协调会存在问题，导致高炉出渣与接渣衔接不顺，不能保证及时运输。

针对以上问题，尽量缩短间距及离心成纤时间是解决此问题的关键。渣罐内部可换用整体式耐火材料并表面喷涂防粘层,减少耐材接缝,降低黏结强度。同时可采用机械热处理方式,每包进行及时清理。此外,可通过适当延长高炉分渣槽长度并与高炉车间建立有效的联络制度改善高炉出渣与接渣衔接不顺的问题。

作为首套示范工程出现一些非技术层面的问题,一定程度影响了本技术的推广,但在当前"碳达峰、碳中和"节能减排大背景下,本项技术必将会得到广泛应用。

6 高炉渣纤维生产纤维板制品

高炉渣纤维仅是一种中间产品，要实现高附加值的利用还需做大量研究工作，本章及7~9章均为作者团队开展的延展性研究，在此一并做以介绍。

生产纤维板制品是高炉渣纤维的一种典型应用，在建筑及工业保温、绝热领域有广阔的应用前景。传统的岩棉或矿渣棉工业中使用最多的黏结剂主要是酚醛树脂等有机黏结剂，在使用过程中不可避免地释放出有毒气体甲醛，严重污染了环境并对人体造成极大危害。此外，高炉渣纤维制品作为一种典型的多孔介质，其结构形式也会对其性能产生一定影响。本章围绕以上问题，主要介绍了高炉渣纤维板制品的制备工艺、环境友好型黏结剂的选择以及高炉渣纤维板结构优化。

6.1 纤维板制备工艺及性能指标

以实验室角度对高炉渣纤维板的制备工艺进行了详细阐述，提供了完整的纤维板制备工艺流程，并介绍了纤维板容重、导热系数、吸湿性、抗压强度及燃烧性能等性能的测试方法。基于本部分研究成果，制定了北京建筑材料科学研究总院有限公司企业标准《高炉渣纤维及其制品》（Q/JCJCY 0029—2016），详见附录。

6.1.1 制备工艺流程

纤维板的主要制备工艺流程包括高炉渣纤维预处理、黏结剂配制、施胶、成型及烘干等几方面：

（1）高炉渣纤维预处理。在高炉渣纤维的准备阶段主要利用超声波清洗机对高炉渣纤维进行清洗，以除去其中的杂质及大部分渣球。清洗后将高炉渣纤维进行烘干处理，得到干燥高炉渣纤维备用。

（2）黏结剂配制。按照表6-1改性聚乙烯醇溶液中各成分的百分比配制黏结剂。

（3）施胶。采用半干法喷胶方式对高炉渣纤维施加黏结剂，一边喷胶一边层铺高炉渣纤维，直至将制备每个试样的高炉渣纤维完全层铺到纤维板。

表 6-1 改性聚乙烯醇溶液各成分百分数

试样编号	改性聚乙烯醇溶液成分组成/%		
	聚乙烯醇	硅溶胶	硼砂
FB$_1$	2	5	0.0
FB$_2$	2	10	0.1
FB$_3$	2	15	0.2
FB$_4$	2	20	0.3
FB$_5$	3	5	0.1
FB$_6$	3	10	0.0
FB$_7$	3	15	0.3
FB$_8$	3	20	0.2
FB$_9$	4	5	0.2
FB$_{10}$	4	10	0.3
FB$_{11}$	4	15	0.0
FB$_{12}$	4	20	0.1
FB$_{13}$	5	5	0.3
FB$_{14}$	5	10	0.2
FB$_{15}$	5	15	0.1
FB$_{16}$	5	20	0.0

（4）成型。利用模具压制的方式制备高炉渣纤维板，在压制过程中主要控制纤维板的厚度。其中用于拉拔、憎水性测试的试样尺寸为 100mm×100mm×40mm，制备每块试样所用高炉渣纤维为 60g；用于导热系数测试的试样尺寸为 300mm×300mm×40mm，制备每块试样所用高炉渣纤维为 540g，这样得到的各个高炉渣纤维板的设计容重为 150kg/m³。

（5）烘干。将施加黏结剂后的纤维板放入鼓风干燥箱内恒温 140℃条件下，干燥 5h。高炉渣纤维板的制备工艺流程如图 6-1 所示。

图 6-1 高炉渣纤维板制备工艺流程

6.1.2 检测内容与方法

在高炉渣纤维板应用过程中，对高炉渣纤维板的性能提出了一定要求，需要检测的内容主要包括容重、导热系数、吸湿性、抗压强度、燃烧性能等。

6.1.2.1　高炉渣纤维制品容重的测定

（1）长度和宽度的测量。实验采用方形模具（100mm×100mm×50mm），因此长度和宽度均为100mm。

（2）厚度的测量。板状制品厚度的测量在经过长度、宽度测量的试样上进行，采用板式测厚仪测量。结果精确到0.1mm。

（3）质量的测量。使用天平称量出试样的质量，精确到0.01g。

（4）容重的计算。最后高炉渣纤维制品容重根据式（6-1）来计算：

$$\rho = \frac{m \times 10^2}{h} \tag{6-1}$$

式中，ρ 为试样的容重，kg/m^3；m 为试样的质量，g；h 为试样的厚度，mm。

6.1.2.2　高炉渣纤维制品导热系数的测定

导热系数的大小是评定保温材料隔热性能好坏的重要指标，对于板材保温材料最常用的测试方法是稳态平板法。参照《塑料导热系数试验方法（护热平板法）》（GB 3399—1982）对高炉渣纤维管道保温制品进行导热系数的测量。试样为均质的半硬质材料，试样上下表面平整光滑且平行，无裂缝等缺陷。尺寸大小为300mm×300mm，厚度为50mm。

A　测定原理

基于傅里叶一维平板稳定导热过程的基本原理，当试样上、下两表面处于不同的稳定温度下，根据测量通过试样有效传热面积的热流及试样上下表面间的温差和厚度，计算导热系数。

B　测定条件

（1）环境：测试环境应该符合《塑料试样状态调节和试验的标准环境》（GB 2918—2018）中常温、常湿的规定。

（2）条件：热板温度低于333K，冷板温度为所需温度（设定为313K），冷板和热板之间的温度差不小于10K，通过试样的温度梯度在400~2000K/m之间。

C　测定装置

采用护热平板法测量导热系数要求的仪器为带有护热板平板的导热系数测试仪。主要包括加热板（主加热板和护加热板）、冷板、测温仪表、量热仪表等设备，实验装置如图6-2所示。

D　测定步骤

（1）用游标卡尺分别测量试样四周的四处厚度，然后取其算术平均值，作为待检测试样的厚度。

（2）将测量后的试样平稳放入仪器的冷板和热板之间，并使试样的上下表面与冷板和热板紧密接触。

图 6-2 导热系数测试仪

（3）打开系统进行状态检测，使冷板和热板温度达到平衡，即冷热板温度差小于 0.5℃就可以认为是状态稳定，并开始测定。每隔半小时连续测量几次通过有效传热面的热流及试样两面温度差值，并计算出导热系数。各个测定值与平均值之差不超过 1%时，可以认为结果稳定，即可结束测定。

E 结果计算

对防护热板法导热系数 $\lambda[\mathrm{W}/(\mathrm{m \cdot K})]$ 按照式（6-2）计算：

$$\lambda = \frac{Q \cdot d}{A \cdot \Delta Z \cdot \Delta t} \quad \text{或} \quad \lambda = \frac{q \cdot d}{\Delta t} \tag{6-2}$$

式中，ΔZ 为测量时间间隔，s；Q 为稳态时通过试样有效传热面积热量，J；Δt 为试样热面温度 t 和冷面温度 t_1 之差，即 $\Delta t = t - t_1$，K；d 为试样厚度，m；q 为通过试样有效传热面积的热流密度，$\mathrm{W/m^2}$；A 为试样有效传热面积（以主、护加热板缝隙中心距离计算），$\mathrm{m^2}$。

6.1.2.3 高炉渣纤维制品吸湿性的测定

参照《矿物棉及其制品试验方法》（GB/T 5480—2017）中的吸湿性试验方法对高炉渣纤维制品进行吸湿性的测试。

A 主要仪器设备

（1）天平：分度值小于被测量物体质量的 0.1%；

（2）电热鼓风干燥箱：温度可调至 120℃；

（3）调温调湿养护箱：设定温度波动不得超过±2℃，相对湿度的波动范围不得超过±3%，箱内放置试样的区域保证无凝露，调温调湿试验箱如图 6-3 所示。

B 测定步骤

方法 1：主要适用于缝毡、板状以及管壳状矿物棉制品。

（1）首先分别用金属尺和针形厚度计测出待测纤维制品的长、宽、高尺寸。

（2）将待测试样放入电热鼓风干燥箱内，温度调至110℃左右，烘干至恒重，即连续两次称量试样之差不应超过试样总质量的0.2%。若试样中含有在110℃下容易挥发的成分时，应在较低的温度下烘干至恒重。记下最后烘干质量及温度，将试样再次放入不低于60℃的电热鼓风干燥箱内使试样达到整体温度均匀，然后取出放入调温调湿箱内，设定温度为50±2℃，相对湿度为95%±3%，保持调温调湿箱内的空气循环流动，放置96±4h。取出后立刻放入样品袋中冷却至室温后再称量，记下除去袋重的质量。

图6-3 调温调湿试验箱

方法2：主要适用于如原棉、粒状棉等松散状的矿物棉产品。

（1）首先将干燥至恒重的松散矿物棉产品装填到已经恒重的样品盒内，配到标称体积密度，称量并记录试样吸湿前质量。

（2）打开盒盖，使试样整体均匀温度不小于60℃，放入恒温恒湿养护箱内，并保证样品盒呈水平放置。

（3）操作方法同方法1中的（2）步骤。

C 结果计算

（1）质量吸湿率。高炉渣纤维管道保温制品的质量吸湿率按照式（6-3）来计算：

$$\omega_1 = \frac{m_1 - m_2}{m_2} \times 100\% \tag{6-3}$$

式中，ω_1 为质量吸湿率，%；m_1 为吸湿后的高炉渣纤维制品质量，kg；m_2 为干燥高炉渣纤维制品的质量，kg。

（2）体积吸湿率。高炉渣纤维管道保温材料制品的体积吸湿率按照式（6-4）来计算：

$$\omega_2 = \frac{V_1}{V_2} \times 100 = \frac{(m_1 - m_2) \times 100}{1000 \times V_2} = \frac{\omega_1 \cdot \rho}{1000} \tag{6-4}$$

式中，ω_2 为体积吸湿率，%；V_1 为高炉渣纤维制品中水分占有的体积，m^3；V_2 为高炉渣纤维制品的体积，m^3；ρ 为高炉渣纤维制品的容重，kg/m^3；1000为水密度，kg/m^3。结果保留到小数点后面一位。

6.1.2.4 高炉渣纤维制品抗压强度的测定

依据《矿物棉制品压缩性能试验方法》(GB/T 13480—1992),利用电子万能试验机进行压缩性能的测试。

(1) 测定装置:电子万能试验机,如图 6-4 所示。

图 6-4 电子万能测定机

(2) 测定方法:

1) 用游标卡尺分别测量试样四周的四处厚度,然后取其算术平均值,作为待检测试样的厚度。

2) 将测量后的试样平稳放入仪器的上下板之间,并使试样的上下表面与上下板表面紧密接触。测定机压缩速率设定为 5mm/min,定负荷 5000N,压缩移动位移根据所测量的样品厚度设定。

3) 设定压缩位移为试样厚度的 10%,当试样收缩 10% 时所显示的强度,即为所测样品的压缩强度。

6.1.2.5 高炉渣纤维制品燃烧性能的测定

根据国家安全部门要求的建筑保温材料应为 A 级不燃材料,所采用的高炉渣纤维是无机硅酸盐纤维的一种,属于不燃材料,满足要求。根据国家标准《建筑材料不燃性试验方法》(GB/T 5456—2010)对高炉渣纤维制品进行不燃性测试。

(1) 测定装置:马弗炉。

(2) 测定方法:分别将以聚乙烯醇溶液和以聚乙烯醇缩丁醛乙醇溶液为黏结剂制备的高炉渣纤维制品在 110℃ 的电热鼓风干燥箱内烘干至恒重,称量烘干后制品质量记为 m_1;将称量后的纤维制品放入马弗炉内,温度设定为 300℃,保温时间为 2h,冷却至室温后取出,称量纤维制品的质量记为 m_2。高炉渣纤维制品的质量损失按照式(6-5)进行计算:

$$w = \frac{m_1 - m_2}{m_1} \times 100\% \qquad (6-5)$$

式中，w 为纤维制品的质量损失分数，%；m_1 为纤维制品初始质量，g；m_2 为纤维制品燃烧后质量，g。

6.2 采用新型黏结剂所制纤维板性能分析

酚醛树脂等有机黏结剂通过添加一些偶联剂、矿物油等，应用于岩棉及矿物棉工业中，可以使纤维制品的机械强度和耐腐蚀性能等都能满足要求，是一种在技术上和经济上都比较可行的选择，但是此类黏结剂会污染环境，危害人体健康。因此开发能满足制品性能要求的环境友好型黏结剂，是矿物棉制品领域一个亟待解决的问题。

6.2.1 无机黏结剂

6.2.1.1 磷酸盐

磷酸盐类黏结剂属于无机黏结剂的一种，含铝磷酸盐类黏结剂具有固化温度低、黏结性能优良、耐候性好等特点，故采用磷酸二氢铝溶液作为黏结剂进行纤维制品制备实验。由于磷酸二氢铝显弱酸性，而实验所用高炉渣纤维耐酸性较差，实验过程中出现了黏结剂严重腐蚀纤维的现象。通过采用磷酸盐发泡方式，即添加碳酸钙，降低黏结剂酸性，可以降低其对纤维的腐蚀程度。但经检测分析后，以磷酸二氢铝为黏结剂的纤维制品容重较大，均在 $250 \sim 300 kg/m^3$ 之间，并且强度差、抗吸湿性差，所以磷酸盐类黏结剂体系不是制备高炉渣纤维管道保温材料的理想黏结剂。

6.2.1.2 水玻璃

水玻璃俗称泡花碱，为无定型硅酸钾或硅酸钠的水溶液，是以石英砂和纯碱为原材料，在玻璃熔炉中熔融，冷却后溶解于水而制成的气硬性无机胶凝材料。

水玻璃（$Na_2SiO_3 \cdot nH_2O$），无色、青绿或灰黄色黏稠液体。化学通式为 $R_2O \cdot nSiO_2$，式中 n 为水玻璃模数，一般在 $1.5 \sim 3.5$ 之间。水玻璃的模数 n 越大，则水玻璃黏度越大，黏结力越大，但越难溶于水。水玻璃可与水按任意比例混合成不同浓度的溶液。在同一模数下的水玻璃溶液中，浓度值越高，则黏结强度越高，其化学成分见表 6-2。

表 6-2 水玻璃的模数与主要化学成分

模数	化学成分/%		
	Na_2O	SiO_2	H_2O
2.37	17.8	42.2	40

液态水玻璃在使用后，与 CO_2 发生化学反应生成 SiO_2 凝胶。SiO_2 凝胶（$nSiO_2 \cdot mH_2O$）干燥脱水，析出固态 SiO_2 而使水玻璃硬化。由于这一过程非常缓慢，通常需要加入固化剂氟硅酸钠（Na_2SiF_6）以加快硅胶的析出，促进水玻璃的硬化。

水玻璃不燃烧，有较高的耐热性，具有良好的胶结能力，硬化后形成的硅酸凝胶能堵塞材料毛细孔而提高其抗渗性。

6.2.1.3　硅溶胶

硅溶胶其分子式为 $mSiO_2 \cdot nH_2O$，外观为无色透明溶液，黏度不超过 10^{-2} Pa·s（25℃），密度 1.15~1.17 g/cm³（25℃），其化学成分见表 6-3。

表 6-3　硅溶胶的 pH 值与化学成分

pH 值	化学成分/%		
	Na_2O	SiO_2	H_2O
2~4	<0.3	25~26	30~31

6.2.2　改性水玻璃黏结剂

6.2.2.1　湿法与半干法制备工艺对比

A　湿法制板和半干法制板容重对比[1]

配制浓度分别为 4%、6%、8%、10%、12%、14%、16% 水玻璃溶液，湿法制板中每个溶液称取 600g，将溶液倒入容器中，半干法每个称取 200g，将溶液倒入小喷壶中。高炉渣纤维称取 60g，选用 100mm×100mm×50mm 的模具，湿法制备高炉渣纤维板时，将高炉渣纤维分散成一层一层的，将其全部铺到放有黏结剂的容器中，然后搅拌 10min 使高炉渣纤维与黏结剂溶液均匀混合，取出浆料放在过滤网上控水 20min 后即可放入成型模具中。半干法制板时将高炉渣纤维一层一层地铺到模具中，每铺一层用小喷壶将黏结剂溶液在纤维上喷洒一次，喷洒需均匀，纤维层要薄铺整齐。将模具放在平板硫化机上压实到纤维板的高度为 40mm 的位置持续半个小时，将模具拿出脱模烘干。烘干温度分别设置到 120℃，烘干后称其重量，计算高炉渣纤维板的容重。图 6-5 为 120℃ 下不同浓度黏结剂湿法和半干法制备高炉渣纤维板的容重。

由图 6-5 可以看出，不管是半干法还是湿法制板，板的容重都随黏结剂的添加量的增加而增大。湿法成板容重比半干法要大得多。湿法制板工艺中黏结剂浓度为 16% 时的容重为 218.98kg/m³，而半干法制板黏结剂浓度为 16% 时的容重为 208.17kg/m³，湿法制板容重比半干法要大 10.81kg/m³。在黏结剂浓度为 12% 时，湿法工艺比半干法工艺容重竟然高出 12.75kg/m³，高出的容重占半干法制板容重的 7.1%。因此，若要降低纤维板的容重就可以考虑采用半干法制备工艺，

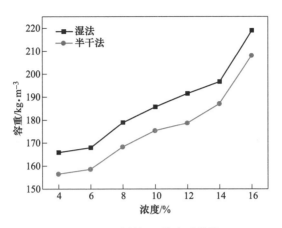

图 6-5　两种制板工艺容重曲线

但同时也应该保证板的力学性能应达到要求。

B　湿法制板和半干法制板质量吸湿率对比

将水玻璃浓度分别为 4%、8%、12%、16%，湿法和半干法制备的高炉渣纤维板分别在室内和恒温恒湿养护箱中放置。室内纤维板每天早中晚用温湿计各测量一次温度和湿度记录并求平均值，放置 4 天。恒温恒湿养护箱纤维板，按国标箱内温度设为 50±2℃，湿度控制在（95±3）%，放置 4 天，测定在所给定温湿度条件下纤维板的质量吸湿率。

（1）室内环境中板的质量吸湿率。图 6-6 为室内环境下纤维板的质量吸湿率。可以看出在这种温湿度环境下，湿法工艺和半干法工艺所制得的纤维板的质量吸湿率都随着黏结剂浓度的增大而增大。半干法工艺所制得的纤维板的质量吸湿率小于湿法工艺。

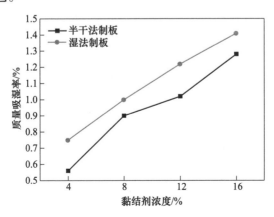

图 6-6　室内环境下纤维板的质量吸湿率

（2）按照《矿物棉及其制品试验方法》（GB/T 5480—2017）中吸湿性试验方法，检测高炉渣纤维保温板在恒温恒湿养护箱中（50±2℃、（95±3）%）板的质量吸湿率。分别采用湿法制板和半干法制备工艺制得的纤维板的质量吸湿率如图 6-7 所示。

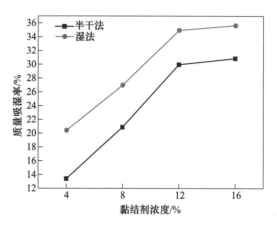

图 6-7　纤维板的质量吸湿率

在恒温恒湿养护箱中，湿法工艺和半干法工艺所制得的纤维板的质量吸湿率也都随着黏结剂浓度的增大而增大。半干法工艺所制得的纤维板的质量吸湿率小于湿法工艺。由于恒温恒湿养护箱中温湿度都高于实验室室内环境的温湿度，所以两种工艺制得的纤维板质量吸湿率都远远大于室内环境的，但湿法制板的质量吸湿率更大。质量吸湿率大，会导致保温板含水过多，在冬季保温板会被冻裂，从吸湿率角度考虑半干法工艺比较适合制备高炉渣纤维板。

C　湿法制板和半干法制板板的导热系数

分别采用湿法工艺和半干法工艺制成型号 300mm×300mm×40mm 的高炉渣纤维板，配制浓度为 4%、6%水玻璃溶液，湿法工艺称取 5400g 黏结剂溶液，半干法称取 1800g 黏结剂溶液。再各称取高炉渣纤维 630g，选用 300mm×300mm×40mm 的模具制板，制板方法分别按照湿法制板工艺和半干法制板工艺进行制备，烘干后按《塑料导热系数试验方法（护热平板法）》（GB 3399—1982）利用导热系数测定仪测导热系数，测定结果见表 6-4。

表 6-4　不同黏结剂浓度高炉渣纤维板的导热系数

黏结剂浓度/%	导热系数/W·(m·K)$^{-1}$	
	湿法	半干法
4	0.0293	0.0201
6	0.0362	0.0171

通过表6-4可以看出不论黏结剂浓度是4%还是6%，湿法制板板的导热系数均大于半干法，导热系数越小纤维板的保温效果越好。两种工艺下的纤维板导热系数都随黏结剂的增加而体现出不同的变化趋势，湿法工艺下，在黏结剂浓度为6%时湿法工艺所得板的导热系数接近0.04W/(m·K)，且还有增大的趋势，说明用湿法工艺制得纤维板的导热系数几乎不满足要求。而半干法工艺制板，纤维板的导热系数却随着黏结剂浓度的增加而减小了，而导热系数比湿法制板小了很多，导热系数与纤维板的孔隙率有直接关系，热量在固体中传递的速度远大于在气体中的速度，湿法制板使纤维板孔隙率减少，就相当于大部分热量通过固体传递，所以导热系数会大。同等条件下半干法制板比湿法制板保温效果好。

6.2.2.2 纤维板性能分析

A 力学性能分析

先称取聚乙烯醇0%、0.25%、0.5%、0.75%、1%加水浸泡12h，使其充分溶胀、饱满分散。然后放入85~95℃热水水浴中溶胀并逐步提高温度，用电磁搅拌器不断搅拌，速度为60~100r/min。为了避免剧烈的发泡，限制升温速度，一般不应超过150℃/h。溶解温度为95~100℃，将溶解充分的聚乙烯醇溶液放入冷水浴降温，使其迅速冷却，防止缓慢冷却成膜。将溶解好的聚乙烯醇溶液加入适量的水和水玻璃黏结剂，操作过程中先加水稀释后加水玻璃配置200g混合溶液。溶液配置结束后用搅拌棒搅匀。将配置好的水玻璃聚乙烯醇混合黏结剂倒入喷壶中，选用称取70g纤维棉，混合黏结剂中水玻璃的浓度为10%，制板然后测试纤维板的抗拉和抗压性能。表6-5为不同聚乙烯醇添加量的水玻璃黏结剂纤维板的抗压强度结果。

表6-5　不同聚乙烯醇添加量高炉渣纤维板的抗压强度

聚乙烯醇添加量/%	抗压强度/kPa
0	16.25
0.25	19.05
0.5	24.15
0.75	30.00
1	43.20

由表6-5可知，通过聚乙烯醇改性后高炉渣纤维保温板的抗压强度明显增大。随着添加量的增大，纤维板抗压强度显著提高。聚乙烯醇为有机黏结剂，黏结效果好，添加后与水玻璃共同作用使得纤维板结构稳定。

表6-6为不同聚乙烯醇添加量的保温纤维板的抗拉强度实验结果。由表6-6可知纤维板的抗拉强度随着聚乙烯醇添加量的增加而增大，而且增大幅度很大，改善效果明显。添加量在0.5g时就已经满足矿岩棉制品的抗拉强度要求。

表 6-6　不同聚乙烯醇添加量高炉渣纤维板的抗拉强度

聚乙烯醇含量/%	抗拉强度/kPa
0	7.5
0.25	9.321
0.5	13.782
0.75	16.362
1	20.551

图 6-8 为高炉渣纤维板扫描电镜照片。图 6-8（a）为只用水玻璃为黏结剂时纤维板的内部结构，能明显看出纤维与纤维能够黏结在一起，但纤维松散黏结得不够牢固。图 6-8（b）为 1% 聚乙烯醇改性后纤维板的内部结构，由图中可看出，纤维与纤维之间黏结得十分牢固，内部结构稳定，同时也证明了添加聚乙烯醇后，纤维板的抗拉压强度提高的现象。

(a) 只用水玻璃　　　　　　　　　　　　(b) 1% 聚乙醇改性

图 6-8　纤维板 SEM 分析

B　纤维板吸湿性分析

分别将高炉渣纤维板用 0.5g 氟硅酸钠和 1.5%、2.5% 硅烷偶联剂改性，制备黏结剂浓度分别为 4%、8%、12%、16% 的纤维板。按国标箱内温度（50±2℃）、湿度（95%±3%），放置 4 天，测定纤维板的质量吸湿率。表 6-7 为不同黏结剂浓度的高炉渣纤维板质量吸湿率。

表 6-7　不同黏结剂浓度的高炉渣纤维板质量吸湿率

浓度/%	质量吸湿率/%		
	氟硅酸钠（0.25%）	硅烷偶联剂（1.5%）	硅烷偶联剂（2.5%）
4	8.52	6.32	4.29
8	15.04	12.11	8.21
12	24.43	19.24	13.21
16	26.43	21.43	16.54

通过表6-7中的数据可知，加入氟硅酸钠确实减小了水玻璃的质量吸湿率，氟硅酸钠为难溶物质，200g 水中只能溶解 0.5g 氟硅酸钠，氟硅酸钠可以加快水玻璃的固化速率，又能提高水玻璃的抗压强度降低吸湿性。硅烷偶联剂能和水玻璃反应生成大的官能团，减小了水玻璃中钠离子和羟基的外露，从而减小吸湿率。从表中可看出加入量越大吸湿率越小，但200g 水玻璃溶液中超过5g硅烷偶联剂后就会和水玻璃反应结膜，直接生成了块状白色固体。限制了改善水玻璃的质量吸湿率。

C　纤维板燃烧性能分析

高炉渣纤维属于无机纤维，为不燃性材料。以水玻璃为黏结剂制备的高炉渣纤维保温板为无机纤维保温板。由于无机黏结剂黏性较差，在制备高炉渣纤维保温板时添加了有机物聚乙烯醇改性以提高它的力学性能，这在一定程度上必定会对高炉渣纤维保温板的燃烧性能产生负面影响。评价纤维制品燃烧性能的好坏主要取决于有机物的添加量。因此，为了确定实验所制备的高炉渣纤维板的最高使用温度，需要对其进行燃烧性能的测试。

按照纤维制品的质量损失公式，计算燃烧后纤维质量损失分数，结果见表6-8。由表6-8可以看出，纤维制品在烘烤后，纤维制品的质量损失随着马弗炉温度的提高而增大。这是因为纤维板中含有有机物聚乙烯醇，耐高温性能差，随着温度的不断提高，聚乙烯醇发生氧化反应，最终丧失黏结性能，部分纤维也会随着脱落。

表 6-8　不同聚乙烯醇添加量的高炉渣纤维制品在不同温度下的质量损失

聚乙烯醇添加量/g	质量损失/%	
	300℃	500℃
1	0.044	0.047
2	0.045	0.066

燃烧性能的测试选用的黏结剂中聚乙烯醇含量分别是为 0.5% 和 1%，半干法制备工艺，固化温度 120℃ 下制备的纤维制品。将其放入马弗炉中分别在 300℃、500℃ 下保温 2h，并记录纤维制品烘烤后的质量。测试前后高炉渣纤维保温板外形如图 6-9~图 6-11 所示。其中，图 6-9 为测试前纤维板外观形貌图片；图 6-10 为将纤维板放入马弗炉中，温度升至 300℃ 恒温 2h 后的外观形貌；图 6-11 为将纤维板放入马弗炉中，温度升至 500℃ 恒温 2h 后的外观形貌。

可以看出，烘烤前纤维制品呈现暗黄色微白，300℃ 烘烤后，纤维制板表面的部分黏结剂被氧化而变黑，并伴随有质量损失，但质量损失较少。当烘烤温度升高到 500℃ 时，纤维板表面颜色变浅，呈现灰白色，纤维制品中的有机黏结剂基本被氧化完全，同时质量损失也增加，但总体来说损失率很小，实验过程中没

(a) 聚乙烯醇添加量为0.5%　　　　　　(b) 聚乙烯醇添加量为1%

图 6-9　纤维制品初始图片

(a) 聚乙烯醇添加量为0.5%　　　　　　(b) 聚乙烯醇添加量为1%

图 6-10　300℃烘烤后纤维制品

(a) 聚乙烯醇添加量为0.5%　　　　　　(b) 聚乙烯醇添加量为1%

图 6-11　500℃烘干后纤维制品

有出现黑烟，也无太多刺激性气味。内部黏结无明显变化，板的形态和内部较为稳定，因为纤维板主要以水玻璃为黏结剂，聚乙烯醇只作为改性剂部分添加。水玻璃固化后耐高温，温度到1000℃以下基本保持稳定。所以以水玻璃为主要黏结剂用聚乙烯醇改性制成的纤维板具有阻燃的特点。

综合以上对水玻璃黏结剂体系的优化可以发现，将适量聚乙烯醇加入水玻璃中作为黏结剂，可以使纤维板的抗压强度和抗拉强度满足相关标准要求，并且此时纤维制品具有较强的阻燃性能，然而由于水玻璃自身易溶于水的特点，用水玻璃黏结剂体系制备的纤维板的吸湿率较大，不能满足标准要求。因此在应用水玻璃黏结剂体系制备的纤维板或其他纤维制品时，应考虑不同的环境因素影响，特别是尽量避免潮湿环境，可应用于不易与水接触的高温炉外壳或管道的保温。

6.2.3 改性硅溶胶黏结剂

采用半干法制备工艺，利用改性硅溶胶为黏结剂体系制备高炉渣纤维板，并进行了纤维板性能测试。

6.2.3.1 硅溶胶黏结剂体系

改性硅溶胶黏结剂的配制：采用硅溶胶及硼砂对聚乙烯醇黏结剂进行改性处理。分别按质量分数2%、3%、4%、5%称取聚乙烯醇固体与适量水，首先将聚乙烯醇在室温水中浸泡1~2h，之后在90~100℃水浴中使用电磁搅拌1~2h，使聚乙烯醇全部溶解，得到四种浓度的聚乙烯醇溶液储存备用；分别按照浓度5%、10%、15%、20%向聚乙烯醇溶液中加入硅溶胶（不考虑硅溶胶固含量，即把硅溶胶看作100%浓度）；最后将配制的浓度为3%的硼砂溶液，按聚乙烯醇用量的0.0%、0.1%、0.2%、0.3%对聚乙烯醇、硅溶胶混合液进行改性。

首先制备了纯聚乙烯醇作为黏结剂的一组试样，用来作为对比试样，聚乙烯醇浓度分别为2%、3%、4%、5%。本实验中影响试样性能的因素较多，因此采用正交实验的方法，按照聚乙烯醇、硅溶胶、硼砂不同配比设计正交实验，实验方案见表6-1（硼砂百分含量为所占聚乙烯醇用量的质量百分数）。考虑到要进行多项性能测试，并最大程度避免实验中测量误差的影响，每组试样均以相同工艺条件制备多个进行测试[2]。

6.2.3.2 纤维板性能分析

A 容重计算

在制备高炉渣纤维板之前各纤维板的设计容重均为150kg/m³，而实际容重因添加黏结剂的量不同而有所差异。通过对各纤维板的质量进行测试，计算出各个纤维板的实际容重如图6-12所示。由于硅溶胶在所配制的黏结剂中所占的质量分数较大，因此纤维板的容重受硅溶胶含量的影响较大。纤维板的容重范围大约在155~185kg/m³之间。

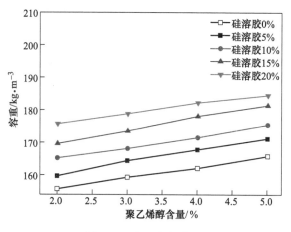

图 6-12 容重变化曲线

B 纤维板吸湿性及憎水性分析

纤维板质量吸湿率及憎水性测试结果分别如图 6-13 和图 6-14 所示。

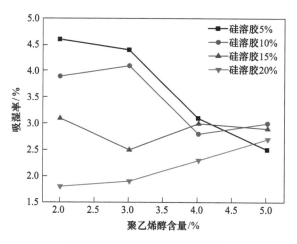

图 6-13 质量吸湿率变化曲线

按照《绝热用岩棉、矿渣棉及其制品》（GB/T 11835—2016）对吸湿性及憎水性的要求，质量吸湿率不超过 5.0%、憎水率在 98% 以上的试样满足要求，由图 6-13 可见试样的质量吸湿率均满足要求，如图 6-14 中所示虚线以上的试样满足憎水性要求。

从吸湿性和憎水性的实验结果变化曲线来看，两者的变化趋势随试样所用黏结剂种类和用量的变化趋势大体相同。对质量吸湿率来说，硅溶胶是最主要影响因素，硼砂次之；对于憎水率来说，硼砂是最主要影响因素，其次受到硅溶胶浓

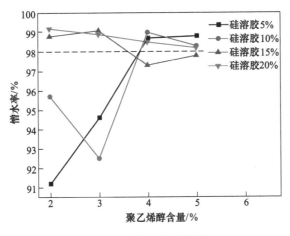

图 6-14　憎水率变化曲线

度的影响。硅溶胶及硼砂用量是影响质量吸湿率与憎水率的关键因素。主要是因为聚乙烯醇本身是溶于水的，而硼砂在黏结剂中起到了交联剂的作用，黏结剂溶液中的聚乙烯醇与硼砂发生交联反应而提高了憎水性。满足要求的各组试样黏结剂配比见表 6-9。

表 6-9　满足憎水性要求的试样黏结剂配比

试样编号	黏结剂各成分组成/%		
	聚乙烯醇	硅溶胶	硼砂
FB_3	2	15	0.2
FB_4	2	20	0.3
FB_7	3	15	0.3
FB_8	3	20	0.2
FB_9	4	5	0.2
FB_{10}	4	10	0.3
FB_{13}	5	5	0.3
FB_{14}	5	10	0.2

　　对比 FB_7 试样（即黏结剂的配比为聚乙烯醇含量 3%、硅溶胶含量 15%、硼砂含量为聚乙烯醇用量的 0.3%）与分别用浓度为 16% 的水玻璃、5% 的聚乙烯醇以及 25% 的硅溶胶作黏结剂的纤维板的润湿角大小，测试结果如图 6-15 所示。可以发现，改性聚乙烯醇作黏结剂的纤维板的润湿角增大很多，也说明其憎水性能得到极大改善。

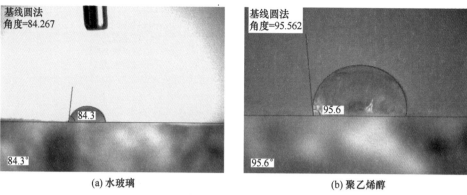

图 6-15 不同黏结剂的纤维板的润湿角

C 纤维板导热系数分析

纤维板的导热系数曲线如图 6-16 所示。

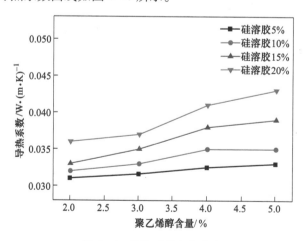

图 6-16 导热系数变化曲线

对比纤维板的容重变化曲线可以发现,导热系数的变化趋势与容重变化趋势基本一致,也就是说纤维板的导热系数随容重的增大而逐渐增大。而极差分析的结果也表明硅溶胶浓度是影响导热系数的最主要因素,其次是聚乙烯醇浓度的影响。硅溶胶在黏结剂中百分含量最多,对容重的影响最大。如试样 FB_1、FB_2、FB_3 和 FB_4,在聚乙烯醇用量相同条件下,随硅溶胶百分数从 5% 增大到 20%,容重从 159.7kg/m³ 增大到 175.8kg/m³,导热系数从 0.031W/(m·K) 增大到 0.036W/(m·K);在相同硅溶胶用量的条件下,导热系数随聚乙烯醇用量的增多而逐渐增大,如试样 FB_1、FB_5、FB_9 和 FB_{13},在硅溶胶用量相同条件下,随聚乙烯醇百分数从 2% 增大到 5%,导热系数从 0.031W/(m·K) 增大到 0.033 W/(m·K)。从结果可以看出,在本实验中所使用的改性聚乙烯醇黏结剂,其成分对导热系数的影响不大,主要是黏结剂用量影响着高炉渣纤维板的导热系数。

D 纤维板热荷重收缩温度分析

纤维板热荷重收缩温度的测试结果如图 6-17 所示。从极差分析以及不同黏结剂配比的纤维板热荷重收缩温度的变化曲线可以看出,影响热荷重收缩温度的最主要因素是硅溶胶浓度,其次是聚乙烯醇含量(也就是黏结剂中有机成分)所占的比重。

从图 6-17 中可以看出,随着改性聚乙烯醇黏结剂中硅溶胶用量的增多,相应的纤维板热荷重收缩温度也越高;而对于相同硅溶胶用量的纤维板,其热荷重收缩温度随着黏结剂中聚乙烯醇浓度的增大而逐渐降低。

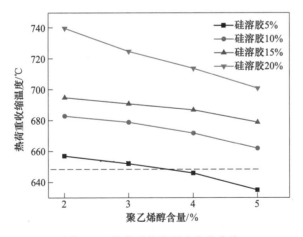

图 6-17 热荷重收缩温度变化曲线

分析其原因主要是加热到较高温度后,黏结剂中的有机成分会逐渐丧失黏结性能,使试样在外力作用下抵抗变形的能力减弱,这可以用以聚乙烯醇为黏结剂的岩棉板的燃烧实验来说明。

配制浓度为 4% 的聚乙烯醇溶液作黏结剂，按照上述工艺流程制备三组高炉渣纤维板，并将烘干得到的试样称重，然后在马弗炉中 500℃ 恒温 3h，取出试样再称重。试样加热前后的质量见表 6-10。加热前后的试样如图 6-18 所示。

表 6-10   加热前后试样质量变化

试样编号	纤维质量/g	聚乙烯醇添加量/g	试样质量/g		质量损失量/g
			烘烤前	烘烤后	
1	60	3.6	63.3	60.3	3
2	60	3.6	63.1	60.2	2.9
3	60	3.6	63.2	60.3	2.9

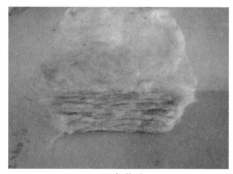

(a) 加热前   (b) 加热后

图 6-18   试样在加热前后的外观

由图 6-18 可以看出，在 500℃ 条件下加热后，试样变得松散，而且由表 6-10 可以看出试样的质量损失均较大，烘烤后的试样质量基本与制备试样所用高炉渣纤维的质量一致。可见在 500℃ 高温条件下，聚乙烯醇黏结剂基本氧化完全，试样也丧失了黏结性能。

E   纤维板强度分析

不同黏结剂配比的纤维板压缩强度曲线如图 6-19 所示，图中（a）~（d）分别是黏结剂中硼砂用量为聚乙烯醇用量的 0.0%~0.3% 的各组试样。由图中可以看出，随着黏结剂中硼砂用量的增多，纤维板的压缩强度逐渐增大；在相同硼砂用量条件下，纤维板的压缩强度随聚乙烯醇用量的增加而逐渐增大。

不同黏结剂配比的纤维板抗拉强度如图 6-20 所示，由图中可以看出，纤维板的抗拉强度同样随着黏结剂中硼砂用量的增多而增大；在相同硼砂用量的条件下，除没有添加硼砂的各组试样外，抗拉强度也随着聚乙烯醇用量的增加而逐渐增大。

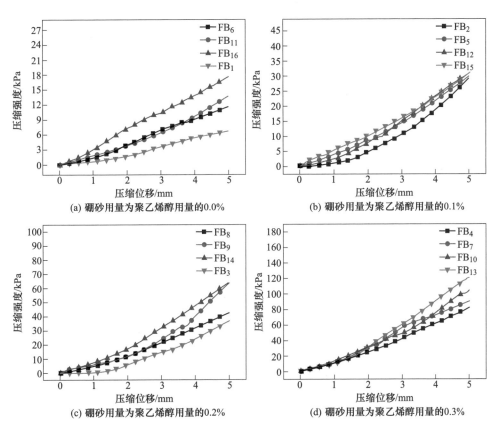

图 6-19 纤维板压缩强度曲线

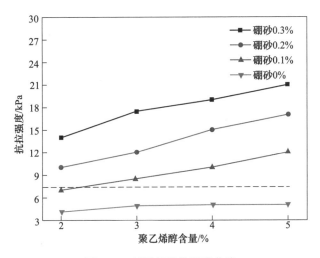

图 6-20 纤维板抗拉强度曲线

结合表 6-1 改性聚乙烯醇黏结剂中各成分配比来分析，在没有添加硼砂时，压缩强度和抗拉强度最大的试样是 FB_{16}，压缩强度值为 13.84kPa，抗拉强度值为 5.1kPa；当硼砂用量为聚乙烯醇用量的 0.3% 时，强度最低的试样 FB_4 的压缩强度和抗拉强度已经分别达到 62.59kPa 和 14.9kPa，而强度最大的试样 FB_{13} 的压缩强度和抗拉强度则分别达到 90.96kPa 和 21.1kPa，远远大于黏结剂中没有添加硼砂的情况。

从以上分析可以发现，影响纤维板压缩强度与抗拉强度的主要因素是硼砂的用量，与加入适量硼砂能改良纤维板的吸湿性与憎水性的原因一致，适量的硼砂会与聚乙烯醇发生交联反应，形成—B—O—C—键，极大改善了纤维板的耐水性与强度。硼砂与聚乙烯醇的化学反应式如下所示：

$$
\begin{array}{c}
\text{CH}_2 \\
\text{CH—OH} \\
\text{CH}_2 \\
\text{CH—OH} \\
\text{CH}_2
\end{array}
+\text{Na}_2\text{B}_4\text{O}_7 \cdot 10\text{H}_2\text{O} \rightarrow
\begin{array}{c}
\text{CH}_2 \quad\quad \text{CH}_2 \\
\text{CH—O} \quad \text{O—CH} \\
\text{CH}_2 \quad\; \text{B} \quad\; \text{CH}_2 \\
\text{CH—O} \quad \text{O—CH} \\
\text{CH}_2 \quad\quad \text{CH}_2
\end{array}
\tag{6-6}
$$

类似的，硅溶胶与聚乙烯醇混合后会形成—Si—O—C—键，同样有利于改善纤维板的耐水性及强度。

6.3　高炉渣纤维板结构优化

对不同容重的纤维板的强度及导热系数进行了测试，以此来分析纤维板的强度、导热系数与容重之间的关系。通过分析纤维板导热半经验模型，印证了在同等制备工艺条件下，容重是影响纤维板导热系数的主要因素，并得到了能提高半经验模型精度的确定散射系数 N' 的方法。通过分析发现，纤维板的孔隙率、纤维体积分数以及纤维空间分布形式都在一定程度上影响着纤维板的导热系数和强度。主要目的是想通过对纤维板传热及强度的分析，来确定纤维板适宜的容重范围，并对内部结构如孔隙率、纤维分布形式等参数进行合理优化，对高炉渣纤维板的设计提供有价值的参考。

6.3.1　不同容重对纤维板性能的影响

纤维型多孔材料的传热是一个纤维与纤维之间、纤维与空气之间以及空气与空气之间的传热相互耦合的过程，并随着纤维材料的孔隙率及纤维排布方式的不同，热量传输可能以对流、辐射、传导三种传热方式中的一种或几种为主，其传热过程相当复杂，并且影响因素非常多[3]。对纤维型多孔材料传热问题的分析一般采取简化解析法或折合有效导热系数法，并且由于在纤维型多孔材料整个传热过程中，不同传热方式相互影响、相互耦合而造成解析法的复杂性，一般在研究及评价材料的导热性能时，多使用"有效导热系数"或"表观导热系数"的概念[4]。

6.3.1.1 考虑辐射与传导的模型

A 纤维与空气的传导传热

在很多对纤维型多孔材料的研究中，一般认为对流方式传热对整体热量传输的贡献很小，都直接将对流传热方式的影响忽略掉了，则总的热导率 λ'_{app} 可以表示为：

$$\lambda'_{app} = \lambda'_{af} + \lambda'_r \tag{6-7}$$

式中，λ'_{af} 为通过纤维、空气以及它们之间相互作用的传导热导率；λ'_r 为纤维材料内的辐射热导率。

Bankvall 通过研究导热系数的两个极限值，简化了热量通过纤维与空气的传输过程。这种简化方法假设纤维型多孔材料内一个单元体的内部结构如图 6-21 所示，图中阴影部分表示纤维相，空白部分表示空气相。w 表示纤维与空气在热量传输方向上并联部分的百分比，$1-w$ 表示纤维与空气在热量传输方向上串联部分的百分比。ε_p、ε_s 分别表示并联部分与串联部分的孔隙率，λ'_a、λ'_f 分别表示空气与纤维的热导率，由此给出总的热导率如式（6-8）所示：

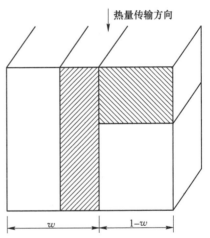

图 6-21 纤维型多孔材料单元体简化模型

$$\lambda'_{af} = w[\varepsilon_p\lambda'_a + (1 - \varepsilon_p)\lambda'_f] + (1 - w)\frac{\lambda'_a \cdot \lambda'_f}{\varepsilon_s\lambda'_f + (1 - \varepsilon_s)\lambda'_a} \tag{6-8}$$

模型考虑了纤维与空气的传导以及纤维与纤维间、纤维与空气间的接触热传导，并引入了纤维在材料内部不同排列方向的影响，难点主要在于虽然纤维型多孔材料总的孔隙率容易确定，但纤维与空气并联部分与串联部分各自的孔隙率 ε_p、ε_s 均难以确定。

B 纤维材料辐射传热

纤维型多孔材料内的辐射传热同样是一个非常复杂的过程，辐射的热量在纤维型多孔材料内部会被纤维吸收、反射、散射以及传输，因此很难建立一个准确的数学模型来描述纤维型多孔材料的辐射传热。很多简化的辐射传热模型都是建立在一定假设的基础之上。为了研究纤维形成的网状结构的辐射热传导，将纤维型多孔材料近似为间距为 h 的一层层不透明的黑体薄片，如图 6-22 所示。

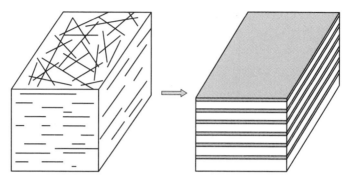

图 6-22 纤维型多孔材料近似模型

薄片厚度与纤维直径一致，并使各层薄片所占体积的密度与纤维型多孔材料一致。如果纤维的直径与密度分别为 d 和 ρ_1，纤维型多孔材料密度为 ρ_2，单位厚度上有 m 层薄片，则薄片间的间距 h 可以表示为式（6-9）的形式：

$$h = \frac{1}{m} = \frac{d}{\rho_2/\rho_1} \tag{6-9}$$

如果相邻两个不透明黑体薄片的绝对温度分别为 T_1、T_2，则它们之间的辐射热流为：

$$\Phi_r = \sigma'(T_1^4 - T_2^4) \tag{6-10}$$

从而给出"有效导热系数"中的辐射分量 λ_r 为：

$$\lambda_r' = \frac{\sigma'(T_1^4 - T_2^4)h}{T_1 - T_2} \cdot \frac{\rho_1}{\rho_2} \tag{6-11}$$

6.3.1.2 纤维板导热半经验模型分析

A 矿物棉类纤维型多孔材料半经验模型的验证

为简化纤维内部复杂结构的影响，提出了以容重为主要的参数的矿物棉板导热系数的半经验模型。

假设对流传热方式对总的热量传输的影响可以忽略，则可以把通过纤维板的总热量 Φ 表示为式（6-12）形式：

$$\Phi = \Phi_a + \Phi_f + \Phi_r \tag{6-12}$$

式中，Φ_a 为通过孔隙间的空气传输的热量；Φ_f 为通过纤维传输的热量；Φ_r 为通过辐射方式传输的热量。

相应的总的热导率（即导热系数）λ'_{app} 可以表示为通过空气与纤维的传导以及通过辐射的热导率的叠加，如式（6-13）所示：

$$\lambda'_{app} = \lambda_a' + \lambda_f' + \lambda_r' \tag{6-13}$$

式中，λ'_a 为空气传导热导率；λ'_f 为纤维传导热导率；λ'_r 为辐射热导率。

在忽略对流传热方式的条件下，可以将纤维制品总的热导率表示为：

$$\lambda'_{app} = \lambda'_a + L\rho + \lambda'_r \tag{6-14}$$

式中，ρ 为试样的容重，kg/m^3；L 为传导过程中的参数，$L = (\lambda'_f + \lambda'_{fa})/\rho$，$\lambda'_{fa}$ 为纤维和空气相互影响的热导率；$L\rho$ 为纤维传导热导率以及纤维和空气相互影响的热导率。

通过分析实验数据，发现 L 近似为一个与纤维制品容重无关的常数，对于矿物纤维等密度较低的隔热材料，一般取值为 $L = 4 \times 10^{-5}$。空气传导热导率取值为 $\lambda'_a = 0.026 W/(m \cdot K)$。假设纤维材料是完全散射而没有吸收的，给出的辐射热导率 λ'_r 计算方法如式（6-15）所示：

$$\lambda'_r = \frac{\sigma'(T_H^2 + T_C^2)(T_H + T_C)}{\rho N' + \left(\dfrac{1}{e_H} + \dfrac{1}{e_C} - 1\right) \cdot \dfrac{1}{D}} \tag{6-15}$$

式中，D 为试样厚度，m；N' 为由实验确定的散射系数，m^2/kg；T_H，T_C 分别为热板和冷板的温度，K；e_H，e_C 分别为热板和冷板的发射率，这里取值均为 0.95。

综合以上分析，总的热导率可以表示为：

$$\lambda'_{app} = \lambda'_a + L\rho + \frac{\sigma'(T_H^2 + T_C^2)(T_H + T_C)}{\rho N' + \left(\dfrac{1}{e_H} + \dfrac{1}{e_C} - 1\right) \cdot \dfrac{1}{D}} \tag{6-16}$$

进行岩棉板导热系数测试的主要实验参数见表 6-11。

表 6-11 实验参数

试样容重/kg·m⁻³	试样厚度/m	冷板温度/K	热板温度/K
40~180	0.05	293	313

为了比较纤维板导热系数的测量值与利用半经验模型得到的计算值，首先需要利用测量值确定散射系数 N'，考虑在较低容重时对流传热方式可能影响热量传输，因此选择容重最大的试样的测量结果来计算散射系数 N'。容重为 $180 kg/m^3$ 的试样导热系数的测量值为 $0.0362 W/(m \cdot K)$，利用式（6-16）计算散射系数 N' 如下：

$$0.0362 = 0.026 + 4 \times 10^{-5} \times 180 + \frac{5.67 \times 10^{-8} \times (313^2 + 293^2)(313 + 293)}{180N' + \left(\dfrac{1}{0.95} + \dfrac{1}{0.95} - 1\right) \times \dfrac{1}{0.05}} \tag{6-17}$$

经计算 $N' = 11.5735 m^2/kg$，将计算得到的散射系数 N' 代入式（6-16），则可以利用半经验模型来计算不同容重的纤维板的导热系数，测量值与计算值见表 6-12。

表 6-12　不同容重高炉渣纤维板导热系数的测量值与计算值

容重/kg·m^{-3}	导热系数/W·(m·K)$^{-1}$	
	测量值	计算值
40	0.0409	0.0406
60	0.0364	0.0372
80	0.0342	0.0359
100	0.0335	0.0354
120	0.0339	0.0353
140	0.0349	0.0354
160	0.0355	0.0358
180	0.0362	0.0362

纤维板导热系数的测量值与计算值相比较如图 6-23 所示。

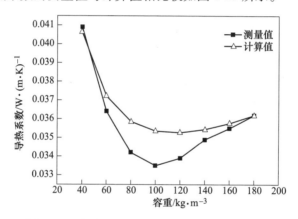

图 6-23　纤维板导热系数测量值与计算值的比较

从图 6-23 中发现，用半经验模型得到的纤维板导热系数的计算值与测试值的变化趋势大致相同，但在容重 80~140kg/m³ 的区间误差较大。

如果使用另一种方法来确定散射系数 N'，即利用各个导热系数的测量值分别确定 N'，然后再取平均值，可以得到 $\overline{N'} = 13.99$m²/kg，将散射系数的平均值 $\overline{N'}$ 代入式（6-16），可以得到纤维板导热系数的计算值见表 6-13。

表 6-13　不同容重高炉渣纤维板导热系数的计算值

容重/kg·m^{-3}	40	60	80	100	120	140	160	180
计算值/W·(m·K)$^{-1}$	0.0385	0.0357	0.0347	0.0344	0.0345	0.0348	0.0352	0.0357

此时纤维板导热系数的测量值与计算值相比较如图 6-24 所示。

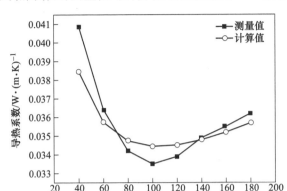

图 6-24 纤维板导热系数测量值与计算值比较

从图 6-23 和图 6-24 比较来看,使用不同的方法来确定散射系数 N',得到的模型的精度是不同的。计算值与测量值的均方根误差用式(6-18)来表示[5]:

$$R = \sqrt{\frac{\sum_{i=1}^{8} \Delta\lambda'^2}{8}} \qquad (6-18)$$

式中,$\Delta\lambda' = \left| \dfrac{\lambda'_c - \lambda'_t}{\lambda'_t} \right| \times 100\%$。其中,$\lambda'_c$ 为导热系数的计算值,λ'_t 为导热系数的测量值。

两种不同确定散射系数 N' 的方法得到的半经验模型的计算值与测量值的均方根误差分别为 3.20% 和 2.58%,显然第二种方法得到的半经验模型的精度要高一些。而分别比较两种方法得到的半经验模型的计算值与测量值的最大偏差 $\Delta\lambda'$ 发现,第一种方法的最大 $\Delta\lambda'$ 出现在容重为 100kg/m³ 时,为 5.67%;第二种方法的最大 $\Delta\lambda'$ 出现在容重为 40kg/m³ 时,为 5.87%,在容重为 100kg/m³ 时 $\Delta\lambda'$ 减小到 2.69%,计算值与测量值的最大偏差 $\Delta\lambda'$ 主要受到纤维板容重的影响。

岩棉板、高炉渣纤维板这类纤维型多孔材料内部包含很多相互连通的开孔,由于这些开孔的存在,使得对流传热对整个热量传输的贡献不容忽视,特别是在纤维型多孔材料的容重较小的情况下。这里也把第二种方法计算值与测量值的最大 $\Delta\lambda'$ 出现在容重为 40kg/m³(最小)的原因归结为在容重较小时对流传热方式的影响,因为在以上半经验模型中并没有考虑对流传热方式。

在实际的工程应用中,容重较低的纤维板因其强度低、导热系数大很少广泛使用,因此使用第二种方法来确定半经验模型中的散射系数 N',来提高较大容重纤维板导热系数的计算值的精度,更有实际意义。当然在使用第二种方法时,首先需要对多组不同容重的纤维板的导热系数进行测试，用于确定散射系数 N'。

　　B　矿物棉类纤维型多孔材料最优孔隙率

　　以上用于分析纤维板导热的半经验模型中主要参数是纤维板容重，然而一个与容重密切相关的参数，即纤维板的孔隙率同样不容忽视。对于岩棉、高炉渣纤维这类纤维制品，其制备工艺大体相同，如对纤维板来说，其制备工艺为：将施加黏结剂后的矿物纤维在沉降室内形成厚度分布均匀的棉毡，棉毡在沉降室出来后经加压辊预压然后进入固化炉进行热处理，使黏结剂固化，形成结构和形状都固定的板类制品。这也就造成对于同一容重的纤维制品来说，其孔隙率大体相同。

　　在纤维板导热的半经验模型中引入容重这一参数，实际上也就代表了纤维板在普通生产工艺条件下某一个确定的孔隙率值，而不能理解为只要容重一定，不管纤维制品内部的纤维如何分布以及孔隙率大小，都能应用上述半经验模型分析纤维板的导热。

　　依据《绝热用岩棉、矿渣棉及其制品》（GB/T 11835—2016），对纤维板制品有机物含量的要求为不超过 4%，这个量相对纤维制品来说还是很小的。如果忽略黏结剂的影响，可以对上文中所用岩棉板的孔隙率进行分析。

　　纤维的体积分数可由式（6-19）计算[6]：

$$V_f = \frac{m_f/\rho_f}{m_c/\rho_c} \qquad (6-19)$$

式中，V_f 为纤维体积分数，%；m_f 为纤维板中纤维的质量，kg；m_c 为纤维板试样的质量，kg；ρ_f 为岩棉纤维密度，kg/m^3；ρ_c 为纤维板容重，kg/m^3。

　　纤维板的孔隙率 ε_c 如式（6-20）所示：

$$\varepsilon_c = 1 - V_f \qquad (6-20)$$

　　对上文中所用岩棉板的孔隙率进行计算结果见表 6-14。

表 6-14　不同容重岩棉板的孔隙率

纤维板容重/kg·m^{-3}	40	60	80	100	120	140	160	180
孔隙率/%	98.58	97.87	97.16	96.44	95.73	95.02	94.31	93.60

　　通过不同容重岩棉板导热系数测试及上述孔隙率计算，本实验条件下导热系数最小的是容重为 100kg/m^3 的岩棉板，其对应的最优孔隙率为 96.44%。这一结果与 Du Ning 等[7] 通过数学模型计算的纤维多孔材料的最优孔隙率 97% 非常接近，这一孔隙率值可以成为未来设计纤维制品孔隙率的重要参考值。

6.3.2　不同纤维三维取向对纤维板性能的影响

　　以上纤维型多孔材料的传热模型分析及岩棉纤维板实验分析都是针对纤维在

厚度方向上平行分层，在同一层内随机排列的形式，如图 6-25（a）所示，而没有涉及纤维在空间内具有三维分布的形式，如图 6-25（b）所示。

(a) 纤维平行分层分布   (b) 纤维三维分布

图 6-25　高炉渣纤维板剖面图

目前针对纤维在空间三维分布的纤维型多孔材料的传热分析中，多利用数值模拟的方法[8]，得出的结论普遍认为：当纤维平行分层分布时，纤维在平面内的旋转角度对纤维材料的热传导影响可忽略不计；当纤维在空间内三维分布时，即纤维与传导平面之间存在一定夹角时，则随着夹角的增大，材料的有效导热系数逐渐增大，直到纤维与传导平面垂直时，纤维材料的导热系数达到最大。上述结论可以用图 6-26 来说明，即纤维在垂直于传导平面内的旋转角度 β 对纤维材料的热传导影响可忽略，而导热系数随着夹角 α 的增大而逐渐增大。

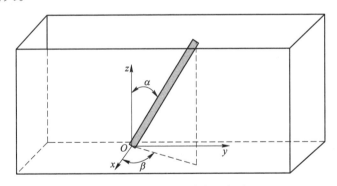

图 6-26　纤维空间分布示意图

很多科研工作者在用以上方法分析时忽略了纤维制品中黏结剂的影响，特别对于纤维平行分层分布的制品，认为纤维与纤维之间的接触可以忽略。而对于实际的矿物纤维制品来说，由于在制备过程中施加了适量黏结剂，纤维与纤维之间的黏结情况良好，纤维与纤维之间的接触对制品导热系数的影响就不容忽视。

通过优选出的黏结剂配比：聚乙烯醇 3%、硅溶胶 15%、硼砂为聚乙烯醇用量的 0.3%，制备容重为 100kg/m³ 纤维平行分层分布的高炉渣纤维板和打褶高炉渣纤维板进行导热系数和强度测试，两种纤维板均随机取 5 批次进行测试取平均值，得到结果见表 6-15。

表 6-15 普通高炉渣纤维板和打褶高炉渣纤维板性能比较

纤维板类型	容重/kg·m⁻³	导热系数 /W·(m·K)⁻¹	压缩强度/kPa	抗拉强度/kPa
普通高炉渣纤维板	100.57	0.0341	22.3	4.6
打褶高炉渣纤维板	100.16	0.0342	27.5	8.7

由以上测试结果可以看出，对于相同容重的普通高炉渣纤维板和经过打褶处理的高炉渣纤维板，其导热系数的差别不大，并不像利用数值仿真方法得出的结果那样，纤维三维分布的纤维板的导热要比纤维平行分层分布的纤维板的导热大很多。这主要是因为在实际的纤维制品中，由于黏结剂的存在，纤维与纤维之间的接触不能被忽略，而纤维与纤维之间的接触主要对纤维平行分层分布形式的制品产生的影响较大，造成其导热系数增大，其结果是如图 6-25（a）所示这类纤维制品的导热系数并不比图 6-25（b）这类制品的导热系数小很多。而从压缩强度与抗拉强度的测试结果来看，相比普通高炉渣纤维板，打褶高炉渣纤维板的压缩强度和抗拉强度均有显著提高。综上所述，在相同容重及黏结剂添加量的条件下，使纤维在制品内部呈现三维分布的状态，可以在不提高制品导热系数的前提下使其强度显著提高。

本章通过以上分析可以得出如下结论：同等条件下半干法制板比湿法制板效果好；水玻璃黏结剂纤维板自身吸湿性大，脆性大，通过加入聚乙烯醇能改善其抗压强度和吸湿性；综合衡量高炉渣纤维板的各项性能，满足国标要求的两组结剂配比分别为：聚乙烯醇 3%、硅溶胶 15%、硼砂为聚乙烯醇用量的 0.3% 以及聚乙烯醇 4%、硅溶胶 10%、硼砂为聚乙烯醇用量的 0.3%。此外，对于实际纤维制品，纤维在材料内的三维分布形式能在不提高导热系数的前提下使纤维材料的强度得到显著提升。

参 考 文 献

[1] 张建松. 高炉渣纤维保温板的制备与性能优化 [D]. 唐山：华北理工大学，2015.
[2] 张遵乾. 熔融高炉渣成纤技术及纤维制品研究 [D]. 秦皇岛：燕山大学，2015.
[3] 陆煜，程林. 传热原理与分析 [M]. 北京：科学出版社，1997：4.
[4] 刘维. 木棉保暖材料及其保温机理的研究 [D]. 上海：东华大学，2011：76.

［5］Machado H A. Modeling heat transfer with micro-scale natural convection in fibrous insulation ［J］. Journal of the Brazilian Society of Mechanical Sciences & Engineering, 2014, 36（4）: 847-857.

［6］黄英. 玻璃纤维层合板孔隙率的测定研究 ［J］. 玻璃纤维, 2012（6）: 10-12.

［7］Du N, Fan J, Wu H. Optimum porosity of fibrous porous materials for thermal insulation ［J］. Fibers & Polymers, 2008, 9（1）: 27-33.

［8］Arambakam R, Tafreshi H V, Pourdeyhimi B. A simple simulation method for designing fibrous insulation materials ［J］. Materials & Design, 2013, 44: 99-106.

7 高炉渣纤维制备纤维增强混凝土研究

高炉渣纤维性能优良，耐高温性能好，最高使用温度可以达到 $600\sim700\,℃$，主要应用于房屋的外墙及管道保温。将高炉渣纤维添加到混凝土基体中，可以在某种程度上修复混凝土脆性大、易开裂的缺陷，同时可提高混凝土的承载力。纤维混凝土（FRC）作为一种新型的建筑材料，在军事、水利公路等领域已有广泛应用。针对高炉渣纤维增强混凝土的应用，课题组在大量纤维增强混凝土性能测试实验的基础上，研发了纤维增强混凝土路面技术，授权发明专利一项（CN106904919A）。

7.1 纤维增强混凝土制备工艺

一般来说，在混凝土基体中添加一定质量分数纤维形成的复合材料被称为纤维混凝土。纤维增强混凝土是一种新型工程材料，纤维在混凝土基体材料中随机分散，呈均匀分布。纤维增强混凝土的制备与普通混凝土相差无几，其重要环节在于纤维的添加，若以高炉渣纤维为增强纤维，混凝土的制备主要涉及原料的选取与配制、试样的制作与养护两个过程。

7.1.1 原料的选取与配制

（1）水泥：使用 PSB 32.5 矿渣硅酸盐水泥；

（2）细骨料：砂子采用细度模数 2.8，密度 2650kg/m³ 的河砂；

（3）粗骨料：石子粒径 5~15mm，其中 5~10mm 占 95%，10~15mm 占 5%，密度 2680kg/m³；

（4）减水剂：减水剂为 FDN 高效减水剂，减水率为 10%；

（5）水：采用符合国家标准的自来水；

（6）高炉渣纤维：由华北理工大学自主生产。

混凝土配比的确定要求其具有优秀的工作性能、合理的造价，同时使水泥、河砂、碎石、水等组分的用量比例关系达到最优化。正确合理的混凝土配合比设计方法是以长期的试验研究和现场施工所积累的丰富经验为基础，目前就纤维混凝土的相关研究和实际应用中，对于纤维掺量的选取因其种类、用途等差异而不同，一般取值范围为体积分数的 0.5%~3%。纤维过少，起不到增强效果；过量时，混凝土在搅拌过程中，纤维容易缠绕搅团不易分散，不能均匀分布于混凝土中，进而也达不到增强效果。高炉渣纤维增强混凝土的制备纤维掺量体积分数不超过 2%，混凝土配合比见表 7-1。

表 7-1 混凝土配合比

混合比率/kg·m⁻³					W/C	砂率/%
水泥	河砂	碎石	水	减水剂		
420	760	1270	170	3	0.5	34

7.1.2 制备工艺流程

依据《普通混凝土力学性能试验方法标准》（GB/T 50081—2002）在实验室条件下进行不同变量的混凝土试样制备与性能测试。实验室条件下，混凝土试样的制备设备主要包括 HJW-60 型单卧轴式砼搅拌机及数控磁力振动台。

制备试样过程中，投料的顺序、搅拌的方式以及搅拌时间等都会对混凝土的性能产生影响。为保证纤维混凝土的搅拌质量及均匀性，试样制备设定了一定的投料顺序及搅拌时间。

首先精确的称量出所需各种原材料，将水泥、河砂、碎石加入搅拌机中搅拌 30~60s 后掺入高炉渣纤维，为使得纤维尽可能分布均匀，搅拌时间为 40~90s，然后将减水剂与水混合，分两次加入搅拌机，第一次加入混合剂的约 40%，第二次将剩余混合剂全部加入，加完后再匀速搅拌 30~60s。试样的制备过程如图 7-1 所示[1]。

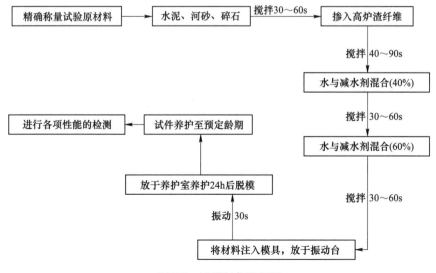

图 7-1 试样制备流程图

纤维混凝土搅拌结束后，将浆体浇筑到硬质塑料模具内，然后放置于磁力振动台上振动，待浆体表面不再产生气泡时停止振动，抹去模具表面多余的混凝土。混凝土试样在模具中成型24h后脱模，将其放置于标准养护室（20±2℃，相对湿度95%）内养护，3d、7d、28d龄期后，分别取出试样可进行性能测试。图7-2为制备的混凝土试样。

图7-2　混凝土试样

7.2　纤维增强混凝土性能分析

7.2.1　抗压性能

以基准混凝土试样为对比，试验掺入了0~2%高炉渣纤维，标准养护7d、28d后纤维混凝土试样的抗压强度，表7-2为试验结果。

表7-2　抗压强度测试结果

试样编号	纤维掺量/%	抗压强度/MPa	
		7d	28d
A_0	0	32.21	38.51
A_1	0.25	31.82	37.54
A_2	0.5	30.66	37.48
A_3	0.75	31.43	38.01
A_4	1	32.25	38.63
A_5	2	34.48	41.31

从表7-2中可以看出，混凝土试样养护7d、28d后的抗压强度在掺入高炉渣纤维后发生了变化。纤维掺量为0.25%~0.75%时，纤维混凝土试样的抗压基本

低于基准混凝土。相对于空白混凝土，当纤维掺量为 1%~2% 时，试样 28d 的抗压强度得到增强，其分别提高了 0.31%、7.27%。且在抗压试验过程中发现，试样受力破坏时，相比较于掺和了适量纤维的试样，基准混凝土试样表面会产生更多、尺寸更大的裂缝，如图 7-3 所示。这也说明了适量的高炉渣纤维添加到混凝土中能适当地降低混凝土的脆性，提高其韧性和抗裂性，且均匀分布于混凝土内部的高炉渣纤维能够通过改善及优化混凝土内部的孔结构，实现力的传递、分散、吸收，避免应力集中，抑制基体材料内部早期裂缝的产生和发展，从而增强混凝土材料整体的力学强度[2]。

(a) 基准试样   (b) 掺和1%纤维试样

图 7-3 不同纤维掺量的混凝土试样侧面图

同时试验过程中发现与空白试样相比，掺入高炉渣纤维的混凝土试样表面含有的水分较少，而且随着纤维掺量的增加，试样表面的细孔增多，孔隙率增大，如图 7-4 所示。这是由于纤维与浆体之间发生了界面作用，从而在纤维表面形成的吸附性水膜，这些水膜会使混凝土基体内部形成很多渗水通道，且通道的曲折性增加。硬化后混凝土试样表面及其内部细孔增多，使得水分更易流通与蒸发，混凝土试样内部的水分减少，游离态 OH— 减少，减缓其对纤维的腐蚀作用。且掺入的纤维越多，这种现象越明显。因此，相对于基准混凝土试样，掺入纤维的试样其表面水分减少，孔隙率增加。

纤维混凝土的增强机理被普遍认为是通过均匀分布在混凝土中的纤维依靠自身强度和韧性来阻止混凝土内部微裂纹的产生和发展，并能吸收作用于混凝土基体上的应力。文章试验中发现，当掺入的纤维较少时，分散于混凝土基体内部的纤维被水泥水化产生的碱性物质腐蚀，其性能急剧下降，未能起到改善混凝土力学性能的作用。当纤维掺量增加到某一适当的值时，混凝土中随机分散的纤维，对混合料起到网络承托的效果，防止浆体与骨料离析，并其通过自身的强度、韧性以及合理的改善混凝土材料的孔隙率，来有效地避免应力集中，防止裂纹产生与发展。然而高炉渣纤维的耐碱性能较差，其在碱性环境下会被腐蚀，生成棒状

(a) FRC(0%)　　　　　　　　　　　　(b) FRC(0.5%)

(c) FRC(1%)　　　　　　　　　　　　(d) FRC(2%)

图 7-4　不同纤维掺量的混凝土试样侧面图

带的水化产物，使其强度下降，如图 7-5 所示，所以衡量高炉渣纤维增强混凝土
的耐久性能仍需要大量的试验研究与理论分析。

图 7-5　纤维混凝土中的高炉渣纤维的显微图像

7.2.2 抗折性能

随着水泥水化产物的增多，混凝土的内部结构逐渐密实，强度也不断增强。以基准混凝土试样作为对比，测试了纤维掺量为 0~2%，养护 7d、28d 后纤维混凝土抗折强度的变化情况，表 7-3 为试验结果。

表 7-3 抗折强度测试结果

试样编号	纤维掺量/%	抗折强度/MPa		强度变化率（28d）/%		折压比
		7d	28d	抗压	抗折	
A_0	0	5.92	7.52	—	—	0.195
A_1	0.25	5.87	7.21	-2.52	-4.12	0.192
A_2	0.5	6.20	7.27	-2.67	-3.32	0.194
A_3	0.75	6.37	7.84	-1.29	+4.25	0.206
A_4	1	6.57	8.30	+0.31	+10.37	0.215
A_5	2	7.14	8.83	+7.27	+17.42	0.214

在掺入质量分数为 0.25%、0.5% 的高炉渣纤维后，混凝土抗折强度略有降低（较基准试样）。纤维掺量为 0.75% 时，抗折强度有所增强（较掺量 0~0.5% 时）。当纤维掺量大于 0.75% 时，试样的抗折强度随着纤维掺量的增加而增大。纤维的质量分数为 1%、2% 时，混凝土试样的抗折强度分别提高了 10.37%、17.42%。

绘制高炉渣纤维掺量对混凝土折压比的影响曲线如图 7-6 所示。可以看出，28d 试样的折压比随着纤维掺量的不同而发生变化。掺入质量分数为 1%、2% 的高炉渣纤维时，试样折压比分别提高了 10.25%、9.74%。折压比的增加说明基体中的纤维改善了材料的抗裂性能，提高了整体的韧性。

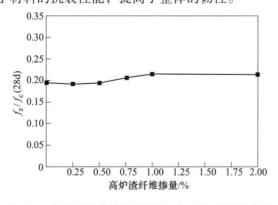

图 7-6 高炉渣纤维掺量对混凝土折压比的影响曲线

由图 7-7 可以看出，（a）是未掺和纤维的混凝土试样断面，为灰白色，（b）是掺和纤维的试样断面，为青铜色。试验过程中发现，掺和了纤维材料的试样抗压、抗折强度得到了部分改善。通过 XRD 分析，如图 7-8 所示，掺和纤维的混凝土矿相中石英的衍射强度更强。与未掺和高炉渣纤维的试样 A_0 相比，掺和纤维的试样 A_1、A_4、A_5 在 XRD 图谱中的衍射图线没有大的区别，图谱中出现峰值的位置基本相同，但衍射峰的高低不同，衍射强度略有差异，试样包含的矿相主要为白云石、石英、铁白云石、锌钙白云石。其中，白云石、石英的衍射强度较强。与试样 A_0 相比，试样 A_1 的衍射图中石英的衍射峰偏低，衍射强度较弱，而 A_4、A_5 衍射峰偏高，衍射强度较强。这说明相比较于基准试样，掺和 0.25% 纤维时，试样内部形成的石英较少，而纤维掺量为 1%、2% 时，试样的矿相中石英含量较多。高炉渣纤维的吸水性较好，试样养护过程中，微量的纤维被腐蚀，未

(a) 基准混凝土　　　　　　　　　　　　　　　(b) 纤维混凝土

图 7-7　试样的断面图

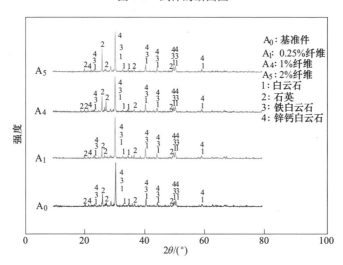

图 7-8　不同纤维掺量混凝土试样 X 射线衍射图谱

能发挥作用。而适量的纤维能够减少水分的流失，使得水泥充分水化，形成砂浆的组织矿相。石英的硬度较高，其化学组成为 SiO_2，其由 Si—O 键构成的空间网络结构能为水泥基体和纤维提供强度。XRD 图谱中石英的衍射峰高、衍射强的试样抗折、抗压强度较高。

7.2.3 劈裂抗拉性能

以基准混凝土试样作为对比，测定了纤维掺量为 0~2% 的高炉渣纤维混凝土 7d、28d 的劈裂抗拉强度，表 7-4 为各龄期劈裂试验结果。可以看出，添加质量分数为 0.25%~2% 的高炉渣纤维，纤维混凝土 7d、28d 劈裂强度较基准混凝土变化不大，但均低于未掺和纤维混凝土的劈裂强度。纤维质量分数为 1%、2% 时，试样的劈裂强度较基准混凝土分别减小 1.22%、4.57%，且随着纤维掺量的增加，混凝土 28d 拉压比总体呈现出小的上升然后逐渐降低。

表 7-4 劈裂试验结果

试样编号	高炉渣纤维掺量/%	劈裂强度/MPa		拉压比
		7d	28d	
A_0	0	2.57	3.28	0.085
A_1	0.25	2.51	3.25	0.087
A_2	0.5	2.59	3.19	0.085
A_3	0.75	2.46	3.45	0.091
A_4	1	2.49	3.24	0.084
A_5	2	2.44	3.13	0.076

绘制高炉渣纤维掺量对混凝土拉压比的影响曲线如图 7-9 所示。可以看出，

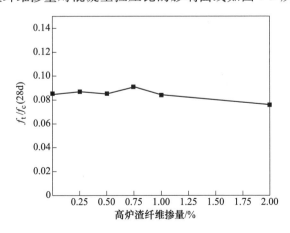

图 7-9 高炉渣纤维掺量对混凝土拉压比的影响曲线

掺入高炉渣纤维不能提高混凝土的劈裂强度，即抗拉强度，反而会降低混凝土原有的强度。掺入纤维后，虽然改善和优化了混凝土基体的内部结构，但是也增加混凝土的孔隙率，试样在承受面力或点力时，试样内部适量的空隙能够避免应力集中，对所受力进行分散和传递，从而对混凝土抗压、抗折强度有一定程度的增加。但是当试样表面在受到线力时，相当于整个混凝土试样受到一个剪切力，此时分布在试样内部的空隙不仅不能对应力进行有效的分散及传递，反而会降低试样原有对应力的承受能力，且纤维掺入越多，混凝土基体材料内部细孔越多，其承受剪切应力的能力越弱，试样的劈裂强度降低越明显[3]。

综上所述，纤维质量分数为 0.25%~0.75% 时，纤维混凝土力学性能没有得到改善；掺量为 1%、2% 时，试样的抗压、抗折强度均高于基准混凝土，分别提高了 0.31%、7.27%，10.37%、17.42%，同时混凝土基体材料的折压比也在掺入纤维后得到改善。这也说明了高炉渣纤维添加到混凝土中能够抑制混凝土基体内裂缝的产生和发展，适当的增强强度和韧性。掺入纤维不能增强混凝土的劈裂强度（即抗拉强度）。掺入纤维越多，混凝土基体表面及内部产生的细孔越多，能承受的剪应力越小，试样的劈裂强度越低。适量的高炉渣纤维能够在一定程度上改善混凝土的部分力学性能，是一种值得进一步研究和应用的无机纤维增强材料。

参 考 文 献

[1] 赵波. 高炉渣纤维制备纤维增强混凝土掺和机理的研究 [D]. 唐山：华北理工大学，2017.

[2] 龙跃，赵波，徐晨光. 矿渣棉纤维混凝土力学性能的实验研究 [J]. 新型建筑材料，2017，44（1）：17-19.

[3] 赵波，龙跃，张良进，等. 高炉渣纤维耐碱性及其对混凝土性能的影响 [J]. 硅酸盐通报，2016，35（4）：1240-1244.

8　高炉渣纤维制备光催化材料

近年来，环境污染已成为人们关注的焦点，环境污染问题与人类的生产、生活息息相关。随着我国工业生产的迅猛发展，工业废水的处理已成为亟待解决的问题，水体净化已成为环境保护领域中的一项重要工作。工业废水中含有大量威胁人体健康的有机污染物，甚至能诱发人体癌变。高效新型且具有实际应用价值的光催化材料已成为研究者们的热门话题，常见的光催化剂多为金属氧化物和硫化物，如二氧化钛、氧化锌、硫化镉、氧化锡等。本章以高炉渣纤维为载体制备光催化材料，对光催化材料的制备工艺过程与性能进行了详细论述，为高炉渣纤维的高附加值利用提供了新的解决方案。

8.1　$TiO_2/SiO_2/BFSF$ 复合材料的制备与表征

粉末 TiO_2 存在易聚集从而降低光催化活性和难于回收再利用等问题，把 TiO_2 负载到载体上能够有效改善 TiO_2 颗粒的分散性和可回收性。作为 TiO_2 载体的材料主要有玻璃纤维、玄武岩纤维、硅酸盐纤维、碳纤维、硅藻土、粉煤灰、钢渣等。高炉渣纤维比表面积大，成本低，来源广泛，是 TiO_2 光催化材料的理想载体。本章以高炉渣纤维作载体，采用溶胶浸渍负载方式，在高炉渣纤维表面先后负载 SiO_2 和 TiO_2 制备了 $TiO_2/SiO_2/BFSF$ 复合材料。并以亚甲基蓝（MB）为目标降解物，在紫外光照下，表征其光催化性能。高炉渣纤维表面负载 SiO_2 和 TiO_2 既能提高高炉渣纤维的耐水性和耐碱性，又能赋予材料光催化性能，有利于扩大高炉渣纤维的应用领域和提高产品的附加值。

8.1.1　工艺参数对 TiO_2 性能的影响

浸渍涂覆法制备 $TiO_2/SiO_2/BFSF$ 复合材料的性能与 TiO_2 溶胶的性能密切相关，因此确定最优的 TiO_2 溶胶制备工艺条件是确保样品具有高光催化活性的重要前提。为了得到最优的 TiO_2 溶胶，需要考察水酯比和醇酯比等溶胶形成反应条件对 TiO_2 纳米粉体性能的影响规律。

8.1.1.1　溶胶凝胶法制备 TiO_2 粉体的原理

利用溶胶-凝胶法制备纳米 TiO_2 粉体，是由于溶胶-凝胶法能够在室温下进行反应，工艺简单，并且对仪器的安全性和性能指标要求比较低。溶胶-凝胶法是指以金属醇盐为原料，通过水解、缩聚反应形成稳定透明的淡黄色溶胶，再陈化成凝胶，在一定的热处理制度下得到纳米 TiO_2 粉体的方法。通常包括两步，第一步是前驱体与水产生的水解反应，水解生成羟基化合物。第二步是羟基化合物的缩聚反应，经过缩聚反应形成具有一定浓度的淡黄色透明溶胶。反应式如下：

$$M(OR)_n + xH_2O \longrightarrow M(OH)_x(OR)_{n-x} + xROH \qquad (8-1)$$

反应能够持续进行，直到生成 $M(OH)_n$，同时，醇盐的缩聚反应也在进行着，缩聚反应分为两种：失水缩聚和失醇缩聚。

$$—M—OH + HO—M— \longrightarrow —M—O—M— + H_2O（失水缩聚） \qquad (8-2)$$

$$—M—OH + HO—M— \longrightarrow —M—O—M— + ROH（失醇缩聚） \qquad (8-3)$$

随着反应的进行，溶胶开始变稠，形成三维网络状的凝胶，其结构如图 8-1 所示。

对凝胶进行干燥处理，使其中的残余水分、无水乙醇和有机基团从凝胶中挥发出去，最后将干凝胶在研钵中研磨置于马弗炉中在一定的温度下煅烧，即得到纳米 TiO_2 粉体。

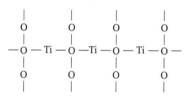

图 8-1 TiO_2 缩聚分子结构图

8.1.1.2 水酯比变化的作用

A 水酯比对 TiO_2 物相的影响

适量原料配比制备的纳米 TiO_2 粉体 X 射线衍射图谱如图 8-2 所示。可以看出，制备的样品全部是锐钛矿型 TiO_2。当水酯比小于 4 时，XRD 曲线上的波峰均比较尖锐，表明纳米 TiO_2 粉体的结晶较好。当水酯比为 4 时，对应的 XRD 曲线上的波峰最低且最宽，表明纳米 TiO_2 粉体的结晶较差。当水酯比为 5 时，XRD 曲线上的波峰也非常尖锐，同样表明纳米 TiO_2 粉体的结晶较好。

纳米粒子的颗粒很小时，就会引起 X 射线衍射峰的宽化，用 X 射线衍射宽化法可以测定颗粒粒径，如果颗粒为单晶时，测得结果是颗粒度；如果颗粒为多晶时，测得结果是平均晶粒度。

用 X 射线衍射宽化法测定纳米颗粒的平均粒径时，通常采用谢乐（Shceerrr）公式[1]计算：

$$D = K\lambda / B\cos\theta \qquad (8-4)$$

式中，$B = B_M - B_s$（Cauchy 线形）或 $B^2 = B_M^2 - B_s^2$（Guassian 线形）；θ 为 Bragg 角；λ 为测定时的 X 射线波长，常取 0.15406nm；K 为与宽化度有关的常数（若 B 取衍射峰的半高宽，为 0.89；若 B 取衍射峰的积分宽度，则为 1）；B 为因纳米粒子的细化而引起的 X 射线宽化；B_M 为实测宽化；B_s 为仪器宽化。

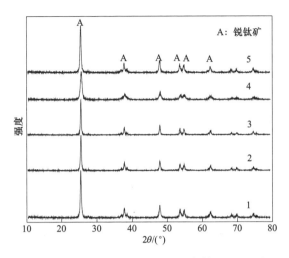

图 8-2　不同水酯比下纳米 TiO₂ 粉体的 XRD 图

由表 8-1 可以看出，水酯比小于 4 时，纳米 TiO₂ 粉体的平均晶粒大小随着水酯比的增大而减小。当水酯比为 4 时，纳米 TiO₂ 粉体的平均晶粒最小。当水酯比为 5 时，纳米 TiO₂ 粉体的平均晶粒开始增大。溶胶凝胶法是水解反应，水是作为反应物参加反应的，加水量过少时，钛酸四丁酯不能充分水解，造成水解反应的速度很慢，形成的产物容易凝聚，使粒径变大。同时，水解形成的产物中仍然含有氧丁基，导致水解形成的钛羟基数量少，进一步导致试样的光催化活性降低。加水量与凝胶的黏度有很大关系，加水量过多时，会造成 TiO₂ 溶胶的黏度很快增大，甚至在极短的时间内溶胶体系马上聚合成"胶冻体"，造成产物粒径变大[2]，也使纳米 TiO₂ 粉体的光催化活性降低。

表 8-1　由谢乐公式计算的不同水酯比下纳米 TiO₂ 粉体的平均晶粒尺寸

水酯比	1	2	3	4	5
晶粒大小/nm	43	37.6	25.9	19.8	32.6

B　水酯比对 TiO₂ 比表面积的影响

取不同水酯比下制得的纳米 TiO₂ 粉体，进行 N₂ 吸附-脱附试验，计算纳米 TiO₂ 粉体的比表面积，结果见表 8-2，可以看出，原料配比中加水量的多少对纳米 TiO₂ 粉体的比表面积有较大的影响。当水酯比小于 4 时，纳米 TiO₂ 粉体的比表面积随着水酯比的增大而变大；当水酯比为 4 时，纳米 TiO₂ 粉体的比表面积最大；当水酯比大于 4 时，纳米 TiO₂ 粉体的比表面积开始降低。

表 8-2　不同水酯比下 TiO₂ 粉体的比表面积

水酯比	1	2	3	4	5
比表面积/m²·g⁻¹	21.347	39.286	45.372	70.158	51.135

C 水酯比对 TiO_2 光催化性能的影响

不同水酯比下制得的纳米 TiO_2 粉体对亚甲基蓝的降解率如图 8-3 所示。

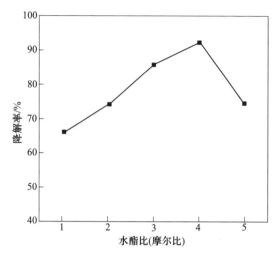

图 8-3 水酯比对 TiO_2 光催化活性的影响（180min 的降解率）

可以看出，当水酯比小于 4 时，亚甲基蓝的降解率随着蒸馏水含量的增多而增大。当水酯比为 4 时，降解率最高，纳米 TiO_2 粉体的光催化活性最高。当水酯比为 5 时，降解率又开始降低，表明纳米 TiO_2 粉体的光催化活性开始降低，是由于当水酯比小于 4 时，TiO_2 晶粒尺寸随着水酯比的增大而减小，比表面积随着水酯比的增大而变大，所以样品的光催化活性越来越好。当水酯比为 4 时，TiO_2 晶粒尺寸达到最小值 19.8nm，比表面积达到最大值 70.158m²/g，样品的光催化活性最高。当水酯比为 5 时，TiO_2 晶粒尺寸开始变大，比表面积开始减小，样品的光催化活性开始降低。样品光催化活性的高低正好与 TiO_2 晶粒尺寸和 TiO_2 比表面积的变化规律相吻合。

8.1.1.3 醇酯比变化的作用

A 醇酯比对 TiO_2 物相的影响

适量原料配比制备的纳米 TiO_2 粉体 X 射线衍射图谱如图 8-4 所示，可以看出，制备的 TiO_2 晶型均为锐钛矿相，对应 XRD 曲线上的波峰均较尖锐，没有明显的差别，说明不同无水乙醇加入量下制备的 TiO_2 结晶度都很高，晶型比较完善，表明无水乙醇含量对纳米 TiO_2 粉体的物相没有影响。

表 8-3 是由谢乐公式计算的不同醇酯比下纳米 TiO_2 粉体的平均晶粒尺寸，可以看出，随着原料配比中无水乙醇加入量的增多，纳米 TiO_2 粉体的平均晶粒尺寸没有明显的规律，都在 20nm 左右，表明无水乙醇含量对 TiO_2 平均晶粒尺寸没有很大影响，钛酸四丁酯与蒸馏水的反应非常剧烈，水解速率为 $K_h = 10^{-3} mol/(L \cdot s)$，当

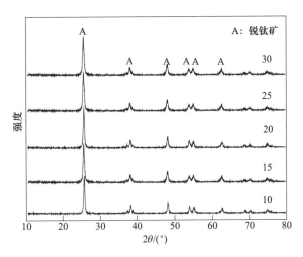

图 8-4 不同醇酯比下 TiO₂ 粉体的 XRD 图

把蒸馏水直接加入到钛酸四丁酯中时，会直接生成白色沉淀，因此需要加入无水乙醇作为有机溶剂，来稀释、溶解钛酸四丁酯和蒸馏水，使钛酸四丁酯和蒸馏水充分、均匀接触，使水解反应能够顺利进行。这样就避免了钛酸四丁酯跟蒸馏水局部接触导致的部分钛酸四丁酯剧烈水解快速凝胶。但当溶胶经过陈化和烘干过程后，无水乙醇会全部挥发。当加入大量的无水乙醇时，会延长凝胶的时间，使晶型更完善，但最终无水乙醇还是会挥发出去，所以反应中无水乙醇的加入量对纳米 TiO₂ 粉体粒径的影响很小[3]。

表 8-3　由谢乐公式计算的不同醇酯比下 TiO₂ 的平均晶粒大小

醇酯比	10	15	20	25	30
晶粒大小/nm	19.5	19.1	18.7	19.8	17.8

B　醇酯比对 TiO₂ 比表面积的影响

取等量的不同醇酯比下制得的纳米 TiO₂ 粉体，进行 N₂ 吸附-脱附试验，计算纳米 TiO₂ 粉体的比表面积，其结果见表 8-4。随着无水乙醇含量的增多，TiO₂ 粉体的比表面积开始增大，但增大幅度较小。当醇酯比为 25 时，TiO₂ 粉体的比表面积达到最大值 70.158m²/g。当醇酯比大于 25 时，比表面积开始减小。无水乙醇加入量对 TiO₂ 粉体的比表面积影响较小。

表 8-4　不同醇酯比下 TiO₂ 粉体的比表面积

醇酯比	10	15	20	25	30
比表面积/m²·g⁻¹	63.129	65.258	67.413	70.158	66.236

C 醇酯比对 TiO_2 光催化性能的影响

取不同醇酯比下制备的纳米 TiO_2 粉体进行亚甲基蓝的降解实验，降解率如图 8-5 所示。

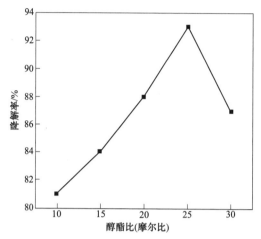

图 8-5 醇酯比对 TiO_2 光催化活性的影响（180min 的降解率）

由图 8-5 可以看出，在实验条件下，所制备的纳米 TiO_2 粉体对亚甲基蓝的降解率随着醇酯比的提高呈现先增大后减小的趋势，在醇酯比为 25 时，降解率达到最大值约 93%。

8.1.1.4 煅烧温度变化的作用

A TiO_2 凝胶的高温综合热分析

取适量的 TiO_2 凝胶，在玛瑙坩埚中磨成粉体，进行差热-热重（DTA-TG）分析，图 8-6 是粉体的差热与热重曲线。

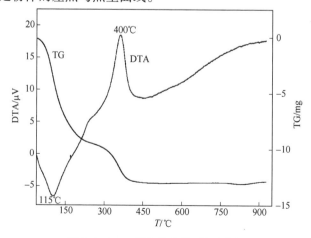

图 8-6 TiO_2 凝胶的差热-热重分析

由图 8-6 中的 TG 曲线可以看出，0～260℃之间，质量损失主要包括溶剂、水分等物质的受热挥发。240℃附近有个明显失重段。270～460℃之间，质量损失主要包括粉体结构中有机基团的燃烧和粉体从锐钛矿相向金红石相转变。490～950℃之间，TG 曲线上没有明显失重，是由于粉体表面上 OH 基团的解吸附作用造成的，一般有两种类型的表面 OH 基团，分别与 Ti—OH 和桥式 Ti(OH)Ti 连接，它们分解温度不同，所以，由 OH 基团解吸附引起失重的温度范围很宽。从 DTA 曲线上可以看出 115℃附近有个明显吸热峰，表示水分、溶剂等物质的挥发。400℃附近有个明显的放热峰，表示有机物的分解、燃烧。400℃以后没有明显的放热峰出现，表示锐钛矿相转变为金红石相是逐步转变的[4]。

B　煅烧温度对 TiO$_2$ 物相的影响

将不同煅烧温度制得的纳米 TiO$_2$ 粉体进行 XRD 分析，如图 8-7 所示。可以看出，350℃煅烧后，纳米 TiO$_2$ 粉体为锐钛矿相，结晶度不高。450℃和 500℃煅烧后，产物均为四方晶系锐钛矿型 TiO$_2$(JCPDS No. 21—1272)，且随着热处理温度的升高，衍射峰强度逐渐增大，说明锐钛矿型 TiO$_2$ 结晶不断完整。600℃煅烧后，为锐钛矿和金红石两种晶型的混合物。到 800℃时，全部是四方晶系金红石型 TiO$_2$(JCPDS No. 21—1276)。

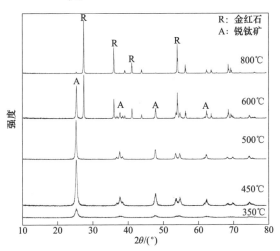

图 8-7　不同煅烧温度下 TiO$_2$ 粉体的 XRD 图

表 8-5 是由谢乐公式计算的不同煅烧温度下纳米 TiO$_2$ 粉体的晶粒尺寸，可以看出，随着煅烧温度的升高，TiO$_2$ 的晶粒尺寸越来越大。

表 8-5　由谢乐公式计算的不同煅烧温度 TiO$_2$ 的平均晶粒大小

煅烧温度/℃	350	450	500	600	800
晶粒大小/nm	12.3	19.8	28.6	97.5	200.3

C 煅烧温度对 TiO_2 光催化性能的影响

取不同煅烧温度下制备的纳米 TiO_2 粉体置于光催化化学反应仪中，紫外光照下处理亚甲基蓝的降解实验。图 8-8 是在紫外光照射 180min 时，不同煅烧温度下制备的纳米 TiO_2 粉体处理亚甲基蓝的降解率。

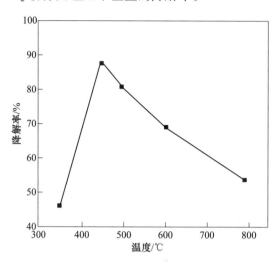

图 8-8 煅烧温度对 TiO_2 光催化活性的影响（180min 的降解率）

由图 8-8 看出，450℃煅烧制备的纳米 TiO_2 粉体的光催化活性最高。结合图 8-7 所示，450℃煅烧制备的纳米 TiO_2 粉体的晶型为锐钛矿型，结晶度较高，其光催化活性最高。煅烧温度低于 450℃时，结晶度低，晶型和晶面均不完善，影响其光催化活性。当煅烧温度高于 450℃时，纳米 TiO_2 粉体的粒径开始变大，同时，样品中开始形成金红石型 TiO_2，降低了样品的光催化活性。

8.1.2 BFSF 负载 TiO_2 和 SiO_2 复合材料的微观形貌

将高炉渣纤维、SiO_2/BFSF 复合材料、TiO_2/BFSF 复合材料以及 TiO_2/SiO_2/BFSF 复合材料进行 SEM 分析和 EDS 分析，结果如图 8-9 所示。

由图 8-9（a）看出负载前 BFSF 表面光洁、平滑。由图 8-9（c）看出负载 SiO_2 的 BFSF 表面变得粗糙，SiO_2 呈近球形颗粒，粒径为 10~25nm。对比图 8-9（b）和图 8-9（d）可知样品中 SiO_2 成分明显增加，图 8-9（e）中负载 3 次 TiO_2 的 BFSF 表面形成一层薄膜，颗粒粒径为 10~20nm，表面颗粒较松散，颗粒间存在较多空隙。图 8-9（g）为 TiO_2 负载 3 次的 TiO_2/SiO_2/BFSF 复合材料，其表面较 TiO_2 直接负载 3 次在 BFSF 上更均匀密实，颗粒粒径减小，TiO_2 覆盖 SiO_2/BFSF 表面更完全。对比图 8-9（f）和图 8-9（h）进一步表明 SiO_2 有利于 TiO_2 的负载。

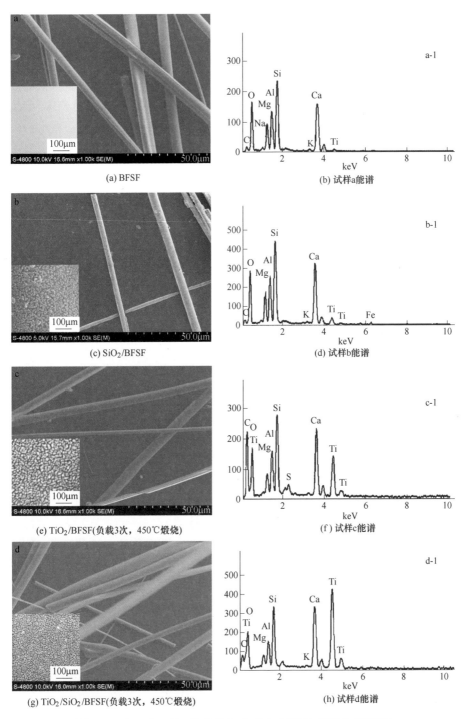

图 8-9 BFSF 和 BFSF 负载 TiO$_2$ 和 SiO$_2$ 试样的 SEM 和 EDS 图

(插图为局部放大图)

8.1.3 TiO₂/SiO₂/BFSF 复合材料光催化性能

将 SiO₂/BFSF 复合材料浸渍水酯比 1 : 4、醇酯比 1 : 25 条件下配制的 TiO₂ 溶胶 3 次，450℃下煅烧 2.5h 制得的 TiO₂/SiO₂/BFSF 复合材料和 TiO₂/BFSF 复合材料进行亚甲基蓝的降解实验，紫外光照射 180min 时的降解率如图 8-10 所示。

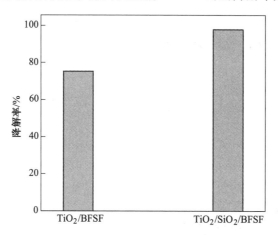

图 8-10　SiO₂ 对 TiO₂/SiO₂/BFSF 光催化性能的影响（180min 的降解率）

由图 8-10 看出，TiO₂/SiO₂/BFSF 复合材料的光催化活性比 TiO₂/BFSF 复合材料的光催化活性高。SiO₂ 表面含有大量的羟基，能与高炉纤维表面产生很好吸附，也能与 TiO₂ 表面的羟基产生键合作用，增强 TiO₂ 与高炉纤维的黏附力，使负载的 TiO₂ 更加均匀和致密。SiO₂ 具有好的网络结构，增加了高炉渣纤维表面 TiO₂ 的量。适量 SiO₂ 可以减少 TiO₂ 颗粒之间的接触，防止 TiO₂ 团聚产生。随着 SiO₂ 的加入，SiO₂ 中 Si⁴⁺ 进入 TiO₂ 晶格中取代部分钛离子，使 TiO₂ 产生晶格畸变，畸变越大，它所形成的应力场阻止晶界的移动，进而抑制 TiO₂ 晶粒的长大。同时加入 SiO₂ 能抑制 TiO₂ 晶型由锐钛矿相向金红石相转变，这都有利于 TiO₂/SiO₂/BFSF 复合材料的光催化活性[5]。

8.1.4 温度对 TiO₂/SiO₂/BFSF 复合材料性能的影响

8.1.4.1 TiO₂/SiO₂/BFSF 复合材料微观形貌

将 SiO₂/BFSF 复合材料浸渍水酯比为 1 : 4、醇酯比为 1 : 25 条件下配制的 TiO₂ 溶胶三次，置于马弗炉中分别在 350℃、450℃、500℃、600℃ 和 800℃ 下煅烧 2.5h 制得的 TiO₂/SiO₂/BFSF 复合材料进行 SEM 分析，如图 8-11 所示。

由图 8-11（a）看出，高炉渣纤维表面负载一层 TiO₂ 薄膜，表面略显粗糙，图 8-11（b）中的高炉渣纤维表面负载一层均匀的 TiO₂ 薄膜，图 8-11（c）、（d）

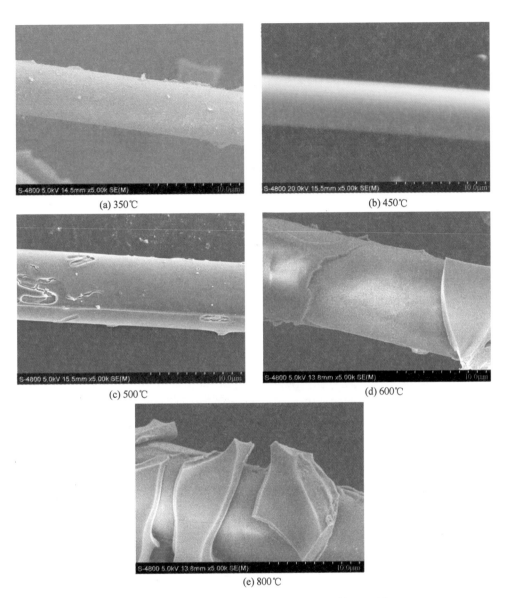

图 8-11　不同煅烧温度下 TiO$_2$/SiO$_2$/BFSF 的 SEM 图

和（e）中，高炉渣纤维表面的 TiO$_2$ 薄膜均产生了不同程度的开裂和剥落现象，且温度越高，开裂和剥落程度越严重。

8.1.4.2　TiO$_2$/SiO$_2$/BFSF 复合材料光催化性能

取不同煅烧温度下制备的 TiO$_2$/SiO$_2$/BFSF 复合材料在紫外光照下进行亚甲基蓝的降解实验，图 8-12 是在紫外光照射 180min 时，样品处理亚甲基蓝的降解率。

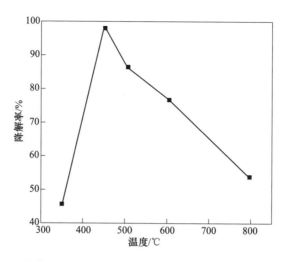

图 8-12   煅烧温度对 TiO₂ 光催化活性的影响（180min 的降解率）

由图 8-12 看出，在 350~800℃之间，亚甲基蓝的降解率先增大然后逐渐减小。结合图 8-7 得出，350℃煅烧后纳米 TiO₂ 的结晶度较差，晶型不完善，光生载流子的产生和迁移速度较慢，光生电子-空穴容易复合，同时较低的热处理温度可能使一些未完全分解的有机物包裹在 TiO₂ 的表面，使 TiO₂ 的活性点减少，所以光催化活性低，故亚甲基蓝的降解率最低。450℃和 500℃煅烧后纳米 TiO₂ 的晶型都是锐钛矿相，有机物质被完全分解，但 450℃煅烧后 TiO₂ 的结晶度高，晶型更完善。500℃煅烧后样品表面开始产生裂纹，所以煅烧温度为 450℃时亚甲基蓝的降解率最高。600℃和 800℃煅烧后纳米 TiO₂ 的晶型都是金红石相，其中600℃煅烧后 TiO₂ 的晶型中还有锐钛矿相，并且随着温度的升高纳米 TiO₂ 粉体的粒径开始变大，比表面积开始降低，样品表面的开裂和剥落程度越来越严重，所以 600℃下样品的光催化活性比 800℃的好。

8.1.5   TiO₂/SiO₂/BFSF 复合材料性能与煅烧时间的关系

8.1.5.1   TiO₂/SiO₂/BFSF 复合材料微观形貌

将 SiO₂/BFSF 复合材料浸渍水酯比为 1:4、醇酯比为 1:25 条件下配制的 TiO₂ 溶胶 3 次，置于马弗炉中 450℃下煅烧 1h、2.5h 和 4h 得到不同煅烧时间下的 TiO₂/SiO₂/BFSF 复合材料，将其进行 SEM 分析，结果如图 8-13 所示。可以看出，随着煅烧时间的延长，TiO₂ 的粒径逐渐增大。

8.1.5.2   TiO₂/SiO₂/BFSF 复合材料光催化性能

将不同煅烧时间下制备的 TiO₂/SiO₂/BFSF 复合材料进行亚甲基蓝的降解实验，降解率如图 8-14 所示。煅烧 2.5h 制备的样品的光催化活性最好，亚甲基蓝

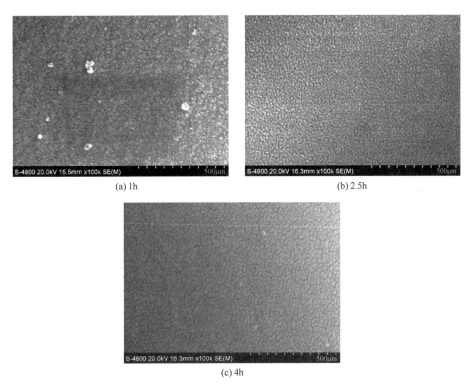

(a) 1h

(b) 2.5h

(c) 4h

图 8-13 不同煅烧时间下 TiO₂/SiO₂/BFSF 的 SEM 图

的降解率最高，这主要是因为当在马弗炉中煅烧 1h 时，TiO₂ 中还含有一些残余的有机成分，从而降低了 TiO₂ 的光催化活性。当在马弗炉中煅烧 4h 时，由于随着煅烧时间的延长 TiO₂ 的粒径会逐渐增大，甚至发生粒子团聚，比表面积减小，所以 TiO₂/SiO₂/BFSF 复合材料的光催化活性也会下降[5]。

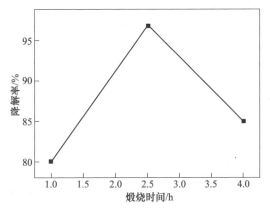

图 8-14 煅烧时间对 TiO₂/SiO₂/BFSF 光催化性能的影响（180min 的降解率）

8.1.6 负载次数对 TiO$_2$/SiO$_2$/BFSF 复合材料性能的影响

8.1.6.1 TiO$_2$/SiO$_2$/BFSF 复合材料微观形貌

将 SiO$_2$/BFSF 复合材料分别浸渍水酯比为 1∶4、醇酯比为 1∶25 条件下配制的 TiO$_2$ 溶胶 1 次、2 次、3 次、4 次和 5 次，置于马弗炉中于 450℃下煅烧 2.5h 得到不同负载次数下的 TiO$_2$/SiO$_2$/BFSF 复合材料，将制备的 TiO$_2$/SiO$_2$/BFSF 复合材料进行扫描电镜分析，其结果如图 8-15 所示。可以看出，当负载次数少时，

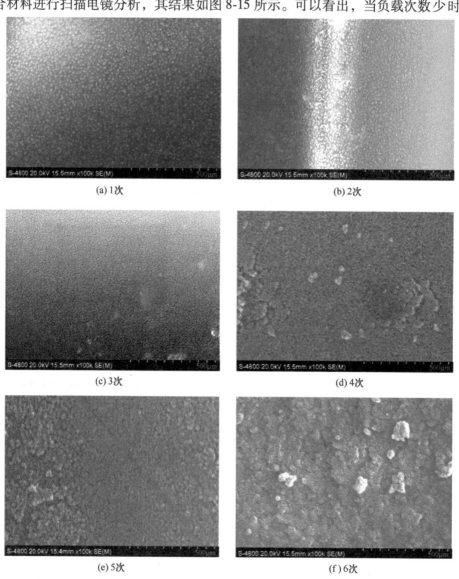

(a) 1次 (b) 2次 (c) 3次 (d) 4次 (e) 5次 (f) 6次

图 8-15 不同负载次数下 TiO$_2$/SiO$_2$/BFSF 的 SEM 照片

SiO₂/BFSF 复合材料表面负载的 TiO₂ 颗粒较松散，颗粒间存在较多空隙，TiO₂ 覆盖 SiO₂/BFSF 复合材料表面不完全。当负载 3 次时，SiO₂/BFSF 表面负载了一层均匀密实的 TiO₂ 薄膜，TiO₂ 全部覆盖在 SiO₂/BFSF 复合材料表面，当负载次数大于 3 时，SiO₂/BFSF 复合材料表面的 TiO₂ 薄膜表面开始变得粗糙，出现了明显的堆积、结块甚至脱落现象，且随着负载次数的增多，堆积、结块和脱落现象越严重。

8.1.6.2 TiO₂/SiO₂/BFSF 复合材料光催化性能

负载次数对 TiO₂/SiO₂/BFSF 复合材料光催化活性的影响如图 8-16 所示。随着负载次数的增加，亚甲基蓝的降解率先增大后减小。负载次数低于 3 次时，样品表面的 TiO₂ 负载量少，产生光电荷不够，亚甲基蓝的降解率低。负载 3 次时，SiO₂/BFSF 表面包覆了一层均匀密实的 TiO₂ 薄膜，亚甲基蓝的降解率最高。负载次数超过 3 次时，TiO₂ 开始在 SiO₂/BFSF 表面叠加、团聚，同时膜内有机物分解所致微孔增多，致使光散射增强，另外膜厚也阻碍了反应液向膜内扩散以及膜内光生电子-空穴向膜表面迁移的过程，都使亚甲基蓝的降解率降低[6]。

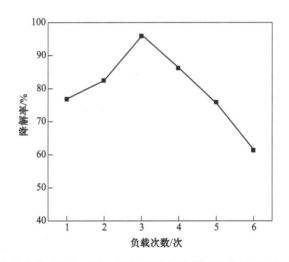

图 8-16　负载次数对 TiO₂/SiO₂/BFSF 光催化性能的影响（180min 的降解率）

8.1.7　TiO₂/SiO₂/BFSF 复合材料光催化性能与循环利用次数的关系

图 8-17 为循环利用次数对 TiO₂/SiO₂/BFSF 复合材料光催化性能的影响。可以看出，经过 4 次循环使用后，TiO₂/SiO₂/BFSF 复合材料的光催化活性呈明显的下降趋势。当循环使用第 4 次时，对亚甲基蓝的降解为 70% 左右。复合材料光催化活性降低的原因是在光催化过程中，由于离心、洗涤和煅烧等人为因素造成部分 TiO₂ 从 SiO₂/BFSF 上脱落，使 TiO₂/SiO₂/BFSF 复合材料的光催化活性降低；

另外，光催化过程中产生的一些稳定的难于脱附物质堆积在催化剂表面占据活性位点导致了 $TiO_2/SiO_2/BFSF$ 复合材料的光催化活性降低[7]。

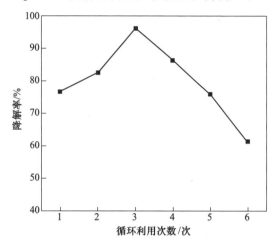

图 8-17　循环利用次数对 $TiO_2/SiO_2/BFSF$ 光催化性能的影响（180min 的降解率）

8.1.8　BFSF 耐水和耐碱性与 SiO_2 和 TiO_2 包覆层的关系

8.1.8.1　BFSF 耐水性变化

图 8-18 是 SiO_2 和 TiO_2 包覆层对高炉渣纤维耐水性的影响。可以看出，$TiO_2/SiO_2/BFSF$ 复合材料的质量损失率明显比高炉渣纤维的要小，表明 $TiO_2/SiO_2/BFSF$ 复合材料的耐水性增强了。原因在于：（1）SiO_2 和 TiO_2 本身都是耐水性材料；（2）SiO_2 和 TiO_2 改性高炉渣纤维后，高炉渣纤维表面均匀密实的包覆了一层 SiO_2 和 TiO_2 薄膜，阻碍了蒸馏水对高炉渣纤维的直接侵蚀。

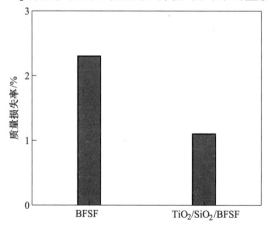

图 8-18　SiO_2 和 TiO_2 包覆层对 BFSF 耐水性的影响（48h）

8.1.8.2　BFSF 耐碱性变化

SiO_2 和 TiO_2 包覆层对高炉渣纤维耐碱性的影响如图 8-19 所示。可以看出，TiO_2/SiO_2/BFSF 复合材料的质量损失率比高炉渣纤维的小，表明经过 SiO_2 和 TiO_2 改性后制得的 TiO_2/SiO_2/BFSF 复合材料的耐碱性增强了。由于 SiO_2 和 TiO_2 纳米粒子均匀密实地覆盖在高炉渣纤维四周，将高炉渣纤维牢牢地包裹在里边，避免了高炉渣纤维与氢氧化钠溶液的直接接触，从而提高了高炉渣纤维的耐碱腐蚀性。

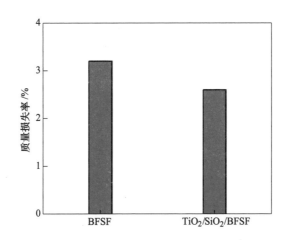

图 8-19　SiO_2 和 TiO_2 包覆层对 BFSF 耐碱性的影响（24h）

8.2　TiO_2/FEVE/BFSF 复合材料的制备与表征

以氟碳清漆（FEVE）做黏结剂，以纳米 TiO_2 粉体为光催化剂，以高炉渣纤维为载体，采用浸渍涂覆的方法制备了高炉渣纤维负载氟碳清漆（FEVE）和二氧化钛复合材料（TiO_2/FEVE/BFSF）。克服了纳米 TiO_2 粉体聚集和难以回收循环利用的缺点，并且增强了高炉渣纤维的耐水和耐碱腐蚀性，拓宽了高炉渣纤维的应用领域，使样品的附加值更高[8]。

8.2.1　制备工艺参数在 TiO_2/FEVE/BFSF 复合材料中的作用

TiO_2/FEVE/BFSF 复合材料是将高炉渣纤维浸泡在 FEVE 和 TiO_2 负载分散系中制得的，其光催化性能的好坏与 FEVE 和 TiO_2 负载分散系的浓度有直接的关系，因此确定最优的 FEVE 和 TiO_2 负载分散系浓度，TiO_2/FEVE/BFSF 复合材料的光催化活性才能达到最高。

8.2.1.1 蒸馏水与 FEVE 体积比变化的作用

A 蒸馏水与 FEVE 体积比对 TiO_2/FEVE/BFSF 复合材料微观形貌的影响

将高炉渣纤维分别浸渍蒸馏水与氟碳清漆（FEVE）体积比为 40、50 和 60 的负载分散系 3 次，烘箱中 100℃ 条件下烘干制备 TiO_2/FEVE/BFSF 复合材料，用 SEM 和 EDS 对 TiO_2/FEVE/BFSF 复合材料进行分析，结果如图 8-20 所示。由图 8-20（d）看出高炉渣纤维表面负载的物质为纳米 TiO_2。当高炉渣纤维浸渍蒸馏水与氟碳清漆（FEVE）体积比为 40 的负载分散系时，高炉渣纤维上负载的纳米 TiO_2 量比较少，负载不均匀，纳米 TiO_2 没有完全覆盖高炉渣纤维。当高炉渣纤维浸渍蒸馏水与氟碳清漆（FEVE）体积比为 50 的负载分散系时，高炉渣纤维上均匀的负载了一层纳米 TiO_2。当负载分散系中蒸馏水的含量继续增大时，浸渍负载分散系制备的样品，其表面的纳米 TiO_2 开始产生团聚和重叠现象。

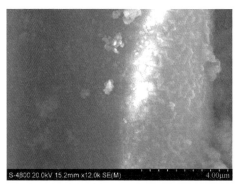

(a) 蒸馏水与FEVE体积比40

(b) 蒸馏水与FEVE体积比50

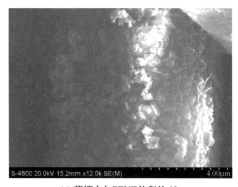

(c) 蒸馏水与FEVE体积比60

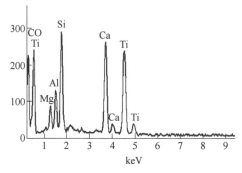

(d) EDS图(负载3次)

图 8-20　不同蒸馏水与 FEVE 体积比下 TiO_2/FEVE/BFSF 的 SEM 图和 EDS 图

B 蒸馏水与 FEVE 体积比对 TiO_2/FEVE/BFSF 复合材料光催化性能的影响

将浸渍蒸馏水与氟碳清漆（FEVE）体积比不同的负载分散系制备的 TiO_2/

FEVE/BFSF 复合材料进行亚甲基蓝的降解实验，结果如图 8-21 所示。

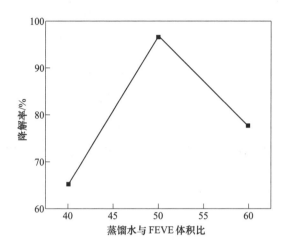

图 8-21　蒸馏水与 FEVE 体积比对 TiO$_2$/FEVE/BFSF 光催化活性的影响

（负载 3 次，180min 的降解率）

当负载分散系中蒸馏水与氟碳清漆（FEVE）体积比为 40 时，制备的样品处理亚甲基蓝的降解率较低，因为高炉渣纤维表面没有完全覆盖 TiO$_2$，产生的电子-空穴对少，影响了其光催化活性。当负载分散系中蒸馏水与氟碳清漆（FEVE）体积比为 50 时，样品处理亚甲基蓝的降解率最高，TiO$_2$/FEVE/BFSF 复合材料的光催化活性最好。当负载分散系中蒸馏水的量继续增多时，样品处理亚甲基蓝的降解率开始降低，表明 TiO$_2$/FEVE/BFSF 复合材料的光催化活性开始降低了，是由于 TiO$_2$ 在 TiO$_2$/FEVE/BFSF 复合材料表面团聚和重叠，使内层的 TiO$_2$ 不能充分的起到光催化作用造成的。

8.2.1.2　TiO$_2$ 浓度变化的作用

A　TiO$_2$ 浓度对 TiO$_2$/FEVE/BFSF 复合材料微观形貌的影响

将高炉渣纤维分别浸渍纳米 TiO$_2$ 浓度为 5g/L、10g/L、15g/L、20g/L、25g/L 和 30g/L 的 FEVE 和 TiO$_2$ 负载分散系 3 次，烘箱中 100℃ 条件下烘干制备 TiO$_2$/FEVE/BFSF 复合材料，用 SEM 对 TiO$_2$/FEVE/BFSF 复合材料进行分析，结果如图 8-22 所示。

由图 8-22 可以看出，随着 TiO$_2$ 浓度的增大，高炉渣纤维上负载的 TiO$_2$ 量越来越多，当 TiO$_2$ 浓度低于 20g/L 时，高炉渣纤维上负载的 TiO$_2$ 量少，当 TiO$_2$ 浓度为 20g/L 时，TiO$_2$ 均匀的分布在高炉渣纤维四周，完全包覆了整个高炉渣纤维。当 TiO$_2$ 浓度大于 20g/L 时，高炉渣纤维表面的 TiO$_2$ 开始堆积和重叠，且 TiO$_2$ 浓度越大，堆积和重叠的程度越严重。

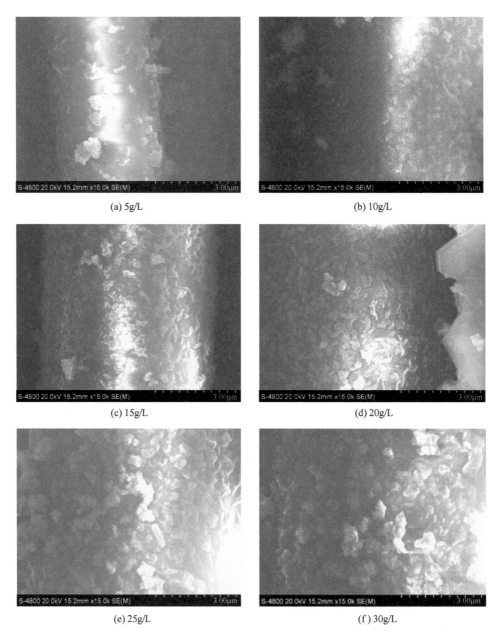

(a) 5g/L

(b) 10g/L

(c) 15g/L

(d) 20g/L

(e) 25g/L

(f) 30g/L

图 8-22 不同 TiO_2 浓度下 $TiO_2/FEVE/BFSF$ 的 SEM 图（负载 3 次）

B TiO_2 浓度对 $TiO_2/FEVE/BFSF$ 复合材料光催化性能的影响

将不同纳米 TiO_2 浓度下制得的 $TiO_2/FEVE/BFSF$ 复合材料进行亚甲基蓝的降解实验，图 8-23 为紫外光照射 180min 时亚甲基蓝的降解率图。

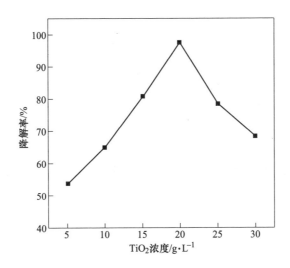

图 8-23　TiO₂ 浓度对 TiO₂/FEVE/BFSF 光催化活性的影响

（负载 3 次，180min 的降解率）

可以看出，当纳米 TiO_2 浓度低于 20g/L 时，亚甲基蓝降解率的大小与纳米 TiO_2 浓度的高低成正比。当纳米 TiO_2 浓度为 20g/L 时，高炉渣纤维表面均匀的负载了一层纳米 TiO_2，亚甲基蓝的降解率达到最大值 97.8%，TiO_2/FEVE/BFSF 复合材料的光催化活性最高。当纳米 TiO_2 浓度高于 20g/L 时，亚甲基蓝降解率的大小与纳米 TiO_2 浓度的高低成反比[9]。

8.2.2　TiO₂/FEVE/BFSF 复合材料性能与负载次数的关系

在蒸馏水与氟碳清漆（FEVE）体积比为 50、TiO_2 浓度为 20g/L 的负载分散系条件下，研究负载次数对 TiO₂/FEVE/BFSF 复合材料微观形貌和光催化性能的影响，确定最佳的制备工艺参数。

8.2.2.1　TiO₂/FEVE/BFSF 复合材料微观形貌

将高炉渣纤维分别浸渍 FEVE 和 TiO_2 负载分散系 1 次、2 次、3 次、4 次和 5 次制备不同负载次数的 TiO₂/FEVE/BFSF 复合材料。用扫描电镜对制备的样品进行分析，结果如图 8-24 所示，可以看出，负载次数小于 3 次时，高炉渣纤维上负载的 TiO_2 量少，疏松，不均匀。当负载次数为 3 次时，TiO_2 均匀地覆盖在高炉渣纤维上。当负载次数继续增多时，高炉渣纤维上负载的 TiO_2 量过多，产生了团聚和重叠现象。

8.2.2.2　TiO₂/FEVE/BFSF 复合材料光催化性能

将不同负载次数下制备的 TiO₂/FEVE/BFSF 复合材料进行亚甲基蓝的降解

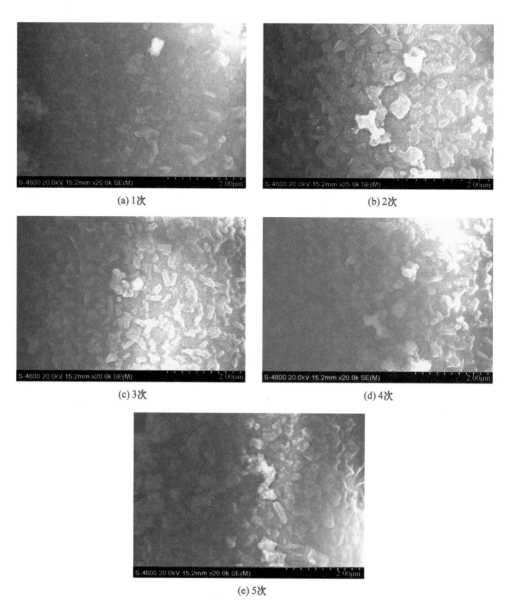

(a) 1次　　　　　　　　　　　　(b) 2次

(c) 3次　　　　　　　　　　　　(d) 4次

(e) 5次

图 8-24　不同负载次数下 TiO_2/FEVE/BFSF 的 SEM 图

实验。紫外光照射 180min 时，亚甲基蓝的降解率如图 8-25 所示。负载次数小于 3 时，样品的光催化活性随着负载次数的增加而增大。负载次数为 3 时，亚甲基蓝的降解率最高，样品的光催化活性最好。负载次数大于 3 时，降解率开始降低，样品的光催化活性降低了，是 TiO_2 在高炉渣纤维表面的团聚和重叠造成的。

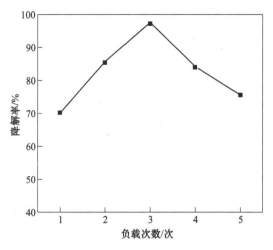

图 8-25 负载次数对 TiO₂/FEVE/BFSF 光催化活性的影响

（180min 的降解率）

8.2.3 循环利用次数对 TiO₂/FEVE/BFSF 复合材料光催化性能的影响

将 TiO₂/FEVE/BFSF 复合材料循环降解亚甲基蓝 4 次，降解率如图 8-26 所示。可以看出，随着循环利用次数的增多，亚甲基蓝逐渐降低，表明 TiO₂/FEVE/BFSF 复合材料的光催化活性越来越低。当循环利用第 4 次时，亚甲基蓝的降解率为 67%左右，主要是因为在实验过程中 TiO₂ 的损失造成的。

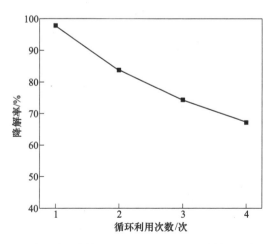

图 8-26 循环利用次数对 TiO₂/FEVE/BFSF 光催化性能的影响

（180min 的降解率）

8.2.4 BFSF 耐水和耐碱性与 FEVE 和 TiO_2 包覆层的关系

8.2.4.1 BFSF 耐水性变化

取 0.56g 高炉渣纤维和 0.56g 的 TiO_2/FEVE/BFSF 复合材料进行耐水性测试，结果如图 8-27 所示。可以看出，经过氟碳清漆（FEVE）和 TiO_2 改性的高炉渣纤维质量损失率小，表明其耐水性增强了。

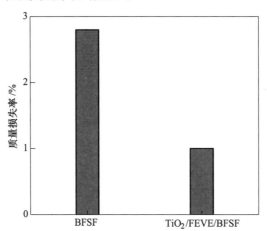

图 8-27　FEVE 和 TiO_2 包覆层对 BFSF 耐水性的影响（48h）

8.2.4.2 BFSF 耐碱性变化

FEVE 和 TiO_2 包覆层对高炉渣纤维耐碱性的影响如图 8-28 所示。氟碳清漆（FEVE）和 TiO_2 改性后高炉渣纤维的质量损失率比未改性高炉渣纤维的质量损失率小，表明其耐碱性增强了。

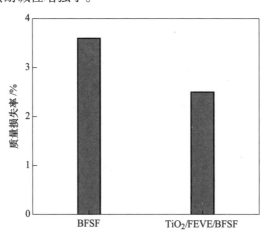

图 8-28　FEVE 和 TiO_2 包覆层对 BFSF 耐碱性的影响（24h）

本章主要采用浸渍涂覆法制备了 $TiO_2/SiO_2/BFSF$ 和 $FEVE/TiO_2/BFSF$ 复合材料，优化了制备工艺，表征了制备样品的性能。采用溶胶凝胶法制备纳米 TiO_2 粉体，当水酯比为 1:4、醇酯比为 1:25、煅烧温度为 450℃、煅烧 2.5h 时，制备的纳米 TiO_2 粉体的晶型为锐钛矿相，粒径大小为 19.8nm，比表面积为 70.158m^2/g，其处理亚甲基蓝的降解率达到了 88.3%。用 SiO_2 和 TiO_2 改性高炉渣纤维后，高炉渣纤维表面包覆了一层均匀密实的 SiO_2 和 TiO_2 薄膜。用 FEVE 和 TiO_2 改性高炉渣纤维后，高炉渣纤维表面包覆了一层 FEVE 和 TiO_2 薄膜，阻碍了高炉渣纤维直接与蒸馏水和氢氧化钠接触，提高了高炉渣纤维的耐水性和耐碱性。

参 考 文 献

[1] Watanabe T, Nakajima A, Wang R, et al. Photocatalytic activity and photoinduced hydrophilicity of titanium dioxide coatedglass [J]. Thin Solid Films, 1999, 351: 260-263.

[2] 孟丹, 王和义, 刘秀华, 等. 乙醇-盐酸-水体系中溶胶-凝胶法制备纳米 TiO_2 薄膜的研究 [J]. 化学研究与应用, 2011, 23 (5): 533-538.

[3] 贲毓. TiO_2 粉体的制备及其太阳光催化活性的研究 [D]. 秦皇岛: 燕山大学, 2012.

[4] 井立强, 孙晓君, 蔡伟民, 等. 纳米粒子 TiO_2/Ti 膜的表征及其光催化活性 [J]. 分子催化, 2002, 16 (1): 438-444.

[5] 崔婷, 唐绍裘, 万隆, 等. 溶胶-凝胶法制备纳米 TiO_2/SiO_2 复合薄膜的研究 [J]. 陶瓷学报, 2006, 27 (2): 193-196.

[6] 甘礼华, 陈龙武, 盛闻超, 等. TiO_2 薄膜制备及其对亚甲基蓝光催化降解的影响 [J]. 建筑材料学报, 2003, 6 (3): 275-278.

[7] 张明, 成杰民, 董文平, 等. TiO_2 光催化剂失活机理与再生研究进展 [J]. 硅酸盐通报, 2013 (10): 2068-2074.

[8] 刘志刚, 李庆龙, 王广昊, 等. 高炉渣纤维负载水性氟碳清漆和 TiO_2 光催化材料的制备与表征 [J]. 华北理工大学学报 (自然科学版), 2019, 41 (3): 60-67.

[9] 邢宏伟, 谷少鹏, 刘晓帆, 等. 浸渍涂覆法制备高炉渣纤维负载 TiO_2 复合材料 [J]. 钢铁钒钛, 2016, 37 (4): 83-88.

9 高炉渣渣球制备光催化材料

实践表明，调质熔融高炉渣成纤率为 85%～90%，纤维中伴随有部分渣球。为了研究渣球的高附加值再利用，本章在纳米 TiO_2 与 Fe_2O_3 复合作为光催化材料研究基础上以高炉渣渣球（BFSFS）作为载体，对光催化材料的制备工艺过程与性能进行了详细论述，为高炉渣渣球的高附加值利用提供了新的解决方案。

9.1 $TiO_2/Fe_2O_3/BFSFS$ 复合光催化材料的制备及性能分析

在高炉渣渣球表面负载纳米氧化铁和二氧化钛制备复合光催化材料，通过考察矿渣负载氧化铁的煅烧温度以及柠檬酸与铁离子的摩尔比对矿渣表面 Fe_2O_3 的形貌、晶型、晶粒尺寸以及复合光催化材料活性的影响，确定制备矿渣负载 Fe_2O_3 的最佳工艺条件。然后在已经负载好 Fe_2O_3 的矿渣表面继续负载纳米 TiO_2，再次进行煅烧。TiO_2 负载过程中，煅烧温度以及 TiO_2 负载次数对复合光催化材料的活性有一定的影响，从而影响光催化的实际应用价值。

9.1.1 BFSFS 光催化材料载体预处理

载体预处理的目的一方面是为了去除吸附在载体表面的一些杂质；另一方面为了增大载体本身的比表面积，以提高吸附能力。依据光催化载体的特点，为了确保在实验预处理过程中载体不会自行破裂，对载体进行适当的粒度筛选以及合适的酸浸泡时间，经过反复实验，最终本实验采用浓度为 0.1mol/L 的盐酸，对载体浸泡刻蚀 2min，抽滤，用蒸馏水冲洗数次，在烘箱中 120℃烘干 2h。

9.1.2 BFSFS 复合光催化材料的制备

以渣球为载体，通过溶胶凝胶法制备渣球负载 TiO_2 和 Fe_2O_3 复合光催化材料以及渣球负载 Fe^{3+} 掺杂 TiO_2 光催化材料。通过 XRD、SEM、EDX 等测试分析手段对光催化材料的物相及形貌进行表征，通过紫外可见光吸收光谱对光催化材料的吸收光谱范围进行测定，并在可见光或紫外光下，用亚甲基蓝（MB）溶液模拟污染物，对其进行光催化降解实验，确定在可见光范围内具有最佳光降解效果的光催化材料。最终考察了不同载体对光催化活性的影响。

9.1.2.1 负载型氧化铁的制备

（1）氧化铁溶胶的制备：采用溶胶凝胶法，利用柠檬酸的聚合作用制备出长碳链的含铁聚合物即柠檬酸铁溶胶。实验室采用的具体操作步骤是：先称取一定量的柠檬酸将其放入蒸馏水中，用玻璃棒进行搅拌直至其完全溶解，再加入适量的九水硝酸铁，在30℃的恒温磁力水浴搅拌锅中搅拌一段时间使其充分混合，形成一定浓度的柠檬酸铁溶胶，随后加入具有分散作用的乙二醇，继续搅拌。即得到氧化铁（Fe$_2$O$_3$）溶胶。

（2）将预处理的光催化载体放入溶胶中搅拌 2min，抽滤，干燥，置于马弗炉中在一定温度下煅烧 2h，得 Fe$_2$O$_3$/WBFS 光催化材料。

（3）剩余滤液经真空干燥箱烘干，在不同温度下煅烧 2h 制备 Fe$_2$O$_3$ 颗粒，以确定适宜的煅烧温度。

9.1.2.2　负载型二氧化钛（TiO$_2$）的制备

（1）二氧化钛溶胶前驱体的制备：取一定的摩尔比的钛酸四丁酯与无水乙醇混合，钛酸四丁酯与蒸馏水的摩尔比为 1：10。实验中将钛酸丁酯先与无水乙醇总量的 2/3 混合，并加入一定量的乙酰丙酮抑制剂得溶液 A，将剩余的无水乙醇与蒸馏水混合，并加入盐酸调节 pH 值得溶液 B，并在强力搅拌下将溶液 B 以一定的滴加速度滴加入溶液 A 中，形成稳定透明的 TiO$_2$ 溶胶。

（2）将预处理的载体放入 TiO$_2$ 溶胶中，搅拌 2min，抽滤，干燥，置于马弗炉中在一定温度下煅烧 2h，得 TiO$_2$/WBFS 光催化材料。

（3）剩余滤液经真空干燥箱烘干，在不同温度下煅烧 2h 制备 TiO$_2$ 颗粒，以确定适宜的煅烧温度。

9.1.2.3　分步负载氧化铁和二氧化钛的制备

将最佳煅烧温度下制备的 Fe$_2$O$_3$/WBFS 放入 TiO$_2$ 溶胶中均匀搅拌 5min，抽滤，干燥，在马弗炉中不同温度煅烧 2h，制得 TiO$_2$/Fe$_2$O$_3$/WBFS 光催化材料。

9.1.2.4　负载型铁掺杂二氧化钛的制备

（1）铁掺杂二氧化钛溶胶的制备：在30℃恒温磁力搅拌水浴锅中，以无水乙醇总量的 2/3（27.8mL）为溶剂，加入 4mL 钛酸四丁酯充分搅拌，同时滴加 0.3mL 的乙酰丙酮，得到溶液 A。再将剩余的无水乙醇（13.9mL）与 2.05g 蒸馏水混合，加入少量盐酸调节 pH，再按照一定的铁钛摩尔比加入九水硝酸铁得到溶液 B。将溶液 B 缓慢匀速滴入溶液 A 中，继续搅拌 30min，得到铁掺杂二氧化钛（Fe-TiO$_2$）溶胶。

（2）将预处理的载体放入 Fe-TiO$_2$ 溶胶中，搅拌 2min，抽滤，真空干燥，置于马弗炉中，在空气气氛下煅烧 2h，得 Fe-TiO$_2$/WBFS 光催化材料。

（3）剩余滤液经真空干燥箱烘干，在不同温度下煅烧 2h，制备纯 Fe-TiO$_2$ 颗粒，以确定适宜的煅烧温度[1]。

9.1.3　BFSFS 复合光催化材料的性能表征与分析

采用综合热分析仪对负载前驱体进行差热-热重分析，控制升温速率为

10℃/min，空气气氛，温度范围为 0~900℃；采用 X 射线衍射仪（XRD）对样品进行物相分析并根据公式计算晶粒尺寸，测试条件为：Cu 靶 $K\alpha$ 射线，波长 $\lambda = 0.15405nm$，扫描步长 0.03°，扫描范围 $2\theta = 20° ~ 80°$；用激光拉曼光谱仪通过物质的振动转动能级情况[2]对样品进行分析，波长范围为 100~1000cm^{-1}；采用场发射扫描电镜（SEM）检测样品的形貌特征、显微结构及颗粒的团聚情况；利用美国 Beckman Coulter SA3100 型比表面积分析仪（BET），采用 N$_2$ 氛围测定样品的吸-脱附等温曲线，在样品测定前在绝对压力 $6.65 \times 10^2 Pa$，温度 300℃条件下脱气 3h。通过 F-7000 型荧光分光光度计测定试样发光性能，工作条件：扫描速度为 1200nm/min，激发单元狭缝为 10nm，发射单元狭缝为 10nm，直流工作电压为 700V，激发波长为 330nm。采用双光束紫外可见漫反射仪器，以硫酸钡为基体，对样品的吸收光谱进行检测。

通过紫外可见光分光光度计测定亚甲基蓝溶液的最大吸收波长位置，步骤如下：取一定量亚甲基蓝溶液对其进行吸收光谱扫描，扫描波长范围为 300~800nm，以确定其最大吸收波长，结果如图 9-1 所示，可见，亚甲基蓝溶液的最大吸收波长在 664nm 处。因此以下光催化实验中，亚甲基蓝的吸光度均在 664nm 处进行检测。

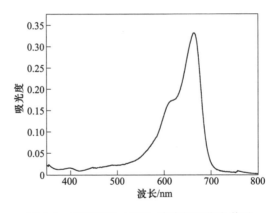

图 9-1　亚甲基蓝（MB）溶液的吸收光谱图

评价光催化材料的活性指标是其对亚甲基蓝（MB）溶液的光催化降解率，测试过程如下：将 1.5g 测试样品加入 50mL 浓度为 10mg/L 的亚甲基蓝溶液中，在光化学反应仪中采用汞灯（500W）模拟紫外光、氙灯（500W）模拟太阳光进行光催化反应，反应开始前将样品置于暗处搅拌 30min 确认达到吸附平衡，然后每隔一段时间取样，采用台式高速离心机以 8000r/min 离心，取上层清液，在分光光度计上，在 664nm 处测定亚甲基蓝（MB）溶液的浓度，计算 MB 的降解率（D），如式（9-1）所示：

$$D = (C_0 - C)/C_0 \times 100\%　　　　　　(9-1)$$

式中，C_0 为亚甲基蓝的初始浓度；C 为光催化降解后亚甲基蓝的浓度。

9.2 光催化材料性能与载体之间的联系

载体不仅可以提高材料的光催化活性，而且有利于光催化剂的回收利用。目前常用的载体主要有：沸石、陶瓷、纤维等。渣球和矿渣作为工业生产中的副产品，其来源广泛价格低廉，经刻蚀后具有良好的吸附性能、且化学性质稳定。本实验分别选用矿渣及渣球作为载体，制备光催化材料。通过比较二者的光催化活性，分析载体对光催化材料的影响。

9.2.1 铁掺杂二氧化钛光催化活性

为了更好地了解载体在光催化过程中的作用。实验条件选择可见光照射下，取相同质量（1.5g）的 Fe-TiO$_2$、Fe-TiO$_2$/WBFS 以及 Fe-TiO$_2$/BFSFS，先暗反应 30min 使其达到吸附平衡。在光照条件下，反应时间 180min，通过测试亚甲基蓝（MB）溶液的浓度变化，计算其降解率，如图 9-2 所示。

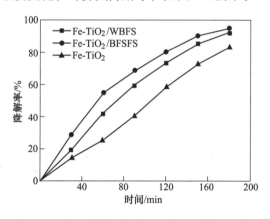

图 9-2　Fe-TiO$_2$、Fe-TiO$_2$/WBFS 以及 Fe-TiO$_2$/BFSFS 对 MB 的降解曲线

图 9-2 可以看出，在相同的制备工艺下，以渣球为载体制备的铁掺杂二氧化钛（Fe-TiO$_2$/BFSFS）光催化材料光催化效果更好。光照 180min 时，Fe-TiO$_2$/BFSFS 的光催化降解率可达 95.11%，相比于 Fe-TiO$_2$/WBFS 光催化活性提高了 3.2%。无论是以矿渣还是渣球为载体制备的光催化材料的光催化性能都比 Fe-TiO$_2$ 粉末的光催化活性要高。产生这种现象的原因可能是由于载体与 Fe-TiO$_2$ 界面形成了化学键的结合，这些键会在 TiO$_2$ 体内产生电子捕获的陷阱，减少电子-空穴的复合几率，负载 Fe-TiO$_2$ 的载体有较强的离子交换吸附性能，对光催化降解有促进作用从而提高光催化效率；另外，载体本身表面比较粗糙，加之，前期对其进行了酸刻蚀处理，这样一来载体中的非晶相大部分会被溶解，形成多孔结构，从而具有多孔性相关的特殊性能，自身的吸附能力较强。实验采用溶胶凝胶

法负载 Fe-TiO$_2$，由于浓度较低，因此负载 Fe-TiO$_2$ 后的载体表面仍然具有载体本身不规则孔道的形貌特征，比单纯的 Fe-TiO$_2$ 具有更强的吸附能力。

为了比较本实验条件下制备的 Fe-TiO$_2$、Fe-TiO$_2$/WBFS 以及 Fe-TiO$_2$/BFSFS 光催化剂吸附性能的差异，将相同质量（0.5g）的 Fe-TiO$_2$、Fe-TiO$_2$/WBFS 以及 Fe-TiO$_2$/BFSFS 光催化剂放入 50mL 亚甲基蓝溶液中避光静置 24h，以亚甲基蓝原溶液作为空白对照样品，每隔一段时间取样，在 664nm 处测得这三种复合光催化材料对亚甲基蓝（MB）溶液的吸附曲线，并与亚甲基蓝原液在暗的光吸收谱曲线相比较。图9-3 给出三种光催化剂在避光条件下的吸附曲线。

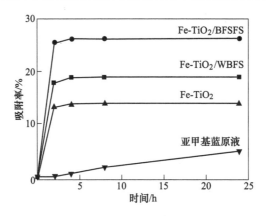

图9-3 三种光催化剂在避光条件下的吸附曲线

从图9-3 中可以看出，光催化材料的吸附主要发生在 2h 以内，当吸附达到平衡后，即使时间延长，催化剂的吸附量也不再发生明显变化。经 24h 避光保存发现，Fe-TiO$_2$/BFSFS 的吸附量最大，大约在 26% 左右。其次是 Fe-TiO$_2$/WBFS，对亚甲基蓝的吸附大约在 19% 左右，仅有 11.82% 被 Fe-TiO$_2$ 粉末吸收，这说明载体对提高光催化材料的吸附性能是有利的。将 Fe-TiO$_2$ 负载于载体表面时，由于吸附能力较强，表面吸附的有机物浓度增加，造成溶液局部浓度增大，加快反应物的传输过程，加速光催化降解效率。

为了进一步证明 Fe-TiO$_2$/BFSFS、Fe-TiO$_2$/WBFS 以及 Fe-TiO$_2$ 三种光催化材料的吸附性能，实验对其进行比表面积测试，测试结果见表9-1。

表9-1 不同样品的比表面积

样品	Fe-TiO$_2$	Fe-TiO$_2$/WBFS	Fe-TiO$_2$/BFSFS
比表面积/m^2·g^{-1}	47.065	109.405	174.448

结合表9-1 的 BET 数据可以看出，表9-1 的样品比表面积的结果与图9-3 的吸附性能测试结果相一致，因为光催化材料的比表面积越大，则吸附性能越强，

同时光催化效率就越高。这是因为比表面积增大，受光照射的光催化剂表面积越大，光激发的所形成的电子-空穴越多，光催化反应越快。

9.2.2 TiO$_2$/Fe$_2$O$_3$ 复合物光催化性能

分别以渣球以及矿渣为载体，采用相同的工艺条件，制备矿渣负载 Fe$_2$O$_3$ 和 TiO$_2$ 复合光催化材料（TiO$_2$/Fe$_2$O$_3$/WBFS）和渣球负载 Fe$_2$O$_3$ 和 TiO$_2$ 复合光催化材料（TiO$_2$/Fe$_2$O$_3$/BFSFS）。通过考察各个因素对复合材料光催化性能的影响，找到各自具有最优光催化效果的材料。对两种不同载体制备的光催化材料进行光催化性能检测，操作过程如下：

实验中分别称取 1.5g 所需样品，放入 50mL 亚甲基蓝溶液中，同时，放入经酸处理的未负载任何光催化剂的原矿渣作为空白对比样。在暗处搅拌 30min，确定已达到吸附平衡，然后用氙灯（未加滤光片）模拟太阳光对光催化材料进行照射。在连续光照 240min 后取样，离心，在 723N 型可见分光光度计测试其在 664nm 处亚甲基蓝的吸收值，计算各种光催化材料对模拟污染物亚甲基蓝（MB）溶液的降解率。

从图 9-4 和图 9-5 中可以看出，以 BFSFS 为载体的 TiO$_2$/Fe$_2$O$_3$/BFSFS 的光催化效果比以 WBFS 为载体的 TiO$_2$/Fe$_2$O$_3$/WBFS 要好。光照 180min 时，TiO$_2$/Fe$_2$O$_3$/BFSFS 的光催化降解率可达 90%，相比于 TiO$_2$/Fe$_2$O$_3$/WBFS 光催化活性提高了 10%。而对于矿渣和渣球本身来说，渣球的吸附性能要比矿渣好。这与载体本身的特性有关，矿渣是经过水淬急冷而得[3]，渣内残余应力较多，经过酸处理后有大块的渣与本体发生剥落。渣球是由矿渣经过调质高温重熔处理所得[4]，二次熔化后，渣球内形成玻璃体，具有高活性位点，经过酸处理后玻璃体发生溶蚀，表面形成的微孔更均匀。

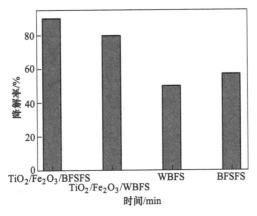

图 9-4 不同载体负载 Fe$_2$O$_3$ 和 TiO$_2$ 复合物的光催化活性

(a) 预处理矿渣   (b) 预处理渣球

图 9-5 预处理的矿渣和渣球的 SEM 图

9.2.3 复合光催化材料重复利用性能

在光催化材料的使用过程中，降低光催化材料寿命的主要因素有：催化剂颗粒的聚集增大；没有来得及降解的有机污染物在催化剂表面的堆积。

为了考察载体对复合光催化材料的重复利用性，对 Fe-TiO$_2$/WBFS 和 Fe-TiO$_2$/BFSFS 进行重复利用实验，实验分别选择 1.5gFe-TiO$_2$/WBFS 和 Fe-TiO$_2$/BFSFS 重复进行了 5 次光催化实验，第 1 次光催化反应的样品，经光催化反应后，采用水洗 3 次再醇洗 2 次，一定转速下离心分离。在 100℃ 干燥 2h 后，在马弗炉中 350℃ 焙烧 2h，进行下次光催化重复使用实验。

对以矿渣和渣球为载体制备的铁掺杂二氧化钛光催化材料。在氙灯照射 180min 下，以亚甲基蓝为目标降解物进行重复利用实验，光催化测试结果如图 9-6 所示，可以看出，不论是以矿渣为载体还是以渣球为载体的光催化材料，经过 5 次重复利用仍然保持较高的光催化活性。经重复利用 5 次后 Fe-TiO$_2$/BFSFS 表现出比 Fe-TiO$_2$/WBFS 更好的光催化效果。Fe-TiO$_2$/BFSFS 对亚甲基蓝的降解率仍在 78% 以上，比 Fe-TiO$_2$/WBFS 提高了 3%。在重复利用的过程中，多次循环利用后，材料的光催化活性或多或少都有所下降。因为在光催化过程中，有机物首先被吸附在光催化剂表面然后被分解，可能有少量的物质虽然被吸附在表面但是难以被分解，造成了活性位点堵塞，光催化效率下降。

目前光催化剂多为纳米级粉末，在光催化过程中存在回收利用困难的问题，这影响了光催化剂在现实生活中的应用，但是以无机材料渣球为载体负载光催化剂后，复合光催化材料变可以实现有效的回收再利用，降低了使用成本，为实际应用提供可行性方案。

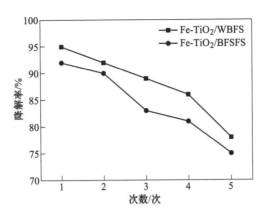

图 9-6　氙灯照射下不同载体对光催化材料重复利用性的影响

参 考 文 献

［1］韩妩媚．矿渣及矿渣棉副产渣球制备光催化材料的比较研究［D］．唐山：华北理工大
　　学，2016.

［2］黄艳娥，刘会媛．TiO$_2$光催化剂固定化载体及固化方法［J］．唐山师范学院学报，
　　2001（5）：31-32.

［3］张玉柱，雷云波，李俊国，等．钢渣矿相组成及其显微形貌分析［J］．冶金分析，
　　2011（9）：11-17.

［4］雷珊，杨娟，余剑，等．含钛高炉渣制备SCR烟气脱硝催化剂［J］．化工学报，2014（4）：
　　1251-1259.

《高炉渣纤维及其制品》
（Q/JCJCY 0029—2016）

Q15

Q/JC

北京建筑材料科学研究总院有限公司企业标准

Q/JCJCY 0029—2016

高炉渣纤维及其制品

Molten Slag Wool and It's Products for Thermal Insulation

2016-06-15 发布 　　　　　　　　　　　　　　2016-07-15 实施

北京建筑材料科学研究总院有限公司
发布

目　录

前　言

　　本公司制定的《高炉渣纤维及其制品》企业标准是引用 GB/T 11835《绝热用岩棉、矿棉及其制品》、GB/T 5480《矿物棉及其制品试验方法》、GB/T 29906《模塑聚苯板薄抹灰外墙外保温系统材料》、JG 149—2003《膨胀聚苯板薄抹灰外墙外保温系统》、GB 8624—2012《建筑材料及制品燃烧性能分级方法》等标准，根据市场需要而制订的。

　　本标准编写的格式和内容依据 GB/T 1.1—2009《标准化工作导则 第 1 部分：标准的结构和编写规则》和 GB/T 1.2—2009《标准化工作导则 第 2 部分：标准的制定方法》编写。

　　本标准由北京建筑材料科学研究总院有限公司提出，参与单位：华北理工大学。

　　本标准由北京建筑材料科学研究总院有限公司负责起草。

　　标准主要起草人：邓瑜　路国忠　张遵乾　何金太　赵炜璇　刘月　张建松　张佳阳　李聪聪　马占雄　丁秀娟　吕懿训

高炉渣纤维及其制品

1 范围

本标准规定了高炉渣纤维及其制品的术语和定义、分类和标记、要求、试验方法、检验规则，以及产品的包装、标志、运输和贮存。

本标准适用于采用高炉熔融矿渣为主要原料，用离心等方法制成的棉及一热固型树脂为黏结剂生产的绝热制品。

2 规范性引用文件

下列文件对于本文件的应用是必不可少的。凡是注日期的引用文件，仅所注日期的版本适用于本文件。凡是不注日期的引用文件，其最新版本（包括所有的修改单）适用于本文件。

GB/T 2828.1—2003 计数抽样检验程序

GB 8624 建筑材料及制品燃烧性能分级

GB 8811 硬质泡沫塑料尺寸稳定性试验方法

GB/T 5480 矿物棉及其制品试验方法

GB/T 9914.3 增强制品试验方法 第3部分：单位面积质量的测定

GB/T 10295 绝热材料稳态热阻及有关特性的测定 热流计法

GB/T 11835 绝热用岩棉、矿棉及其制品

GB/T 13475 绝热 稳态热传递性质的测定—标定和防护热箱法

GB/T 13480 矿物棉制品压缩性能试验方法

GB/T 25975—2010 建筑外墙外保温用岩棉制品

3 术语和定义

下列术语和定义适用于本标准。

3.1 纤维棉带

将高炉渣纤维棉板切成一定的宽度，使其纤维层垂直排列的制品。

纤维棉毡

用纸、布或金属网等做贴面材料的高炉渣纤维棉毡制品。

4　标记

4.1　分类

产品按制品形式分为：高炉渣纤维棉、纤维棉板、纤维棉带、纤维棉毡、纤维棉缝毡、纤维棉贴面毡和纤维棉管壳（以下简称棉、板、带、毡、缝毡、贴面毡和管壳）。

4.2　产品标记

产品标记由三部分组成：产品名称、产品技术特征（密度、尺寸）、标准号，商业代号也可列于其后。

4.3　标记示例

示例1：高炉渣纤维棉

高炉渣纤维棉 标准号（商业代号）

示例2：密度为150kg/m³，长度×宽度×厚度为1200mm×600mm×50mm的高炉渣纤维棉板

高炉渣纤维棉板 150-1200×600×50 标准号（商业代号）

示例3：密度为180kg/m³，内径×长度×壁厚为φ89mm×910mm×50mm的高炉渣纤维棉管壳

高炉渣纤维棉管壳 180-φ89×910×50 标准号（商业代号）

5　要求

5.1　基本要求

5.1.1　棉及制品纤维直径应不大于7.0μm。

5.1.2　棉及制品的渣球含量（粒径大于0.25mm）应不大于10.0%（质量分数）。

5.2　棉

5.2.1　高炉渣纤维棉的性能指标应符合表1的要求。

表1　棉的物理性能指标

性　能	指　标
密度/kg·m⁻³	≥40
导热系数/W·（m·K）⁻¹，25℃	≤0.044
热荷重收缩温度/℃	≥600

5.3 板

5.3.1 板的外观质量要求，表面平整，不得有妨碍使用的伤痕、污迹、破损。

5.3.2 板的允许偏差应符合表2的要求。

表2　板的允许偏差

项　　目		允许偏差	项　　目	允许偏差
厚度/mm	≤50	±1.5	高度/mm	±1.5
	>50	±2.0	对角线差/mm	±3.0
长度/mm		+10 −3	密度/kg·m⁻³	±10%
宽度/mm	≤900	±1.5	板边平直/mm	±2.0
	>900	±2.5	板面平整度/mm	±1.5

5.3.3 板的物理性能应符合表3的要求。

表3　板的物理性能指标

性　　能	指　　标
密度/kg·m⁻³	≥40
导热系数/W·(m·K)⁻¹，25℃	≤0.044
热荷重收缩温度/℃	≥650
吸水量（部分浸入，24h）/kg·m⁻²	≤1.0
燃烧性能	A1级
尺寸稳定性/%	≤1.0
憎水率/%	≥98
有机物含量/%	≤4.0

5.4 带

5.4.1 带的外观质量要求，表面平整，不得有妨碍使用的伤痕、污迹、破损，板条间隙均匀，无脱落。

5.4.2 带的尺寸及允许偏差，应符合表4的规定。

表4　带的允许偏差

项　　目		允许偏差	项　　目	允许偏差
厚度/mm	≤50	±1.5	高度/mm	±1.5
	>50	±2.0	对角线差/mm	±3.0
宽度/mm	≤900	±1.5	板边平直/mm	±2.0
	>900	±2.5	板面平整度/mm	±1.5

续表4

长度/mm	长度允许偏差/mm	宽度/mm	宽度允许偏差/mm		厚度/mm	厚度允许偏差/mm	
1200 2400	+10 −3	910	+10 −5	+3 −3	30 50 75 100 150	+4 −2	+2 −2

5.4.3 带的物理性能应符合表5的规定。

表5　带的物理性能指标

性　能	指　标
密度/kg·m⁻³	≥40
导热系数/W·(m·K)⁻¹,25℃	≤0.049
热荷重收缩温度/℃	≥600
吸水量（部分浸入,24h)/kg·m⁻²	≤0.5
燃烧性能	A1 级
尺寸稳定性/%	≤0.6
憎水率/%	≥98
有机物含量/%	≤4.0

5.5　毡、缝毡和贴面毡

5.5.1　毡、缝毡和贴面毡的外观质量要求，表面平整，不得有妨碍使用的伤痕、污迹、破损，贴面毡的贴面与基材的粘贴应平整、牢固。

5.5.2　毡、缝毡和贴面毡的尺寸及允许偏差，应符合表6的规定。

表6　毡、缝毡和贴面毡的尺寸及允许偏差

长度/mm	长度允许偏差/%	宽度/mm	宽度允许偏差/mm	厚度/mm	厚度允许偏差/mm
900 3000 4000 5000 6000	±2	600 630 910	+5 −3	30~150	正偏差不限 −3

5.5.3 毡、缝毡和贴面毡基材的物理性能应符合表7的规定。

表7 毡、缝毡和贴面毡基材的物理性能指标

性 能	指 标
密度/kg·m^{-3}	≥40
导热系数/W·(m·K)$^{-1}$，25℃	≤0.043
热荷重收缩温度/℃	≥600
燃烧性能	A1级
憎水率/%	≥98
有机物含量/%	≤1.5

5.5.4 缝毡用基材应铺放均匀，其缝合质量应符合表8的规定。

表8 缝毡的缝合质量指标

项 目	指 标
边线与边缘距离/mm	≤75
缝线行距/mm	≤100
开线长度/mm	≤240
开线根数（开线长度小于160mm）/根	≤3
针脚距离/mm	≤80

5.6 管壳

5.6.1 管壳的外观质量要求，表面平整，不得有妨碍使用的伤痕、污迹、破损，轴向无翘曲且与端面垂直。

5.6.2 管壳的尺寸及允许偏差，应符合表9的规定。

表9 管壳的尺寸及允许偏差

长度/mm	长度允许偏差/mm	厚度/mm	厚度允许偏差/mm	内径/mm	内径允许偏差/mm
900 1000 1200	+5 -3	30	+4 -2	22~89	+3 -1
		40			
		50	+5 -3	102~325	+4 -1
		60			
		80			
		100			

5.6.3 管壳的偏心度应不大于10%。

5.6.4 管壳的物理性能应符合表 10 的规定。

表 10 管壳的物理性能指标

性　能	指　标
密度/kg·m⁻³	40~200
导热系数/W·(m·K)⁻¹, 25℃	≤0.044
热荷重收缩温度/℃	≥600
燃烧性能	A1 级
憎水率/%	≥98
有机物含量/%	≤5.0

5.7 选做性能

5.7.1 腐蚀性

5.7.1.1 用于覆盖铝、铜、钢材时,采用 90% 置信度的秩和检验法,对照样的秩和应不小于 21。

5.7.1.2 用于覆盖奥氏体不锈钢时,其浸出液离子含量应符合 GB/T 17393 的要求。

5.7.2 有防水要求时,其质量吸湿率应不大于 5.0%,憎水率应不小于 98%。

5.7.3 用户有要求时,应进行最高使用温度的评估。制品的最高使用温度宜不低于 600℃。在给定的热面温度下,任何时刻试样内部温度不应超过热面温度,且试验后,质量、厚度及导热系数的变化应不大于 5.0%,外观无显著变化。

6 试验方法

6.1 试验环境和试验状态的调节,按 GB/T 5480.1 的规定。

6.2 棉及其制品物理性能试验方法,按表 11 的规定。

表 11 物理性能试验方法

项　目	试验方法
外观、管壳偏心度	GB/T 11835 附录 A
尺寸、密度	GB/T 5480.3
纤维平均直径	GB/T 5480.4
尺寸稳定性	GB/T 8811
渣球含量	GB/T 5480.5

续表 11

项　目	试验方法
导热系数	GB/T 10294（仲裁试验方法） GB/T 10295 GB/T 10296
有机物含量	GB/T 11835 附录 B
热荷重收缩温度/℃	GB/T 11835 附录 C
燃烧性能	GB 8624（GB/T 5464—1999）
压缩强度	GB/T 13480
垂直于板面抗拉强度	JG 149 附录 D
缝毡缝合质量	GB/T 11835 附录 D
腐蚀性	GB/T 11835 附录 E（铝、铜、钢材）、JC/T 618（不锈钢）
吸湿性	GB/T 5480.7
憎水率/%	GB/T 10299
吸水性	GB/T 16401
最高使用温度	GB/T 17430

注：1. 管壳的导热系数及最高使用温度允许采用同质、同密度、同黏结剂含量的板材进行测定。

　　2. 密度试验的样本数不少于 4。

7　检验规则

7.1　检验分类

产品检验分出厂检验和型式检验。

7.1.1　出厂检验

产品出厂时，必须进行出厂检验。

7.1.2　型式检验

型式检验包括：本标准技术要求中所列的全部项目。

正常生产时，每两年进行一次型式检验；有下列情况之一时，应进行型式检验：

　　a）新产品投产或产品定型鉴定时；

　　b）正常生产时，每一年进行一次；

　　c）出厂检验结果与上次型式检验结果有较大差异时；

　　d）产品停产半年以上恢复生产时；

e）配方、生产工艺或原材料有较大改变时；

f）国家质量监督机构提出型式检验要求时。

7.2 组批与抽样方法

7.2.1 以同一原料，同一生产工艺，同一品种，稳定连续生产的产品为一个检查批。同一批被检产品的生产时限不得超过一周。

7.3 判定规则

产品检验结果均符合本标准规定与技术要求者，则该批产品为合格。若有一项以上指标不符合要求，则该批产品为不合格。若有一项指标不符合要求，则重新抽取两份试样对不合格项进行复检。若两个试样均符合要求，则该产品为合格。若仍有一个试样不符合要求，则该批产品为不合格。

8 标志、包装、运输和贮存

8.1 标志

在标志、标签上应清楚标明：产品名称、代号、净质量、批量编号、企业标准号、生产厂家名称和地址、生产日期和防潮标记。

8.2 包装

包装材料应具有防潮性能，每一包装中应放入同一规格的产品，特殊包装由供需双方商定。

8.3 运输

应做好防潮避雨措施，运输时应轻拿轻放。

8.4 贮存

应在干燥通风的库房里贮存，并按品种分别在室内垫高堆放，避免重压，不得受潮或混入杂物。